口絵 1　無響室内の様子

産業技術総合研究所にある大無響室内の写真。この写真では，左に吊り下げられたスピーカ，右には，スピーカと向き合うようにしてマイクロホンが置かれている。反射の影響を減らすために三脚などが吸音材で覆われている。無響室の壁，床，天井は，グラスウール製の吸音くさびで埋められている。

口絵 2　無響箱

扉が開けられた状態の無響箱。内壁はグラスウール製の吸音くさびで覆われている。天井と床からそれぞれマイクロホンを支える支柱が伸びている。

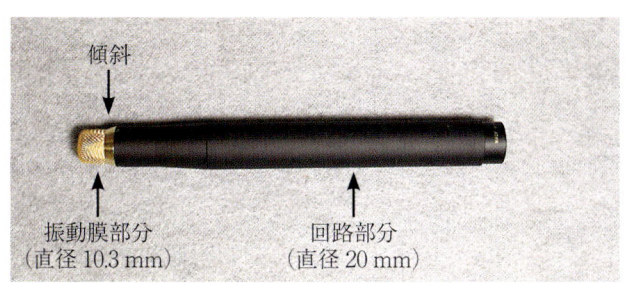

口絵 3　音楽録音用超広帯域マイクロホン

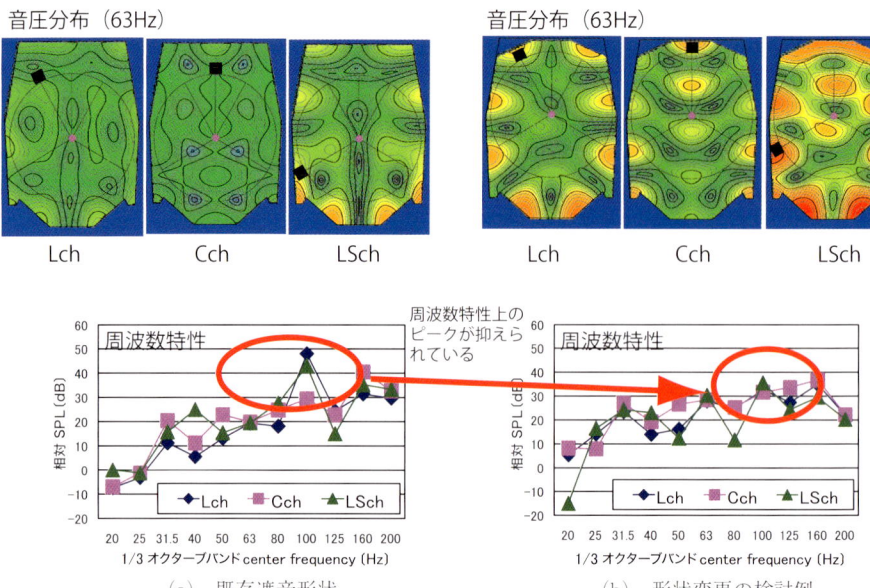

(a) 既存遮音形状　　　　　　　　(b) 形状変更の検討例

口絵4 固有振動の検討例（協力：日東紡音響エンジニアリング（株））

口絵5 低周波実験室の壁面
産業技術総合研究所にある低周波実験室の内部。壁の一つに16個（4列×4段）のスピーカが埋め込まれている。

超広帯域オーディオの計測

蘆原　郁 編著

大久保洋幸
小野　一穂
桐生　昭吾
西村　明
共著

コロナ社

まえがき

　本書のテーマは計測技術であり，計測対象はオーディオである。特に，オーディオ CD を上回る高品質ディジタルオーディオ時代のオーディオ計測について検証しようというのが本書の狙いである。タイトルにも，本文中にも「超広帯域オーディオ」が登場する。ここで，この「超広帯域オーディオ」というのは，一般にオーディオ CD と呼ばれるコンパクトディスクディジタルオーディオ（CD-DA）よりも，ダイナミックレンジや周波数帯域が広いディジタルオーディオのことである。

　オーディオ CD のフォーマットでは，理論上，ダイナミックレンジは 98 dB（4.1 節参照），周波数帯域は 22 050 Hz（3.1 節参照）に制限されている。これに対し，例えば，1990 年代末に商品化されたスーパーオーディオ CD や DVD オーディオでは，可聴帯域内のダイナミックレンジは 120 dB 以上，周波数帯域は最大 90 000 Hz を超えている。しかし，これらのメディアは，広く普及するには至らず，DVD オーディオに関しては，日本の業界団体 DVD オーディオプロモーション協議会が 2007 年から事実上活動を停止しており，国内では新譜が発売される見込みもない。また，長年オーディオメディアの主役に君臨するオーディオ CD も，日本国内の売上げは 1998 年をピークに減少を続けている。欧米でも状況は同じである。

　その一方，世界中のあらゆる都市で，路上でも，カフェテリアでも，バスや電車でも，ポータブルオーディオ機器を持ち，ヘッドホンやイヤホンをかけた人たちを目にする。音楽が毎日大量に消費されていることは疑いようがない。ただ，人々がポータブルオーディオプレーヤで聞く音楽の多くは，インターネット上で配信される圧縮オーディオ，つまり CD などのオーディオ信号を，データ量を小さくするために圧縮したものである。圧縮されたオーディオは，もと

の CD の品質に迫ることはあっても，超えることはない．

　ここで CD の品質というのは，オーディオ CD のフォーマットが潜在的に持つ最高品質を意味する．実際に再生されてわれわれが聞く音は，プレーヤ，アンプ，スピーカといった機器の性能と再生環境によって劣化している．理想的な条件で，オーディオ CD に記録された信号が余すところなく完璧に再生された音を聞いた人はいないのである．

　昨今の状況をみると，CD の音を忠実に再生することよりも，データサイズを減らして，大量の楽曲をポータブルプレーヤに入れて持ち歩くことが好まれている．国によって事情は異なるが，韓国での売上げは，すでに音楽配信がオーディオ CD を上回っている．CD の品質でさえ，多くの人にとっては冗長なのである．では，なぜ本書で超広帯域オーディオを取り上げるのか，それには，二つの理由がある．第一に，インターネットの通信速度向上と記録メディアの大容量化により，ディジタルオーディオは，もはやオーディオ CD の規格にこだわる必要はないということ．第二に，超広帯域オーディオの計測技術を論じることにより，音響計測技術の現状や課題が明確になるということである．

　まず，確かにスーパーオーディオ CD や DVD オーディオが今後オーディオの主流になるとは考えにくい．しかし，2006 年頃からインターネット上の複数のサイトで，超広帯域オーディオデータの配信が行われている．また，ブルーレイディスク（BD）の規格には，サンプリング周波数 192 kHz，量子化ビット数 24 で 6 チャネル，しかもデータ損失なしという超広帯域のマルチチャネルフォーマットが含まれている．サンプリング周波数 96 000 Hz なら 8 チャネルも可能である．

　サンプリング周波数と量子化ビット数は，ディジタルオーディオの周波数帯域およびダイナミックレンジと密接に関係する変数で，値が大きいほど高品質になる．オーディオ CD のサンプリング周波数は 44 100 Hz，量子化ビット数は 16，チャネル数は右と左の 2 チャネルである．BD の規格はすべてにおいて CD を圧倒するものである．

　そもそもオーディオ信号のデータサイズは，高画質動画に比べると格段に小

さい。720×480画素，8ビット階調，毎秒30コマの動画を圧縮せずに通信するには，約83 Mbpsのビットレートが必要となる（bpsおよびビットレートについては1.3.2項参照）。これは，オーディオCDのビットレート（約1.4 Mbps）のおよそ60倍である。DVDプレーヤでは，標準モードで平均4.6 Mbpsなので，動画は非圧縮では扱えないが，オーディオ信号なら非圧縮でも通信できる。BDの最高転送速度は56 Mbpsなので，超広帯域オーディオをマルチチャネルで処理できる。この56 Mbpsというビットレートは，近年，無線LANでも実現可能となってきている。

　インターネットの通信技術や大容量記録メディアの進歩によって，超広帯域オーディオも圧縮することなく記録し，送受信することが可能なのである。クラウドコンピューティングを活用し，メディアを所有するのではなく，ネットワーク上で，必要なときに必要なコンテンツにアクセスする時代がすでに始まっている。そこでは，オーディオCDのようなメディアのフォーマットに縛られる必要はない。超広帯域オーディオが普及するのはこれからなのかもしれない。これが超広帯域オーディオに注目する第一の理由である。

　超広帯域オーディオに注目する第二の，そして，より大きな理由は，超広帯域オーディオの計測技術を論じることにより，音響計測技術の現状や課題を明確に示すことができると考えるからである。本書のメインテーマは，あくまでも計測技術なのである。

　CDプレーヤの特性を計測する手法は，JEITA（電子情報技術産業協会）によって定められている。しかし，この手法では，超広帯域オーディオが扱う広いダイナミックレンジと周波数帯域をカバーすることはできない。超広帯域オーディオでは，理論上のダイナミックレンジが120 dB以上，周波数帯域も90 000 Hzを超える。そのような信号を測定するには，これと同等以上の帯域とダイナミックレンジを持つ計測手法，装置が必要となる。

　超広帯域オーディオが注目され始めた1990年代末から，一部の研究者により，非可聴帯域まで含めた品質管理の重要性と難しさが指摘されていた。しかし，この点を正面から議論し，考察する書籍はほとんど出版されていない。

そこで，本書の狙いは，高品位オーディオが置かれている現状，課題を整理し，新しい時代のオーディオ技術を切り開くための基礎知識を共有しようというものである。本書の構成は以下のとおりであるが，いずれの項目も，よりよいオーディオ製品が登場することへの期待を込めて論じられている。

本書は，アナログオーディオ技術の種類，変遷について簡単に紹介するところから始まる。第1章では，ディジタルオーディオメディアの代表であるオーディオCDも取り上げ，そのフォーマット，容量と音質について短く述べる。

第2章では，ディジタルオーディオの基礎知識として，サンプリングと量子化について説明する。ディジタルオーディオを知るうえで非常に重要な量子化雑音やオーバーサンプリング，デルタシグマ（$\Delta\Sigma$）変調も登場する。0と1の2値しか持たない1ビットで，どうしてオーディオ信号を記録し，再現することができるのかについても解説している。

超広帯域オーディオは，ハイサンプリング，ハイビット，オーバーサンプリング，デルタシグマ変調といった要素によって実現されている。第3章では，このうち，ハイサンプリングに焦点が当てられる。まず，オーディオCDのフォーマットで，なぜ22 050 Hz以上の周波数成分の録音ができないのかが述べられる。続いて，ハイサンプリング技術によって，どのようなメリットがもたらされるのかが紹介される。この章では，ハイサンプリング化によって生じる問題点についても論じている。特に，超音波帯域まで含めた品質管理の重要性については，筆者らの過去の調査結果を含めて紹介した。

第4章では，ハイビット化による効果について述べている。ここでは，ディジタルオーディオにおけるダイナミックレンジの求め方，1ビットオーディオにおける量子化雑音の特性が示されている。

良質なオーディオコンテンツを作るには，優れた演奏や録音技術だけでなく，信頼できるマイクロホンがなくてはならない。マイクロホンの校正は，あらゆる音響計測を支える基準である。第5章では，超低周波や超音波を録音するマイクロホンの特性がどのようにして計測されるのか，超広帯域の録音用マイクロホンはどのようなアイデアによって実現されるのかが紹介される。

まえがき

　われわれが聞く音は，聴取環境の影響を受けている。同様にスタジオやホールで録音される音楽にもその空間の特性が加わる。この空間の音響的な特性を調べるのが室内音響と呼ばれる分野である。第6章では，室内の音響特性をどのようにして測定するのか，代表的な手法について解説している。

　録音・再生される信号は，雑音，ひずみによって劣化する。機器の性能を評価するには，オーディオシステム内で雑音，線形および非線形ひずみがどの程度生じているかを定量的に測定することが重要となる。第7章では，ディジタルオーディオにおいて，信号を忠実に記録・再生するための心臓部ともいえるA-D/D-A変換器のおもな評価項目が述べられる。また，電気信号を音響波形に変換する役割を担うスピーカやヘッドホンの非線形ひずみ測定方法についても紹介する。

　タイムジッタは，ディジタルオーディオ特有の音質劣化要因として，特にオーディオマニアの間でしばしば言及されており，なかには迷信に近い言説も少なくない。その一方で，タイムジッタに関して科学的な観点で解説している書籍は少ない。そこで，本書では，一つの章（第8章）を割いて，タイムジッタについて詳しく解説している。

　オーディオ機器を評価するうえで，人の聴覚特性を理解しておくことはきわめて重要である。聴覚特性に関する知識がなければ，人にとって不要な帯域の信号に貴重なダイナミックレンジを割くといった好ましくない状況を招くことになる。第9章では，人の可聴域に関する研究を紹介する。ここでも，あくまでも聴覚閾値や可聴域の限界を定量的に測定することに主眼が置かれている。

　音は，人の耳に届くまでにさまざまな要因によって変化する。したがって音の主観評価実験を行うには，聴取環境を統制することが不可欠である。音の印象は，聞く人の心理的な側面によっても影響される。さらに実験者側の先入観や思い込みによっても実験結果が左右される。このことが音の主観評価を難しくしている。第10章では，この種の問題について述べるとともに，音響心理実験でも頻繁に用いられる有意差の検定について，正しく利用するための注意点が述べられている。

まえがき

　本書を通して，現代の音響計測技術がどこまで進んでいるのか，超広帯域の信号を録音し，計測するために，どのような研究が進められており，どのような課題が残されているのかについて理解していただけたら幸いである。また，一人でも多くの読者が，手頃で便利な圧縮オーディオとは別の高品位オーディオに関心を抱いてもらえることを願う。

　本書を執筆するにあたっては，多くの方々の協力が不可欠であった。アキュフェーズ株式会社の高松重治，大貫昭則両氏には，第7章の測定データを提供いただくとともに，第1章の内容を校閲していただいた。産業技術総合研究所の堀内竜三，高橋弘宜両氏には，5.1節の内容を校閲し，図や写真も提供いただいた。上田麻理氏には，第10章について忌憚のない意見を聞かせていただいた。株式会社ATR-Promotionsの正木信夫氏には，すべての章にわたって有益な助言をいただいた。

　さらに，産業技術総合研究所および旧電子技術総合研究所の諸先輩方，その他，研究を支援していただいたすべての方々に深く感謝の意を表する。

執筆分担			
1章	蘆原　郁	2章	桐生昭吾，蘆原　郁
3章	蘆原　郁	4章	蘆原　郁，桐生昭吾
5章	小野一穂，蘆原　郁	6章	大久保洋幸，蘆原　郁
7章	蘆原　郁	8章	西村　明，蘆原　郁
9章	蘆原　郁	10章	蘆原　郁

2011年6月

編著者

目　　　　次

1.　超広帯域オーディオまでの道のり

1.1　アナログ録音 ………………………………………………………… *1*
　1.1.1　機　　械　　式 …………………………………………………… *1*
　1.1.2　光　　学　　式 …………………………………………………… *8*
　1.1.3　磁　　気　　式 …………………………………………………… *10*
1.2　音 質 と 容 量 ………………………………………………………… *11*
　1.2.1　機械式レコード …………………………………………………… *12*
　1.2.2　光 学 式 録 音 …………………………………………………… *14*
　1.2.3　磁　気　録　音 …………………………………………………… *15*
1.3　CD-DAの音質 ………………………………………………………… *17*
　1.3.1　CD-DAのフォーマット …………………………………………… *17*
　1.3.2　CD-DAの記録容量とビットレート ……………………………… *19*
1.4　超広帯域オーディオ …………………………………………………… *21*
　1.4.1　ハイサンプリングと次世代オーディオ …………………………… *21*
　1.4.2　オーディオの二極化 ……………………………………………… *22*
引用・参考文献 ……………………………………………………………… *24*

2.　サンプリングと量子化

2.1　ナイキスト周波数とエリアシング …………………………………… *25*
2.2　オーバーサンプリング ………………………………………………… *28*

2.3 量子化雑音とディザ ………………………………………… 29
2.4 PCM と ΔΣ 変調 …………………………………………… 32
引用・参考文献 …………………………………………………… 37

3. ハイサンプリングのメリットとデメリット

3.1 サンプリング定理 ……………………………………………… 38
3.2 ハイサンプリングのメリット ………………………………… 42
    3.2.1 波形忠実度の向上 ………………………………………… 42
    3.2.2 量子化雑音レベルの低減 ………………………………… 43
3.3 ハイサンプリングのデメリット ……………………………… 44
    3.3.1 非線形ひずみの増大 ……………………………………… 44
    3.3.2 タイムジッタの影響 ……………………………………… 47
    3.3.3 スーパーオーディオ CD の量子化雑音 ………………… 50
    3.3.4 パッケージメディアの品質管理 ………………………… 52
引用・参考文献 …………………………………………………… 60

4. ハイビットとダイナミックレンジ

4.1 ディジタルオーディオのダイナミックレンジ ……………… 62
    4.1.1 ディジタルオーディオにおけるダイナミックレンジの求め方 … 62
    4.1.2 オーディオ信号のダイナミックレンジ ………………… 65
4.2 コンプレッションとヘッドルーム …………………………… 65
4.3 ハイビット化によって期待されること ……………………… 67
4.4 1ビットオーディオの量子化雑音 …………………………… 69
引用・参考文献 …………………………………………………… 72

5. 超広帯域のマイクロホン技術

- 5.1 超低周波から超音波までの音響計測 ………………………………… 73
  - 5.1.1 標準マイクロホン …………………………………………… 73
  - 5.1.2 超低周波領域の音響標準 …………………………………… 77
  - 5.1.3 超音波領域の音響標準 ……………………………………… 79
  - 5.1.4 音響標準の重要性 …………………………………………… 83
- 5.2 超広帯域マイクロホンの開発 ………………………………………… 84
  - 5.2.1 背　　　景 …………………………………………………… 84
  - 5.2.2 音楽録音用マイクロホンの広帯域化 ……………………… 85
  - 5.2.3 音楽録音用超広帯域マイクロホン ………………………… 90
- 引用・参考文献 ……………………………………………………………… 94

6. 室内音響と超広帯域オーディオ

- 6.1 スタジオ，ホールの残響時間 ………………………………………… 96
  - 6.1.1 残　響　時　間 ……………………………………………… 96
  - 6.1.2 残響時間の測定 ……………………………………………… 98
  - 6.1.3 ノイズ断続法とインパルス積分法 ………………………… 99
  - 6.1.4 クロススペクトル法 ……………………………………… 101
  - 6.1.5 TSP　　　法 ……………………………………………… 103
- 6.2 室内音響の周波数限界 ………………………………………………… 105
- 6.3 超広帯域オーディオと室内騒音 ……………………………………… 110
  - 6.3.1 遮　音　の　評　価 ……………………………………… 110
  - 6.3.2 騒　音　レ　ベ　ル ……………………………………… 111
  - 6.3.3 NC　　　値 ………………………………………………… 112

6.4 再生環境 …………………………………………………… 114
引用・参考文献 ……………………………………………… 115

7. オーディオ信号の劣化およびその計測

7.1 雑音とひずみ ……………………………………………… 118
7.2 オーディオ機器の測定 …………………………………… 119
   7.2.1 信号対雑音比 ……………………………………… 119
   7.2.2 THD+N …………………………………………… 120
   7.2.3 ダイナミックレンジ ……………………………… 122
   7.2.4 入出力直線性 ……………………………………… 122
   7.2.5 周波数特性 ………………………………………… 123
   7.2.6 群遅延時間 ………………………………………… 124
7.3 超広帯域オーディオ計測の問題 ………………………… 125
7.4 トランスデューサの線形性 ……………………………… 126
   7.4.1 線形ひずみと非線形ひずみ ……………………… 126
   7.4.2 高調波ひずみ ……………………………………… 127
   7.4.3 混変調ひずみ ……………………………………… 129
   7.4.4 その他の非線形ひずみ …………………………… 130
   7.4.5 帯域通過フィルタを用いた非線形ひずみの抽出 … 132
   7.4.6 スピーカの時間ゆらぎ（ドップラひずみ）…… 141
引用・参考文献 ……………………………………………… 143

8. タイムジッタ

8.1 ディジタルインタフェースジッタ ……………………… 145
8.2 サンプリングジッタ ……………………………………… 147
8.3 サンプリングジッタ計測法 ……………………………… 149

| 8.3.1　周波数領域での測定 ………………………………………… 150
| 8.3.2　時間領域での測定 …………………………………………… 151
| 8.3.3　実際の測定 ……………………………………………………… 152
| 8.3.4　音楽信号を用いたジッタ測定 ………………………………… 156
| 8.4　計測からわかるサンプリングジッタの諸様相 ……………………… 162
| 8.4.1　計測条件 ………………………………………………………… 162
| 8.4.2　CDプレーヤ ……………………………………………………… 166
| 8.4.3　DVDプレーヤ …………………………………………………… 171
| 8.4.4　パソコン用オーディオ機器 …………………………………… 172
| 8.4.5　信号に依存するジッタ：J-test 信号 ………………………… 173
| 8.4.6　CD-Rメディアによる影響 …………………………………… 176
| 8.4.7　経年変化 ………………………………………………………… 178
| 8.5　タイムジッタの許容量 ………………………………………………… 179
| 8.5.1　理論上のタイムジッタ許容量 ………………………………… 179
| 8.5.2　タイムジッタの検知域 ………………………………………… 183
| 8.6　まとめ …………………………………………………………………… 187
| 引用・参考文献 ………………………………………………………………… 188

9. 聴覚からみたオーディオ周波数帯域

| 9.1　可聴域と周波数帯域 …………………………………………………… 190
| 9.2　純音の可聴域 …………………………………………………………… 190
| 9.2.1　低周波聴覚閾値測定 …………………………………………… 192
| 9.2.2　高周波聴覚閾値測定 …………………………………………… 201
| 9.3　複合音中の超高周波音 ………………………………………………… 206
| 9.3.1　調波複合音における超高周波音の検知閾 …………………… 206
| 9.3.2　調波複合音における可聴周波数上限 ………………………… 211
| 9.3.3　音楽信号での実験 ……………………………………………… 216

9.4 ま　と　め ……………………………………………… 223
引用・参考文献 ……………………………………………… 224

10. 主観評価実験を行うには

10.1 出力信号をチェックする ………………………………… 229
　　10.1.1 信 号 の 劣 化 ……………………………………… 229
　　10.1.2 レ ベ ル 校 正 ……………………………………… 229
　　10.1.3 信 号 レ ベ ル ……………………………………… 230
10.2 暗騒音，機材の動作確認など ……………………………… 231
10.3 追試可能な実験計画を立てる ……………………………… 231
10.4 ラ ボ ノ ー ト ……………………………………………… 232
10.5 認知的バイアス ……………………………………………… 234
　　10.5.1 ハロー効果，確証バイアス，プラシーボ効果 ………… 235
　　10.5.2 盲検法，二重盲検法，三重盲検法 ……………………… 235
　　10.5.3 実験者効果とヒツジ-ヤギ効果 ………………………… 236
10.6 有意差検定の注意点 ………………………………………… 238
　　10.6.1 例 1：t 検定の繰返し ………………………………… 239
　　10.6.2 例 2：尺度の混同 ……………………………………… 241
　　10.6.3 例 3：手法，尺度の変更 ……………………………… 243
　　10.6.4 例 4：データの作為的な選別 ………………………… 244
　　10.6.5 例 5：統計量の誤用 …………………………………… 246
　　10.6.6 標 本 の 抽 出 …………………………………………… 247
　　10.6.7 有意水準について ……………………………………… 249
10.7 お わ り に …………………………………………………… 250
引用・参考文献 …………………………………………………… 251

索　　引 …………………………………………………………… 252

1 超広帯域オーディオまでの道のり

1.1 アナログ録音

　オーディオ技術は，音をメディアに記録する技術とメディアに記録された音を再生する技術である．このオーディオ技術の歴史をさかのぼると，130年ほど前，アメリカの Thomas Edison により世界初の蓄音機が発明されたことにたどり着く．この装置は**フォノグラフ**（**phonograph**）と名付けられた[1),2)]．言うまでもなく，フォノグラフはアナログオーディオ装置である．これ以降，初の民生ディジタルオーディオ機器である CD プレーヤが発売されるまで，100年以上，アナログオーディオの時代が続くのである．

　アナログ録音には，いくつかの方式がある．本節では，代表的な録音方式として，**機械式録音**，**光学式録音**，**磁気式録音**を取り上げ，それぞれの仕組みについて，簡単に説明する．

1.1.1　機　械　式

　（1）円筒式と円盤式　　フォノグラフは，図 1.1 に示すように，ハンドルの付いた鉄の軸に取り付けられた直径 8 cm の真ちゅうの円筒と，針の付いた振動板からなる．振動板につながる吹込み口に向かって話しながらハンドルを回すと，円筒が回転しながら軸上を移動し，針が円筒の表面のすず箔に溝を刻む．溝が刻まれた円筒を回転させると，今度は針が刻まれた凹凸をトレースし，これに伴って振動板が震え，声が再生されるのである．

1. 超広帯域オーディオまでの道のり

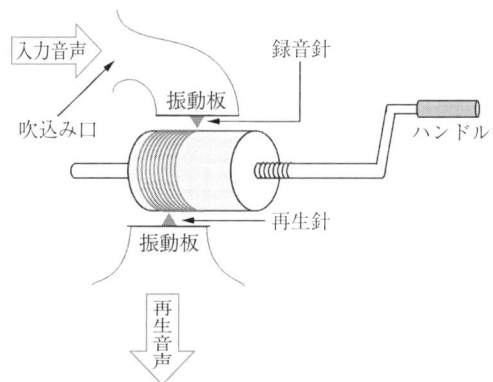

フォノグラフの模式図。軸に取り付けられたハンドルを回すと表面にすず箔が塗られた円筒形のシリンダが回転しながら軸に沿って移動する。

図 1.1　フォノグラフ

　1877 年 12 月 6 日，この装置を使った最初の録音再生実験が行われた。録音されたのは，Edison 自身が歌う「メリーさんのヒツジ」だったとされている。歌が再生されたときのことを，後に Edison は，「一生のうち，あんなに驚いたことはなかった」と語っている[1]。なお，12 月 6 日は，日本オーディオ協会により，「音の日」と定められている。

　Edison によるフォノグラフの発明から 10 年後，ドイツの Emil **Berliner** により，円盤式蓄音機が発明された。フォノグラフのレコードが円筒型であるのに対し，Berliner は円盤型のレコードを考案した。これは，Edison の特許から逃れるためでもあった。また，Edison の録音方式は，音波を溝に対して垂直方向の凹凸として記録していたのに対し，Berliner は，溝に対して水平方向の振動として記録する方式を考案している。円筒式，円盤式による録音方法の模式図を図 **1.2** に示す。

　音は，空気の圧力変化である。圧力は，静圧を中心として，プラス方向とマイナス方向に変動している。針を垂直方向に振動させる記録方式では，プラス側とマイナス側，つまり溝が深いときと浅いときとで，針がレコード表面から受ける力が大きく異なってしまう。これは音をひずませる原因となる。Berliner

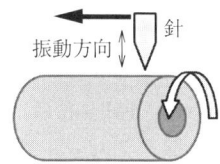 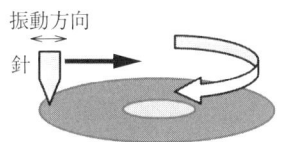

（a） 円筒式レコード　　　　　（b） 円盤式レコード

円筒式レコードと円盤式レコードの模式図。円筒式は，円筒表面上の溝に信号が凹凸の形状によって記録される。この凹凸を針でトレースし，針の振動を振動板に伝えることによって再生する。円盤式は，円盤表面に外周側から内周側に向けて渦巻状に溝が刻まれる。針は，外周から内周に向かって移動しながら溝に刻まれた凹凸の信号をトレースする。

図 **1.2**　円筒式レコードと円盤式レコード

は，針を水平方向に振動させれば，プラス側，マイナス側の違いをなくすことができると考えたのである。ただし，水平方向の振動は，実際には，円盤の外周側と内周側への変動なので，厳密には差がある。

さらに彼は，円盤レコードの複製を作ることも考案している。録音された原盤の鋳型から，何枚もの複製を生産するというアイデアは，オーディオの歴史を大きく変えるものとなる。

改良の末，1887 年に Berliner は，後のレコードプレーヤの原型ともいえる円盤式蓄音機を完成させ，**グラモフォン（grammophone）** と名付けた。円盤式レコードには，Berliner 自身の声で童謡「きらきら星」が吹き込まれた。

Edison も，すず箔のかわりにろうを塗ったろう管を使用することで円筒式レコードの音質を改善させ，原盤から取った金型に蝋を流し込むことで複製する方法も発明している。

当初，アメリカでは，フォノグラフが優勢であったが，ヨーロッパで市場を獲得したグラモフォンがしだいに人気を博し，20 世紀に入るとアメリカでも円盤式レコードが主役の座を奪っていく。これには，装置の性能，すなわちハード面だけでなく，グラモフォンのほうが，レコードのコンテンツ，つまりソフト曲において充実していたことが大きな要因であった[1]。Berliner が音楽好きであったことも一因であろう。

Edison といえば円筒式と思われがちだが，20 世紀になってからは，円盤式

レコードも開発している。再生針にダイヤモンドを使用したダイヤモンドディスクと呼ばれるものである。信号はあくまでも深さ方向の凹凸で記録する垂直方式であった。しかし，グラモフォンの優位は変わらず，Edison は，1929 年に蓄音機およびレコードの製造から撤退した。Edison が亡くなる 2 年前のことである。

（2）電気音響技術とステレオ化　20 世紀初頭のレコードは，音から振動，および振動から音への変換効率の悪さから，**ダイナミックレンジ**（ダイナミックレンジについては 4.1 節参照）は狭く，**周波数帯域**も 250 Hz～2 500 Hz くらいであった。電話の音声よりも周波数帯域は狭かったことになる。このため，演奏者や歌手は，吹込み口の近くで演奏しなくてはならないが，それでも録音できる楽器は限られ，周波数の低いコントラバスなどは録音できなかった。また，録音時間もレコードあたり 2 分程度であった。

録音・再生時間を長くする要望は強かったが，レコードの回転数を下げると音質が劣化する。特に円盤式では，内周側の音質が悪くなる。音溝を細くするには，針先も細くする必要があるが，当時の技術では困難であった。

このような状況は，1925 年に真空管増幅器を用いた電気音響技術の導入によって一変する。音をマイクロホンで電気信号に変換し増幅する。さらに，レコード盤に信号を刻むカッタヘッドも電気駆動するのである。音を電気信号に変換することにより，信号を増幅できるようになり，**信号対雑音比（SN 比）**およびダイナミックレンジが大きく改善された。周波数帯域も従来より 2 オクターブ以上広くなった。

電気音響技術が導入されたことにより，録音できる楽器の種類が増え，オーケストラの演奏がつぎつぎにレコード化されるようになった。音を電気信号に変換することには，増幅以外にも，**フィルタ**や**イコライザ**が利用できるなどの利点があり，オーディオ史における画期的な出来事だったといえる。

音響-電気変換器であるマイクロホンも，電気-音響変換器であるスピーカも，じつは，1876 年に実用化されている。Alexander Graham **Bell** による電話器である。これは，鉄の振動板と電磁石を用いた音響-電気変換器にほかならない。

電話器の発明は，Edison のフォノグラフ発明の前の年である。しかし，電気音響技術がオーディオ技術に導入されるのには，およそ半世紀かかったのである。

1920 年代，レコードの材質にはシェラックが用いられており，回転数が厳密に規格化されていなかったため，毎分 70 回転や 80 回転などのレコードが存在していた。録音時間は，直径 12 インチ（約 30 cm）で片面 4 分～5 分であった[2]。このレコードは，後に **SP (standard play)** レコードと呼ばれるものである。

1940 年代に，シェラックに比べて粒子が細かく滑らかなビニールが使われるようになり，より細い音溝に細密な記録が可能になった。1948 年，アメリカのレコード会社 CBS コロムビアから，直径は 12 インチだが，音溝が細くなったことに加えて，毎分 $33\frac{1}{3}$ 回転とすることで，録音・再生時間を 30 分まで延ばしたレコードが発売され，**LP (long play)** レコードと呼ばれるようになる。

同じくアメリカのレコード会社である RCA ビクターでも直径が 17 cm，毎分 45 回転のレコードが開発されていた。このレコードは，**EP (extended play)** レコードと呼ばれ，レコードの材質や音溝の大きさは LP レコードとほとんど同じであった[1]。EP レコードの再生時間は 5 分だが，オートチェンジャ（自動演奏装置）という装置により，異なるレコードを連続して再生できるものであった。中心には，オートチェンジャ用の大きな穴があるため，ドーナツ盤とも呼ばれた。

当初のレコードは，1 チャネル，すなわちモノフォニックであったが，2 チャネルのステレオフォニックを実用化する研究も進められた。ステレオ化の方式には，1 枚のレコードに 2 本の溝を刻み，2 本に枝分かれした再生針でトレースするバイノーラル方式，頂点が直角をなす V 字型の溝の両壁面に左右の信号を刻む **45-45 方式**，左右の信号を垂直（vertical）方向，水平（lateral）方向の振動にして刻み込む **VL 方式**などがある。

1952 年に開発されたバイノーラル方式は，再生時間が短い，左右チャネルの音質に差があるといった欠点があり，普及しなかった。後述するとおり，円盤式レコードには，内周ほど音質が悪くなる傾向がある。このため，バイノーラ

ル方式のステレオでは，外周側に信号を刻んだチャネルのほうが高音質になってしまうのである。

また，1956年に開発されたVL方式は，広く普及していたモノフォニック盤との互換性で劣るという問題があったため，短期間で製造されなくなった。

1930年代から開発が進められた45-45方式は，シェラック盤では，実現が難しかったため，ビニール製レコードが主流となる1950年代になって商品化された。この方式は，モノフォニック盤との互換性を確保しており，ステレオ方式の主流になった。

円盤式のレコードは，その後長期にわたりオーディオメディアの主流として君臨した。1980年代に，その座を一般にCDと呼ばれるCD-DA（コンパクトディスクディジタルオーディオ）に譲るが，その後もオーディオマニアやレコード愛好家によって愛聴されている。一方の円筒式レコードは，今では博物館など，限られた場所で保存されている。

（3）**円盤式の長所と短所**　円盤式レコードが人気を得たのには，すでに述べたソフト面で勝っていたこと以外にもさまざまな理由が考えられる。

まず，円筒式レコードよりも量産性が優れていたことである。円盤式レコードは，原盤から取った鋳型を使うことにより，複製をいくらでも容易に作れたため，レコードの大量生産を可能とし，オーディオメディアの大衆化につながった。実際には1枚の原盤から鍍金によって作られる凸型のオリジナル盤から，再度鍍金で凹型のマザー盤が数枚作られる。このマザー盤から，さらに数枚作られる凸型のスタンパーをプレス機にかけて大量のレコード盤が製造される[1),3)]。

薄くて平らな円盤式レコードは，保管場所を取らないという点でも円筒式に勝っていた。また，両面に記録できる点も円筒式にはない特徴である。最初の両面レコードは，1904年に発売されている。これにより，円筒式レコードの録音時間は2倍に延びたのである。

しかし，円盤式には欠点もある。まず，レコードを一定の角速度で回転させると，外周と内周では，針に対する音溝の相対速度が大きく違ってくる。LPレコードの場合，最外周と最内周で2倍以上の差となる。このため，外周と内周

では音質が異なり,基本的には外周のほうが高音質とされる。したがって,1枚のレコードを再生している間に音質は悪くなっていくのである。

また,図 **1.3** に示すようにトーンアームに保持された再生針が弧を描くようにして外周から内周に移動する場合,針と音溝との相対角度も,外周側と内周側で異なってくる。これによっても音質は変化する。針が外周側にあるとき,針には,図 **1.4** に示すように,内周側へ引き込む力がかかる。これは**インサイドフォース**と呼ばれる。この力は,針が内周に移動するのに伴って変化する。インサイドフォースは,正確な音溝のトレースを妨げる。これらの影響を低減するため,トーンアームを長くしたプレーヤや,トーンアームを回転させず,支点ごと水平移動させるリニアトラッキング方式のプレーヤも開発されている。

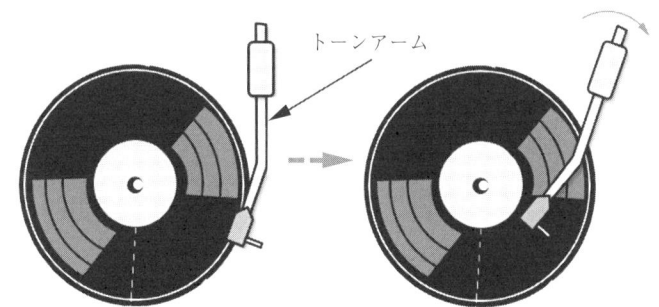

円盤式レコードでは,通常,再生針は音溝をトレースしながら徐々に外周から内周に移動していく。針が回転式のトーンアームに保持されている場合,針は円弧を描くように移動する。

図 **1.3** 円盤式レコードのトーンアーム

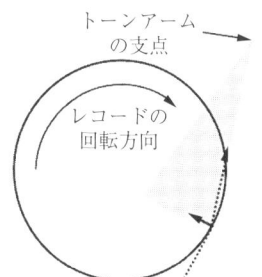

図 **1.4** インサイドフォース
　レコードの時計回りの回転に伴い,針先には,摩擦による音溝の接線方向への力とトーンアームによる支点方向に引っ張る力がかかる(破線矢印)。レコードの外周側にあるとき,針先は,それらの合成による力(実線矢印)で内周側へ引き込まれる。

なお，トーンアームの先にある再生針を含んだ機構は，カートリッジと呼ばれ，機械的な振動を電気信号に変換するきわめて重要な役割を担っている。カートリッジは，針圧や音溝に対する針の角度などを調節する部分でもあり，カートリッジの良否が音質を大きく左右する。

円盤式レコードが持つ欠点のいくつかは，円筒式であれば回避できたかもしれないが，その後の各種記録メディア（**CD**，**DVD** など）の形状を見ると，市場が円盤式を選んだのは，必然だったとも考えられる。

1.1.2 光　学　式

オーディオ技術と同じく 19 世紀に発明された映画は，世界中に広まり，エンターテインメント産業として，現在も発展し続けている。動画が初めてスクリーンに投射されたのはフランスで，1895 年，**Lumière** 兄弟によるものであった[4],[5]。彼らの最初の作品は，1894 年に撮影された「工場の出口」とされている。複数のシーンからなり，物語の構成を持つ映画としては，1902 年に製作された「月世界旅行」が世界最初である。

初期の映画は，モノクロであり，かつ映像だけで音のないサイレント映画であった。1900 年にパリですでに音声付きの映画が上映されているが，これは，映画のフィルムとは別に音声を録音したレコードを用いたもので，映像との同期が困難であった。音声付きの映画は，トーキー（**talkie**）と呼ばれる。

世界初の長編トーキーは，1927 年に公開された「ジャズシンガー」である。この作品でも 78 回転のシェラック盤レコードに録音された音が使用されていた。翌年，**サウンドトラック**方式のトーキーが公開されている。「蒸気船ウィリー」という短編アニメで，**Walt Disney** によるものであった[6]。この作品は，映像と音が完全に同期した最初の作品である。

このサウンドトラック方式というのは，フィルム上に一定幅の領域を設け，そこに音を記録するものである[7]。映像と音が同じフィルム上に記録されるので同期が取りやすく，トーキーの主流となり，現在も使用されている。「蒸気船ウィリー」のサウンドトラックは効果音と音楽が中心で，台詞（セリフ）はほ

とんどないが，すべてのキャラクターの声をDisney自身が吹き込んでいる。

映画のサウンドトラックに音を記録する方式には，光学式と磁気式があり，磁気式は，基本的に1.1.3項に述べる磁気テープと同じである。光学式は，音の強弱を光量にしてフィルムに記録するもので，濃淡式と可変面積式がある[7]。濃淡式および可変面積式は，ともにフィルムに光を当てて，透過する光量を光電管で電気信号に変換することにより再生される。

図 1.5 は，可変面積式サウンドトラックの例である。一般にフィルムは，歯車の歯にスプロケットと呼ばれる穴をかみ合わせることで，映写機内を走行する。このため，フィルムの両側にスプロケットが並んでおり，その間の領域に映像が焼き付けられている。図1.5では，映像とスプロケットの間のわずかな領域にサウンドトラックが設けられている。幅が変化する白い帯のように見える部分を光が透過するのである。

図 1.5 可変面積式サウンドトラック
サウンドトラックを持つフィルム。映像が記録された部分とスプロケットの間に音用の領域が設けられている。

光学式サウンドトラックは，画像と同じメカニズムで現像でき，磁気式に比べて低コストである。近年は，サラウンド用マルチチャネルのディジタルオーディオ信号をデータ圧縮してフィルムに記録したサウンドトラックも利用されている[8]。

信号を光量変化にして記録する光学式アナログ録音は，元来，映画のサウンドトラック用の技術であり，音質面では 1.1.3 項の磁気式に及ばないため，オーディオ専用には用いられていない。しかし，レーザ技術の進歩により，メディアに記録されたデータを読み取る手法として光学式を利用する技術がCDをはじめとする各種記録媒体に広く利用されている。

1.1.3 磁　気　式

オーディオ記録メディアとしてアナログレコードとともに広く普及したのが磁気テープである。磁気テープとは，表面に磁性体が塗布されたテープ状のフィルムであり，この磁性体の磁化の向きをそろえることで信号が記録される。磁気式録音および再生には，ヘッドと呼ばれる機構が用いられる。図 1.6 に示すように，ヘッドは，コイルが巻かれたコア（芯）であり，一部が途切れている。この途切れ部分はギャップと呼ばれる。

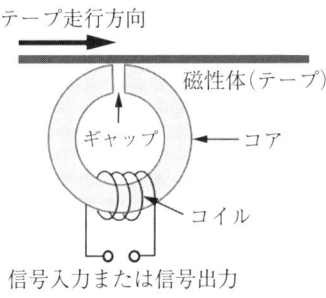

図 1.6　磁気式録音・再生ヘッド
コイルに電流を流すと，磁場が発生し，ギャップを通して磁気テープが磁化される。

音を電気信号に変換し，この電気信号を図 1.6 に示すコイルに流すと，コアは一時的に磁石になる。両極間のギャップから強い磁界が漏洩し，ヘッドに接している磁気テープが磁化される。より正確には，部分的に磁化の向きがそろえられるのである。通常，テープは一定の速度で走行し，ギャップを通過する部分から順次磁化されていく。

コア部分は，軟磁性体なので，信号電流がなくなると磁界が消失するが，磁気テープには硬磁性体が使われており，一度磁化されると，その状態が保持されるため，情報を記録できるのである。

再生するときには，録音されたテープをギャップに接触させ，録音したときと同じ速度で走行させる。テープから発する磁束がコイルと交差し，起電力が生まれ，録音時の信号に対応した再生信号が得られる。

磁気録音機は，19世紀末にデンマークの技術者 Valdemar **Poulsen** によって発明され，**テレグラフォン**（**telegraphone**）と名付けられた。Poulsen のテレグラフォンでは，記録メディアとして直径約 1 mm の鋼線が用いられている。その後，鋼線のかわりに幅 3 mm，厚さ 0.08 mm の鋼帯を用いる録音機も制作されている。鋼線や鋼帯の長さ次第で長時間録音が可能になるという利点はあるものの，鋼線や鋼帯では，高価であるうえ，ヘッドとの接触が安定しないという問題があった。

最初の磁気テープは，紙テープに磁性粉を塗ったものであり，1930 年頃にドイツで開発されている。プラスチックを用いた録音・再生機は，1935 年にマグネトフォンの名称で発表されているが，磁気テープによる録音が一般に広まるのは，第二次世界大戦後である。

テープに記録された情報は保持されるが，再び強い磁界にさらされれば情報が書き換えられる。この点は，機械式のレコードにはない特徴であり，磁気テープが商業用音楽ソフトを流通させるメディアとしてのレコードと競合することなく，録音用として広く普及した要因といえる。

1.2 音質と容量

オーディオにおいて，音質という言葉は，物理的な特性が原音にいかに忠実かを表すこともあれば，より主観的な印象や，個人の嗜好まで加わった評価を意味する場合もある。したがって，学術的な記事においては，厳密に定義したうえで用いるべきである。アナログレコードと CD-DA はどちらが高音質か，といった論争を見かけるが，音質の定義を明確にしておかないと，話がかみ合わないだろう。

本節において，音質は，周波数帯域およびダイナミックレンジの広さを表すものとする。

オーディオメディアの音質は，記録容量と密接にかかわる。音質を向上させるには，より多くの容量を必要とする。言い換えると，音質と録音・再生時間は，トレードオフの関係にある。このことは，アナログのみならず，ディジタルになっても変わらない原則である。

1.2.1　機械式レコード

オーディオにおけるダイナミックレンジとは，4.1 節でも述べるが，記録可能な最大信号と最小信号のレベル比である。信号を**量子化**するディジタルオーディオでは，ダイナミックレンジを理論的に求められる。これに対し，機械式レコードの場合，最小信号レベルを明確に示すのは難しい。実際には雑音レベルが最小信号レベルと見なされる。

アナログレコードを再生すると，信号が記録されていない無信号部分，例えば曲と曲の間などでも，スピーカからかすかな雑音が聞こえてくる。これは，無信号部分であっても，レコードの音溝には，微細な凹凸があり，再生針が常時細かく振動しているためである。ダイナミックレンジを広げるには，最大信号を大きくすればよい。しかし，円盤式レコードの針の振れ幅を大きくすれば，必然的に音溝が太くなる。音溝が太くなれば，レコード盤面に刻める渦巻の巻き数が減り，録音・再生時間が短くなる。

周波数帯域に関しては，低域側はレコードの偏芯や反り，回転むらによるゆらぎが問題となる。高域側は，いかにして時間分解能を上げるかであり，これにはレコードの回転を速くする必要がある。このことは，一定速度で走行する記録紙にペンレコーダで振動を記録することを考えてみれば理解できる。アナログ脳波計や地震計の仕組みである。ペンは，振動に応じて，記録紙の走行方向に対して垂直方向に変位するので，記録紙には**図 1.7** に示されるような時系列の波形が記録できる。このとき記録紙の走行速度が十分に速くないと図 1.7（上）の波形のように，周期の短い波形の記録はつぶれて（黒く塗りつぶされて）

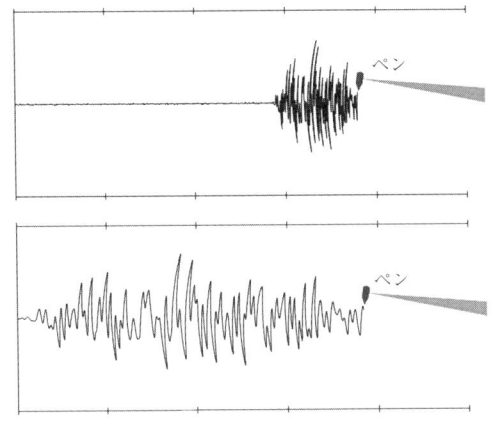

振動波形を走行する紙に記録する場合，記録紙の走行速度が遅いと周期の短い振動は分離できなくなる（上図）。記録紙の速度を速めると時間分解能が向上し，高周波振動も記録できる（下図）。上図と下図は，同じ振動を記録したものだが，下図の波形は，記録紙の走行速度を上図の4倍にしたものである。

図 **1.7** 高周波振動の記録

しまう。記録紙の走行を速くすると，時間分解能が向上し，高周波の振動も図1.7（下）の波形のように明りょうに記録できる。

　レコードも，針に対する音溝の走行速度を速くすることで時間分解能を向上させることができる。しかし，レコードの回転数を2倍にすれば，言うまでもなく録音・再生時間が半減する。また，高速で回転させると，レコードの反りなどによる低周期のゆらぎが**可聴域**に影響を及ぼすようになる。

　平らに見えるレコードでも，わずかなゆがみがあり，回転の中心となる穴の位置にも偏りがある。またレコードを回転させるターンテーブルの回転自体にもむらがある。これらのゆがみやむらによって，再生針は絶えず垂直方向や水平方向にゆらいでいる。LP レコードの音溝は，深さがおよそ $20\mu m$，幅は $50\mu m$ くらいであり，再生針は，きわめて微細な振動を拾っている。このため，わずかなゆらぎでも再生音はゆがめられてしまう。

　例えば，毎分 $33\frac{1}{3}$ 回転の LP レコードの場合，偏芯によって，およそ 0.56 Hz のゆらぎが生じる。これは 0.56 Hz のひずみを生じるだけでなく，信号を変調させてしまう。変調されると信号の周波数の上下に側帯波が生じる。変調周

波数が低ければ聴感上の影響は少ない（側帯波が信号成分にマスクされる）が，レコードの回転数を上げれば，この種の変調周波数も上昇し，聴感上の影響も増えてしまう。さらに，針先と音溝の摩擦が大きくなるため，前述のインサイドフォースの影響も大きくなる。このように，回転を速めることは，音質面からも好ましいとは限らない。

アナログレコードの高域特性は，再生するたびに劣化していく。これは再生針との摩擦によって音溝が削られ，細かい信号が失われていくためである。

アナログレコードの音質に影響を及ぼす要因は，音溝に対する針の圧力や，針が溝に接する角度，盤面の傷や，音溝にたまるほこりなど多岐にわたる。針と音溝との接触状態が適正でないと，音をひずませるだけでなく，針やレコードを傷める原因にもなる。このため，トーンアームやカートリッジの調整には細心の注意が払われる。

1.2.2 光学式録音

音響信号をフィルムを透過する光の量にして記録するサウンドトラックでは，ダイナミックレンジを拡張するには，フィルム上でサウンドトラックの面積を大きくすればよい。また，時間分解能を向上させるには，フィルムの走行を速めればよいだろう。

しかし，サウンドトラックは，もともと映像を記録するフィルムの余った領域を有効に利用したものであり，この領域を大きくするには，映像を犠牲にしなくてはならない。また，フィルムの走行速度も，映像のコマ数で決まっている。これを速めるとフィルム1巻あたりの上映時間が短くなる。

光学式録音の大きな問題点は，長期にわたってフィルムの状態を保持するのが難しいことである。フィルムは熱にも湿気にも弱いため，保管が難しいのである。古いフィルムが変色したり，昔の映画の画像が見づらかったりするのと同様に，フィルムに記録された音響信号も時間とともに劣化することが避けられない。

アナログの光学式録音は，映画の世界では，今でも使用されているが，オー

ディオ専用の録音・再生機として十分なものではない。

1.2.3 磁気録音

　磁気式録音のテープも，アナログレコードと同じように，無信号部分であってもアンプのボリュームを上げれば，スピーカから雑音が聞こえてくる。ヘッド部では，わずかな磁気誘導でも雑音の原因となる。磁性体が磁気的に不均一なこと，磁性体の塗布にむらがあることによっても不規則な雑音が発生する。無信号時のこのような雑音は，暗騒音と呼ばれるが，アナログオーディオにおいて，完全な無音を実現するのは非常に難しいのである。

　この暗騒音レベルがダイナミックレンジの下限となる。上限は，テープの**飽和磁化**となる。磁性体は，さらされる磁界の強度によって磁化の程度が変わるが，あるレベルを超えると，磁界が強くなっても，磁化のレベルは上昇しなくなる。これを飽和といい，このときの磁化が飽和磁化である。

　磁性体が磁界によってどれだけ磁化されるかは，信号の周波数によって大きく異なる。このため，録音時，再生時にイコライザを用いて平たんな特性になるよう補正している。録音時，再生時には，さまざまな要因によって損失が生じる。詳しくは述べないが，録音時には，磁性体の厚みによる損失，渦電流損失，自己減磁損失など，再生時には，ギャップ幅と信号周波数で決まる磁界空隙損失，再生ヘッドとテープ表面とのすきまによる間隙損失，渦電流損失などである。多くの場合，高周波数において損失が顕著となる。

　磁気テープの録音および再生においては，テープ表面とヘッドの接触状態を適正に保つことが非常に重要となる。調整すべきおもな項目を**図 1.8**に図示する。なかでも，ギャップとテープの走行方向がなす角，**アジマス**の調整は高域特性に大きく影響する[9]。ヘッドに設けられたギャップは，テープの走行方向に対して正確に 90° となるのが理想である。これが 90° からずれると，位相がそろわなくなる。特に高周波では，わずかなずれでも大きな位相差となり，出力信号がなまってしまう。

　磁気式録音において，ダイナミックレンジを広げるには，テープ幅を太くし

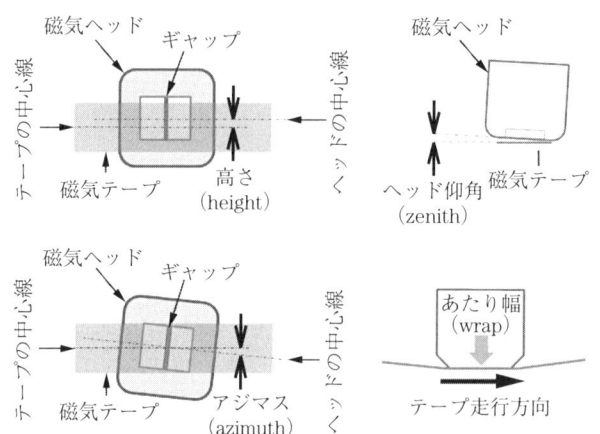

磁気テープとヘッドの接触状態にかかわるおもな要因として，高さ（左上），ヘッド仰角（右上），アジマス（左下），あたり幅（右下）がある。

図 1.8　調整すべき磁気ヘッドのおもな項目

て，磁性体を増やすことが考えられる。テープ幅 3.8 mm のコンパクトカセット（一般にはカセットテープと称される）よりも，テープ幅 6.35 mm のオープンリール式のほうがダイナミックレンジが広い。しかし，幅を広くすると前述のアジマスが狂ったときに，大きな位相差が生まれる。なお，日本では広くオープンリールと呼ばれるが，英語では reel-to-reel のほうが一般的である。

また，テープを厚くすることでも磁性体を増やせるが，記録する信号の周波数が高くなるほど，テープの表面しか磁化されなくなるため，相対的に高域のレベルが下がってしまう。

磁気式録音において，時間分解能を高めるには，テープ走行を速くすればよいが，速度を 2 倍にすれば，録音・再生時間は半分になる。アナログレコードの回転数と録音・再生時間の関係と同じである。コンパクトカセットでは，テープは，毎秒 4.75 cm の速度で走行するのに対し，オープンリール式では，毎秒 9.5 cm，19 cm，38 cm，76 cm の速度が広く採用されている。

テープ速度を上げると，録音時間が制約されるだけでなく，**コンター効果**と呼ばれる低域での音質変化を招く。コンター効果とは，ギャップ以外のコア周辺

部で拾われた磁界が信号成分と干渉するために起こる現象で，特に低域での**周波数特性**が波打つものである．コンター効果は，テープ速度を上げるのに伴って，高い周波数帯域に及んでくるため，聴感上も無視できなくなってくる．さらに，テープを高速で走行させると，テープに大きなテンションがかかることになり，消耗を早めてしまう．

テープ表面やヘッドの汚れ，摩耗も音質を劣化させる．ヘッドは定期的にクリーニングするとともに，頻繁に消磁しておくことが重要である[3]．

1.3 CD-DAの音質

1.3.1 CD-DAのフォーマット

アナログオーディオメディアの音質は，録音時，再生時のさまざまな要因によって変化するため，ダイナミックレンジが何 dB であるとか，周波数帯域が何 Hz であると，一概に述べることはできない．理想的な条件がそろったとして，ダイナミックレンジは，70 dB 程度，高域限界については，50 000 Hz を超えることも可能と考えられる．

オープンリール式のテープに比べて，テープ幅も走行速度も劣るコンパクトカセットでも，改良を重ねて，1970 年代には音楽を楽しむのに十分な性能が実現されていた．

しかし，アナログメディアには，雑音に弱い，音質が経年変化を起こす，取扱いに注意を要する，複製するたびに音質が劣化するといった欠点がある．これらの問題を大幅に減少させたのが CD-DA（コンパクトディスクディジタルオーディオ）である．一般にオーディオ CD と呼ばれる CD-DA は，ソニーとフィリップスが共同開発し，規格が統一され，1982 年に商品化された[2]．

CD プレーヤが開発されるまでに，VTR 装置の機構を借用した業務用ディジタルテープ録音機や民生用 PCM プロセッサなどが 1970 年代に登場している[2]．

本節では，CD-DA の音質について，簡単に触れるが，ここでも，1.2 節に引

き続き，音質は，ダイナミックレンジおよび周波数帯域の広さを意味するものとする。

ディジタルオーディオにおいては，ダイナミックレンジも周波数帯域も理論的に求められる。詳しくは第3章と第4章で述べるが，**量子化ビット数 16，サンプリング周波数 44 100 Hz** とする CD-DA の場合，ダイナミックレンジは，およそ 98 dB，周波数帯域の上限は，サンプリング周波数の半分，つまり 22 050 Hz である。

では，この 16 ビット量子化，44 100 Hz サンプリングという規格は，どのようにして決められたのだろうか。

従来のアナログメディアのダイナミックレンジを上回るには，量子化ビット数を少なくとも 12 ビット以上にする必要があった。当時，16 ビットの A-D/D-A 変換器は高価であり，民生用再生機としては 14 ビットあれば十分であるとして，フィリップス側は，当初 14 ビットを主張していた。しかし，すでに商品化されていた業務用ディジタルレコーダ「PCM-1600」と同じ 16 ビットにするというソニー側の主張が採用されたのである[1]。

サンプリング周波数は，すでに商品化されていた業務用ディジタルレコーダに合わせて 44 100 Hz とされた。この業務用ディジタルレコーダ PCM-1600 でもヘリカルスキャン型の VTR の機構が利用されており，ビデオ信号と同じ水平同期パルスが使われていた。

NTSC（National Television System Committee） テレビジョン信号の水平同期周波数は，15 750 Hz である。このため，ブラウン管から 15 750 Hz の高周波音が聞こえることがある。ディジタルレコーダでは，1 水平走査の間に左右各チャネルにつき 3 サンプルを記録していた。また，ヘッドが回転するヘリカルスキャン型の VTR では，回転ヘッドの切り替えタイミングが不安定であることから，この付近の 35 走査分（水平走査線数 525 の $\frac{1}{15}$）は使われていない。この結果，$15\,750 \times \frac{14}{15} \times 3 = 44\,100$ となり，44 100 Hz が採用されているのである。

こうして，理論上のダイナミックレンジがアナログオーディオを大きく上回るオーディオメディアが生まれた。周波数帯域の 22 050 Hz も，人間の可聴域を十分カバーするものと考えられる。アナログメディアと違い，何度再生しても高域特性が劣化することはなく，多少の傷やほこりも音質に影響しない。ディスクの直径は 12 cm であり，録音・再生時間は 70 分を超える。

アナログレコードは，外周側から内周側へと録音されるのに対し，CD-DA は内周側から記録される。また，一定の角速度で回転するアナログレコードと違い，CD-DA は線速度を一定にして回転させる。したがって内周ほど高域特性が落ちるということはない。線速度を一定とすることを **CLV**（**constant linear velocity**）方式と呼び，アナログレコードのように角速度を一定にすることを **CAV**（**constant angular velocity**）方式と呼ぶ。

記録されている信号は，0 または 1 のバイナリである。記録層と呼ばれる部分にピットと呼ばれる小さなくぼみがあるかないかをレーザ光の反射によって読み取る仕組みとなっている。レーザを当てるだけなので何度再生しても記録層は摩耗しない。

CD-DA は，ソフト，ハードとも 1982 年に販売が始まり，やがてアナログレコードに代わるオーディオパッケージメディアの主役となるが，民生の録音機は，相変わらずアナログの磁気テープをメディアとしており，民生機でディジタル録音が可能になるのは，1987 年の **DAT**（**digital audio tape**）発売まで待たなければならなかった。DAT の記録メディアは磁気テープであり，高密度記録を可能にするため，ヘリカルスキャン型のヘッドを用いている。

DAT に続いて，同じく磁気テープをメディアとする **DCC**（**digital compact cassette**），ディスク型メディアを採用した **MD**（**MiniDisc**）が 1992 年に相次いで登場している。DCC と MD は，ともにデータを圧縮して記録するものであった[10]。

1.3.2　CD-DA の記録容量とビットレート

CD-DA のフォーマットでは，量子化ビット数は 16，つまり 2 バイト，サン

プリング周波数は 44 100 Hz なので，音楽データ 74 分のデータサイズは

$$2 \,[\text{バイト}] \times 2 \,[\text{チャネル}] \times 44\,100 \,[\text{サンプル}] \times 60 \,[\text{秒}] \times 74 \,[\text{分}]$$
$$= 783\,216\,000 \,[\text{バイト}]$$

すなわち，約 764 859 KiB または約 747 MiB となる。ここで，B はバイト。また，1 KiB=2^{10} B, 1 MiB=2^{20} B である。KiB, MiB は，それぞれキビバイト，メビバイトと読む。この Ki や Mi は **2 進接頭辞**と呼ばれる。余談だが，コンピュータの世界では，1 KB=1 024 B, 1 MB=1 024 KB とし，K は大文字とする習慣がある。しかし，単位系の国際規約である国際単位系（SI）では，1 kB は 1 000 B, 1 MB は 1 000 kB が正しい。k（キロ）や M（メガ）は **SI 接頭辞**と呼ばれる。混乱を避けるために，1998 年，国際電気標準会議（IEC）で，SI 接頭辞と区別する 2 進接頭辞が新たに承認され，推奨されている。

さて，CD-DA に収録される 74 分の音楽信号が 747 MiB であることは理解できるであろう。不思議なことに，この 74 分の音楽信号は，圧縮することなく，容量 650 MiB の CD-R に収められる。このからくりについて，簡単に述べておく。

CD-DA でも CD-R でも 1 セクタのサイズは 2 352 バイトである。音楽信号に特化した CD-DA では，2 352 バイトをすべて音楽データに使うのに対し，コンピュータのプログラムやデータファイル用の CD-R では，ユーザが使えるのは，セクタあたり 2 048 バイトであり，残りの 304 バイトはヘッダやデータ訂正コードにあてられる。CD-R の容量は，ユーザがコンピュータのデータ用に使用できるサイズのことである。650 MiB は 681 574 400 バイトなので，容量 650 MiB の CD-R のセクタ数は，これを 2 048 で割った値，約 333 000 となる。

一方，容量 650 MiB の CD-R を CD-DA として使用する場合，セクタサイズ 2 352 バイトがすべて音楽信号にあてられるため，セクタ数 333 000 とすると，約 747 MiB であり，74 分の音楽が記録できるのである。なお，CD-R とは，コンパクトディスクレコーダブルであり，データ用 CD-R と音楽用 CD-R

の2種類がある。データ用のパッケージには650とか700とデータ容量が表記されているのに対し，音楽用のパッケージには，74とか80と録音時間（分）が記載されている。

CD-DAに記録されたデータは，1秒あたり1 411 200ビットである。したがって，CD-DAのデータを転送しながら再生するには，約1.4 Mbps以上の**データ転送レート**が必要になる。bps（bit per second）はビット毎秒であり，データ転送レートは，ビットレートとも呼ばれる。

ビットレートを表すときの接頭辞は，本来のSI接頭辞として用いられるのが一般的である。つまり1 kbps= 10^3 bps, 1 Mbps= 10^6 bpsである。

1.4 超広帯域オーディオ

1.4.1 ハイサンプリングと次世代オーディオ

前述のとおり，CD-DAのダイナミックレンジと周波数帯域は，理論上，約98 dB, 22 050 Hzに制限されている。CD-DAのフォーマットを採用している限り，これを超えることはできない。自然界に存在する音にも，楽器が発する音にも，22 050 Hzを超える周波数成分が含まれているが，CD-DAにはそのような高周波成分は記録できないのである。

このため，原音をより忠実に記録，再生する技術としてハイサンプリング化が検討される。民生機としては，1992年にハイサンプリング録音・再生を可能としたDATデッキが商品化されている。テープ速度を2倍にすることにより，サンプリング周波数を96 000 Hzとし，40 000 Hzを超える周波数帯域が実現された。量子化ビット数は，CD-DAと同じ16であった。

業務用としては，DATにサンプリング周波数96 000 Hz, 量子化ビット数24で記録するためのエンコード/デコードユニットも生産され，ハイビット，ハイサンプリング録音，再生を可能とした。

ハイビット，ハイサンプリングで録音しても，オーディオソフトとして流通させるには，結局CD-DAフォーマットにダウンコンバートしなくてはならな

い。そこで，CD-DA よりも広いダイナミックレンジと周波数帯域を損なわず，そのままメディアに記録した商品として20世紀末に登場したのが，**スーパーオーディオ CD** や **DVD オーディオ**である。これらのメディアは，CD プレーヤでは再生できないため，専用のプレーヤを必要としたが，ダイナミックレンジは，可聴域で 120 dB 以上，周波数帯域は最大 90 000 Hz を上回る。これらのフォーマットは，当初，「次世代オーディオ」と呼ばれていた。

CD-DA がステレオフォニック，つまり 2 チャネルであったのに対し，次世代オーディオはマルチチャネルのコンテンツにも対応している[11]。

1.4.2 オーディオの二極化

ハイサンプリングに対応した DAT 機器が発売された 1992 年は，前述のとおり，データ圧縮を利用した MD や DCC が登場した年でもあり，ここからオーディオの二極化が始まったといえる。つまり，CD-DA よりも優れた音質を目指す超広帯域オーディオと CD-DA の音質を超えることよりも，データサイズを小さくして利便性を追求する圧縮オーディオである。オーディオの進む道は大きく分岐した。

CD-DA を超える音質を目指したハイビット化，ハイサンプリング化は，次世代オーディオを産み出した。ハイサンプリング対応の DAT デッキを商品化したのが 1 社のみだったのに対し，次世代オーディオ（スーパーオーディオ CD，DVD オーディオ）に対応したプレーヤは，複数のメーカーから発売されている。次世代オーディオは，オーディオ専門誌などでは注目されたが，広く普及することはなかった。

一方の圧縮オーディオは，CD-DA の音質を超えることよりも，大量の楽曲を小さなメディアに収めて持ち運べる利便性に優れており，インターネット上でオーディオファイルを流通させる音楽配信産業の隆盛につながっている。日本における CD-DA の売上げは，1998 年を頂点として，低下し続けており[12]，この傾向は欧米でも同じである。CD-DA を代表とするオーディオパッケージメディアの売上げが下がるのとは対照的に，音楽配信の売上げは増加しており，

韓国では，2003年にすでにCD-DAの売上げを上回っている[12]。

音楽配信産業の発展に同調し，ポータブルオーディオプレーヤも進化している。オーディオだけでなく，動画コンテンツに対応した機種も増えてきている。2010年現在，容量は100 GiB（ギビバイト）以上，1回の充電で30時間以上音楽を連続再生できる機種など珍しくない。100 GiBということは，圧縮された楽曲をおよそ25 000曲（1曲4分程度とする）保存できる。

ポータブルオーディオプレーヤの多くは，WAVフォーマットと呼ばれる非圧縮オーディオファイルの再生も可能である。100 GiBは，CD-DAの約14倍の容量である。つまり圧縮しなくても，CD-DA10枚以上に相当する楽曲を保存できることになる。ハイビット，ハイサンプリングのオーディオファイルであっても，数十曲は保存できる。

現実に25 000もの楽曲を持ち歩く必要があるかと考えると，今後，オーディオファイルの圧縮は，それほど重要ではなくなるという考え方も出てくる。事実，2006年頃からは，インターネット上の複数のサイトが，超広帯域オーディオファイルの配信を始めている[13]。潜在的にCD-DAを超える音質を持つオーディオファイルをデータ損失なしでダウンロードして聞くことが可能なのである。

配信されている楽曲数は，まだ多くはないが，これからは，CD-DAというフォーマットの制約を気にすることなく，個人が自分に合ったフォーマットでファイルを入手し，楽しめばいい。そんな時代なのかもしれない。

しかし，そのためには，ソフト，ハードのメーカーには，ハイビット，ハイサンプリングオーディオの潜在的な性能を損なうことなく，忠実に記録，再生することで，CD-DAではなし得なかった音質を聴取者に提供することが求められる。それには信頼できる品質管理の手法および体制の確立が不可欠である。

本書の第2章以降では，CD-DAを凌駕する情報を持つオーディオコンテンツを製作し，それを可能な限り忠実に再生するために必要な計測技術について論じ，ハイビット，ハイサンプリングオーディオの品質管理のあり方を問うことになる。

本書では，ダイナミックレンジおよび周波数帯域がCD-DAを上回るディジタルオーディオを「超広帯域オーディオ」と総称する。ただし，本書のテーマは，超広帯域オーディオそのものではなく，超広帯域オーディオ時代の音響計測技術である。

また，本章では，ダイナミックレンジおよび周波数帯域の広さを音質とした。しかし次章以降では，原則として，原音と再生音の物理的な違いの程度を音質（差が小さいほど高音質）とし，それ以外の場合は，主観的音質，聴感上の音質などとして区別した。主観的音質，聴感上の音質という場合は，聴取者が何らかの評価，弁別を行っていることを意味する。

引用・参考文献

1) 森 芳久，"カラヤンとディジタル，" アスキー（1997）
2) 中島平太郎，小川博司，"図解CD読本，" オーム社（2008）
3) 中島平太郎，"オーディオに強くなる，" 講談社（1973）
4) 出口丈人，"映画映像史ムーヴィングイメージの軌跡，" 小学館（2004）
5) 大日向俊子，"映画音楽おもしろ雑学事典，" ヤマハミュージックメディア（2009）
6) 谷口昭弘，"ディズニー映画音楽徹底分析―これ1冊でディズニー映画音楽のすべてがわかる，" スタイルノート（2007）
7) 田山力哉，"映画小事典，" ダヴィッド社（1987）
8) 日本オーディオ協会，"オーディオ＆ビジュアルを10倍楽しむ本，" 日経BP出版センター（1994）
9) 大野 進監修，"サウンドレコーディング技術概論，" 日本音楽スタジオ協会（2010）
10) 吉川昭吉郎，"HiFiの現状と良い音，" 日本音響学会誌，**52**, 443-446（1996）
11) 小泉宣夫，"基礎音響・オーディオ学，" コロナ社（2005）
12) 八木良太，"日本の音楽産業はどう変わるのか―ポストiPod時代の新展開，" 東洋経済新報社（2007）
13) 角田郁雄，井上 肇，佐々木喜洋，"パソコンで楽しむ極上のオーディオサウンド，" 洋泉社（2010）

2 サンプリングと量子化

2.1 ナイキスト周波数とエリアシング

　音は，媒質中の圧力変化が伝搬する現象である。このため横軸を時間，縦軸に静圧からの圧力変化をとれば，波形として表すことができる。このとき，圧力変化は連続な波形となる。図 **2.1** の実線で表す連続的な波形をアナログのオーディオ信号波形とすると，オーディオ信号をディジタル化する場合，このような連続信号を時間軸上で細かく区切って，その一つ一つの区切り位置の振幅値を，有限ビット長の数値に当てはめるのである。そのようにして得られたデータを図では，◯で表している。

　連続信号を時間軸上で刻むことをサンプリング（**sampling**），刻まれたサンプルの振幅値に有限ビット長の数値を当てはめることを量子化（**quantization**）という。

　時間軸は，一定の間隔 T_s で区切られており，この間隔 T_s は，サンプリング周期と呼ばれる。T_s 秒ごとにアナログ信号がディジタル信号に変換されている。1 秒をいくつに区切ったかを表すのがサンプリング周波数（**sampling rate**）なので，これを f_s とすると，サンプリング周波数とサンプリング周期の関係は

$$f_s = \frac{1}{T_s} \tag{2.1}$$

である。サンプリング周波数を高くする，すなわちハイサンプリング化とは，1 秒を，より細かく区切るということであり，これにより，より高い周波数の信

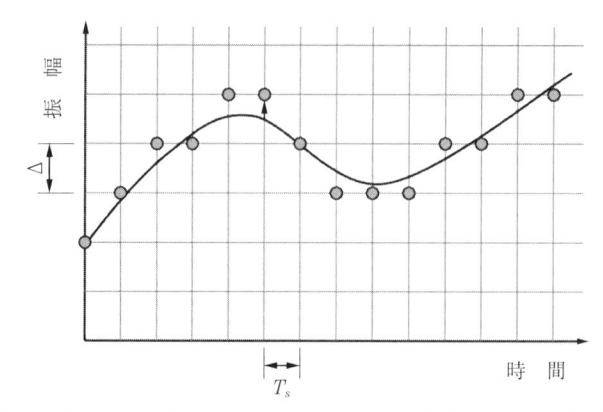

図 2.1 サンプリングと量子化

号まで記録，再生することができるのである。

ディジタルオーディオにおいて，記録，再生可能な周波数の上限は，サンプリング周波数 f_s の半分である。この $\dfrac{f_s}{2}$ を**ナイキスト周波数**（**Nyquist frequency**）と呼ぶ。なぜ，ナイキスト周波数を超える成分を記録，再生できないのかについて，図 **2.2** を用いて説明する。図は，20 Hz 正弦波（実線）と 30 Hz 正弦波（破線）をサンプリング周波数 50 Hz で A-D 変換して得たデータ（◯）を示している。二つの正弦波の周波数は異なるが，20 ms ごとにサンプリングすると，まったく同じディジタル信号に変換されることがわかる。

周波数が 20 Hz で，振幅が 1 の連続的な正弦波信号は

$$x_1(t) = \cos 2\pi 20 t \tag{2.2}$$

と表される。これを 20 ms ごとにサンプリングして得られる値は

$$x_1(n) = \cos 2\pi 0.4 n \tag{2.3}$$

となる。ここで，n は整数である。

周波数が 30 Hz の正弦波は

2.1 ナイキスト周波数とエリアシング

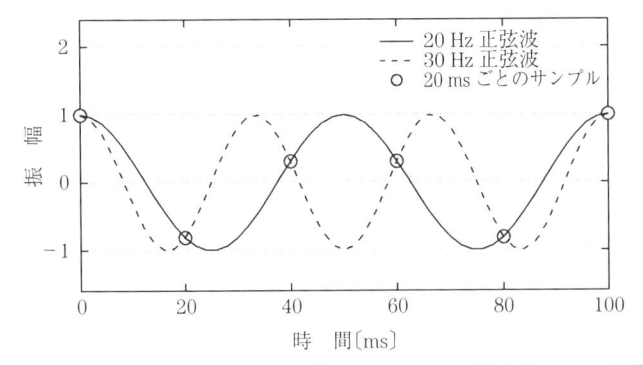

サンプリング周波数 50 Hz で A-D 変換された 20 Hz 正弦波と 30 Hz 正弦波。実線が 20 Hz 正弦波，破線が 30 Hz 正弦波，〇 は，20 ms ごとにサンプリングされたデータを表す。周波数の異なる二つの正弦波が，まったく同じディジタル信号に変換されることがわかる。ナイキスト周波数である 25 Hz を超える 30 Hz 正弦波は，20 Hz 正弦波と区別できなくなるのである。

図 2.2　エリアシング

$$x_2(t) = \cos 2\pi 30 t \tag{2.4}$$

であり，20 ms ごとにサンプリングして得られる値は

$$x_2(n) = \cos 2\pi 0.6 n \tag{2.5}$$

となる。$\cos(-A) = \cos A$ なので

$$\begin{aligned}x_2(n) &= \cos(2\pi 0.6 n) = \cos(2\pi n - 2\pi 0.4 n) \\ &= \cos(-2\pi 0.4 n) = \cos(2\pi 0.4 n)\end{aligned} \tag{2.6}$$

となるが，これは式 (2.3) に示す $x_1(n)$ とまったく同じである。50 Hz でサンプリングしたので，ナイキスト周波数は 25 Hz となり，これを超える 30 Hz の正弦波は，20 Hz の正弦波と区別できなくなるのである。このような現象を**エリアシング**（**aliasing**）という。ナイキスト周波数を超える成分が含まれた信号を A-D 変換すると，その成分はナイキスト周波数以下の信号と区別できなくなる。このようにしてナイキスト周波数以下に現れる成分を**エリアシングひずみ**（**折返しひずみ**）という。上記の例では，30 Hz の成分がエリアシングひずみとなって，ナイキスト周波数（25 Hz）以下の 20 Hz に出現するのである。

このエリアシングを防ぐため，A-D 変換を行う前に，アナログフィルタにて，ナイキスト周波数を超える成分を除去する必要がある。このような目的で用いられるフィルタを**アンチエリアシングフィルタ**という。このため，ディジタルオーディオにおいて，記録，再生できる周波数の上限がナイキスト周波数で制限されるのである。

サンプリング周波数を 2 倍にすれば，当然ナイキスト周波数も 2 倍になるため，記録，再生できる周波数の上限が 2 倍になり，オーディオの広帯域化につながる。オーディオ CD（CD-DA）におけるサンプリング周波数は 44 100 Hz なので，22 050 Hz 以上の高周波成分は記録できないが，DVD オーディオのサンプリング周波数は，最大で 192 kHz であり，理論上，96 000 Hz までの記録，再生が可能なのである。人の**可聴周波数**の上限は，一般に 20 000 Hz 程度とされており，可聴周波数の上限を超える音が超音波と呼ばれている[1]。DVD オーディオには，人の可聴域をはるかに超える超音波まで記録できるわけである。

2.2　オーバーサンプリング

CD-DA の場合，すでに述べたように，サンプリング周波数は 44 100 Hz なので，22 050 Hz を超える周波数成分を記録，再生することはできない。低次の低域通過フィルタでは，フィルタの遮断傾斜が小さいので，22 050 Hz 以上の成分を完全に遮断するには，20 000 Hz 以下の信号成分もある程度除去されてしまう。高次のフィルタを用いれば，より急しゅんな遮断傾斜が得られる反面，アナログフィルタの場合，位相変調が大きくなってしまう。フィルタの遮断周波数付近まで平たんな周波数-レベル特性と優れた位相特性を両立することはできないのである。

そこで，22 050 Hz よりも高い遮断周波数を持つ低次の低域通過フィルタを通して，44 100 Hz よりも高いサンプリング周波数で A-D 変換する。こうして得られたディジタル信号は，22 050 Hz 付近のレベルや位相がフィルタの影響をほとんど受けていない。これを高次のディジタルフィルタに通して 22 050 Hz

以上を除去し、最後にサンプリング周波数を下げるダウンサンプリング処理を行うことにより、サンプリング周波数44 100 Hzのディジタル信号を得るという手法が広く利用されている。これが**オーバーサンプリング（oversampling）**である。

例えば、入力信号を遮断周波数が22 050 Hzを大きく上回り、96 000 Hz以上の成分を殆ど除去するようなアンチエリアシングフィルタ（アナログ）に通して、サンプリング周波数192 kHzでA-D変換する。このとき、フィルタの遮断周波数から大きく離れた22 050 Hz近辺のレベルや位相はフィルタの影響をほとんど受けない。得られたディジタル信号をデシメーションフィルタ（ディジタル）を通して44 100 Hzサンプリングのデータに変換すればCD-DAに記録することができる。ハイサンプリングオーディオにおいても、ナイキスト周波数近辺のレベル特性や位相特性にこだわるなら、より高い周波数でサンプリングするオーバーサンプリング技術を利用すればよい。

2.3 量子化雑音とディザ

電圧値が±2Vの範囲で変動するアナログ電気信号をディジタル信号に変換するとき、電圧値は、−2Vから+2Vまでのあらゆる値を取りうるのに対し、ディジタル信号は有限個数の数値しか取りえない。その個数は量子化ビット数で決まり、例えば4ビット量子化なら、0000〜1111までの16個の整数値となる。4ビットのリニア**PCM**なら、−2Vを0000、−1.75Vを0001というように−2V〜+2Vの範囲が等間隔に16分割されることになる。このとき、−1.9428Vや−1.6667Vのような値は0000か0001として量子化されるため、丸め誤差が生じる。これが**量子化雑音（quantization error）**である。

アナログの正弦波を量子化ビット数4のリニアPCM方式でA-D変換した結果得られる信号と量子化によって生じる量子化雑音（丸め誤差）を図**2.3**に示す。太実線、白ひし形、黒ひし形は、それぞれ原波形、量子化されたデータ、丸め誤差である。周期的に繰り返される正弦波を毎回同じように量子化すると、

30   2. サンプリングと量子化

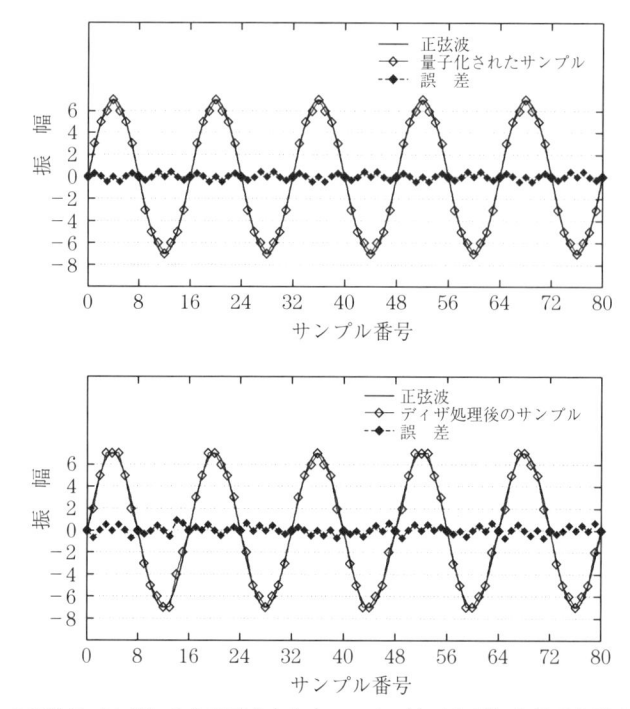

もとの正弦波(太線)から量子化されたデータ(白ひし形)と量子化雑音(黒ひし形)。上はディザなし,下はディザあり。

図 2.3 量子化雑(丸め誤差)音とディザ

上図に示すように量子化雑音も周期的(再帰的)な波形になる。音楽信号などにも周期的な信号が含まれているため,再帰的な量子化雑音が生じる。再帰的な雑音は聴感上検出されやすいため,主観的な音質劣化要因となる。

そこで,A-D 変換において,量子化雑音を非周期的な波形にする処理が広く行われている。例えば,量子化する前の信号に $\pm\frac{1}{2}LSB$ (**LSB**= **least significant bit**) 以下のランダム信号を付加することによって図 2.3 下図のように量子化雑音を非周期的な波形に変えることができる。量子化雑音を非周期的にするために加えられる信号をディザ(**dither**)と呼ぶ。

図 **2.4** は,量子化ビット数 4 のリニア PCM 方式で合成された 1 000 Hz 正弦波の周波数分析結果(1 024 点の FFT による)である。ディザを加えない場

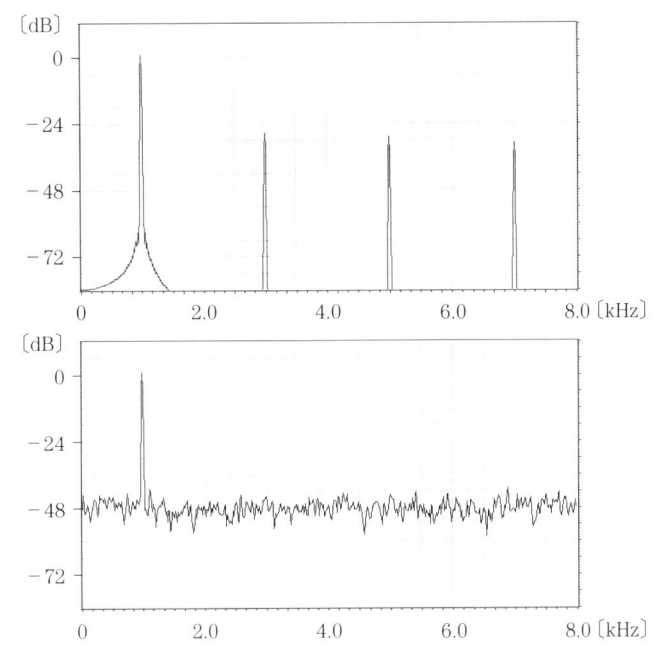

量子化ビット数4のリニアPCM方式で量子化された正弦波の周波数特性。上はディザなし，下はディザあり。ディザを加えない場合，量子化雑音は信号に対して−30 dBを上回る高調波ひずみとなっている。量子化雑音を白色化することによってノイズフロアを−40 dB程度まで下げることができる。

図 2.4　ディザによる量子化雑音の白色化

合（上図），量子化雑音は**高調波ひずみ（harmonic distortion）**，この例では奇数倍音となって現れている。3 000 Hzの高調波成分は信号に対しておよそ−27 dBである。

　ディザを加えると，図2.4下図のように量子化雑音が広い周波数に均等に分散されるため，−30 dBを上回るような顕著なピークは生じていない。量子化雑音の総量は量子化ビット数を増やさない限り低減できない。しかし，ディザを加えることによって聴感上の音質劣化を抑えることができるのである。

2.4 PCM と ΔΣ 変調

近年，ディジタルオーディオの分野で使用される A-D 変換器あるいは D-A 変換器は，ほとんどがデルタシグマ変調（以下，ΔΣ 変調）を用いている。ΔΣ 変調は，オーバーサンプリングとノイズシェーピング（**noise shaping**）といわれる技術により，粗い量子化で大きなダイナミックレンジを得る方法である（ダイナミックレンジについては4.1節参照）。特に1ビット ΔΣ 変調器は，アナログ部が単純であり，比較的安価で大きなダイナミックレンジを得られるため，現在，ほとんどのディジタルオーディオ機器で用いられている。高級ディジタルオーディオでは，さらにダイナミックレンジを広げる目的でマルチビットの ΔΣ 変調（通常4ビット）を用いることもある。本節では，従来からのリニア PCM と比較した ΔΣ 変調の原理について簡単に述べる。

図 **2.5** は，単調に増加するアナログ信号をサンプリング，量子化した場合の**量子化誤差**を示したものである。図において，量子化の幅は Δ としている。アナログ信号を単調に増加させると，図のように量子化誤差は周期 x_0 で $\frac{\Delta}{2} \sim -\frac{\Delta}{2}$ までの変化を繰り返す。音楽信号を量子化した場合，この量子化誤差が雑音として知覚される。量子化によるこの雑音を量子化雑音と呼ぶ。

原信号と量子化雑音の比が量子化による信号対雑音比（SN 比）となる。CD-DA では，16 ビットの量子化を行っており，理論上の信号対雑音比はおよそ 98 dB となる（4.1.1項参照）。高品位オーディオでは，24 ビットの量子化を行っている場合がある。

ΔΣ 変調登場前のリニア PCM 変換を実際に行う A-D 変換器には逐次比較型，D-A 変換器としてはラダー型の D-A 変換器が使用されてきた。これらの変換器は，高精度なラダー型の抵抗器やキャパシタンスマトリックスが必要となるが，集積回路作製において，作製誤差により，16 ビットの精度を出すのはかなり困難であった。実際，高精度の D-A 変換器は集積回路作製後レーザトリミングなどを用いて抵抗値を調整し，精度を確保していた。この結果，素子は

2.4 PCM と ΔΣ 変調

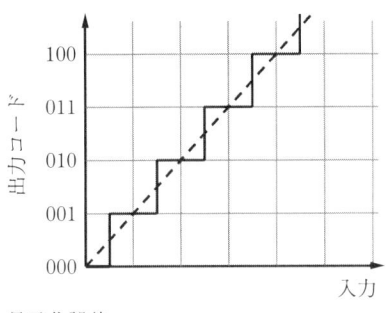

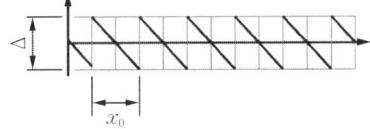

[図: 出力コード(000〜100)と入力の階段状グラフ、および量子化誤差の鋸歯状波形、幅 Δ、周期 x_0]

量子化雑音のパワー
$$P_E = e_{rms}^2 \frac{1}{x_0}\int_{-T/2}^{T/2}\left(\frac{\Delta}{2}\frac{x}{x_0}\right)^2 dt = \frac{\Delta^2}{12}$$

直線状に単調増加する入力信号に対して，量子化された出力は階段状に変化する．入力信号の値から出力信号の値を引いたものが量子化誤差となる．図では，量子化の幅を Δ としている．

図 **2.5** 単調増加する入力信号に対する量子化誤差

高価であった．

図 2.5 において量子化雑音のパワー P_E（実効値の 2 乗）は

$$P_E = e_{rms}^2 \frac{1}{x_0}\int_{-T/2}^{T/2}\left(\frac{\Delta}{2}\frac{x}{x_0}\right)^2 dt = \frac{\Delta^2}{12} \tag{2.7}$$

となる．ΔΣ 変調では，オーバーサンプリングとノイズシェーピングと言われる技術で，少ない量子化分解能で量子化雑音を減少させる．

図 **2.6** に 1 次の ΔΣ 変調器の原理的なブロック図を示す．入力アナログ信号 x と出力を D-A 変換した信号の差が積分器に入力される．積分器の出力は量子化器により量子化される．このように差を取るので Δ，積分するので Σ，合わせて ΔΣ 変調と呼ばれるが，ΣΔ 変調と記載されることもある．図 **2.7** は，離散時間信号に対し，図 2.6 を z 変換を用いて書き直したものである．量子化器は，量子化雑音を信号に加える線形モデルによって表している．図 2.7 より，出

34   2. サンプリングと量子化

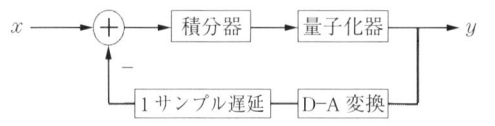

入力信号と量子化された出力の差が積分器に入力される。この出力が量子化され出力信号となる。

図 2.6 1次 ΔΣ 変調器

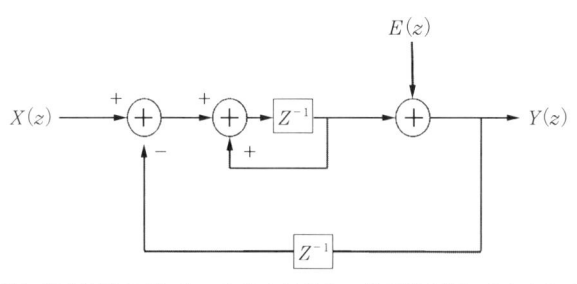

入力信号と量子化雑音が加わった出力信号との差が積分器に入力される。この出力が量子化され出力信号となる。

図 2.7 z 変換を用いて書き換えた 1 ビット
1次 ΔΣ 変調器のブロック図

力信号 $Y(z)$ は，入力信号 $X(z)$ と量子化雑音 $E(z)$ を用いて，式 (2.8) で表すことができる。

$$Y(z) = X(z) + (1 - z^{-1})E(z) \tag{2.8}$$

式 (2.8) から，出力信号には，入力信号と量子化雑音の差分成分が含まれることがわかる。今，入力信号をランダムに変動する信号と仮定すると，量子化雑音は白色雑音としてよい。2.3 節で述べたように，通常，音楽信号を量子化する際にも，ディザを加えることにより量子化雑音はランダム化される。白色雑音をサンプリングすると，サンプリング周波数 f_s の $\frac{1}{2}$ の帯域以上のスペクトル成分は，すべて $\frac{f_s}{2}$ 以内に折り返される。また，周波数領域では，白色雑音は，帯域内において平たんなスペクトルとなる。これを図 2.8 に示す。量子化幅 Δ の白色雑音のパワーは，式 (2.7) で与えられる。パーセバルの等式[2),3)] より，周波数領域での量子化雑音のスペクトルの大きさ k は

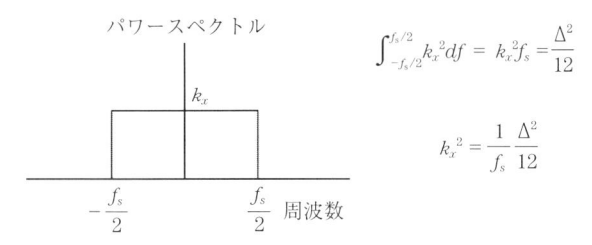

2.4 PCM と ΔΣ 変調　　35

$$\int_{-f_s/2}^{f_s/2} k_x^2 df = k_x^2 f_s = \frac{\Delta^2}{12}$$

$$k_x^2 = \frac{1}{f_s}\frac{\Delta^2}{12}$$

単位周波数あたりの雑音レベル k_x の白色雑音のパワースペクトル。

図 **2.8**　量子化雑音のパワースペクトル

$$k^2 = \frac{\Delta^2}{12f_s} = |E(f)|^2 \tag{2.9}$$

となる。

さて，式 (2.7) において，周波数特性を計算するには，$z = e^{j2\pi f/f_s}$ と置き換えればよい。出力信号に含まれる量子化雑音の成分を $E_0(z)$ とすると

$$\begin{aligned}
E_0(f) &= (1 - e^{-j2\pi f/f_s})E(f) = 2e^{j\pi f/f_s}\left(\frac{e^{j\pi f/f_s} - e^{-j\pi f/f_x}}{2}\right)E(f) \\
&= 2E(f)e^{-j\pi f/f_s}\sin\left(\frac{\pi f}{f_s}\right) |E_0(f)|^2 \\
&= 4|E(f)|^2 \sin^2\left(\frac{\pi f}{f_s}\right)
\end{aligned} \tag{2.10}$$

となる。すなわち，周波数領域で一定だった量子化雑音は，図 **2.9** のように変形される。これをノイズシェーピングという。

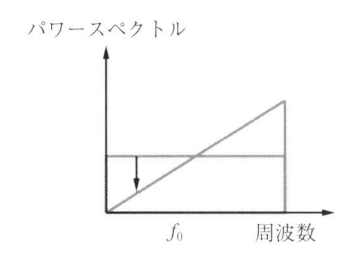

周波数帯域 f_0 内の量子化雑音を減らす。f_0 よりも高い帯域の量子化雑音は増加する。

図 **2.9**　1 次 ΔΣ 変調によるノイズシェーピング

今，実際の信号帯域 f_0 に対して十分に大きいサンプリング周波数 f_s を用いて，サンプリングを行った場合，f_0 の帯域に含まれる量子化雑音のパワーは

$$\int_{-f_0}^{f_0} |E_0(f)|^2 df = 4 \times \frac{\Delta^2}{12f_s} \int_{-f_0}^{f_0} \left\{\sin^2\left(\frac{\pi f}{f_s}\right)\right\} df$$

$$\cong \frac{\Delta^2}{3f_s} \int_{-f_0}^{f_0} \pi^2 \left(\frac{f}{f_s}\right)^2 df$$

$$= \frac{2\Delta^2 \pi^2 f_0^3}{9f_s^3} = \frac{\Delta^2 \pi^2}{36 OVR^3} \tag{2.11}$$

で与えられる。ここで，$OVR = \dfrac{f_s}{2f_0}$ は，オーバーサンプリング率である。すなわち，信号帯域内の量子化雑音のパワーは，オーバーサンプリング率の3乗で減少する。

図 **2.10** に 2 次の $\Delta\Sigma$ 変調器のブロック図を示す。この場合

$$Y(z) = X(z) + (1 - z^{-1})^2 E(z) \tag{2.12}$$

となり，オーバーサンプリング率の5乗で信号帯域内の量子化雑音のパワーが減少する。一般に，n 次の $\Delta\Sigma$ 変調器を用いた場合，オーバーサンプリング率の $(2n+1)$ 乗で信号帯域内の量子化雑音のパワーを減少させることができる。

2次以上の $\Delta\Sigma$ 変調器を用いた場合，数 MHz のサンプリング周波数で，オーディオ帯域内の量子化雑音を 100 dB 程度減少させることが可能であり，1 ビットの $\Delta\Sigma$ 変調器により，一般の CD-DA の性能（16 ビット）を実現することが

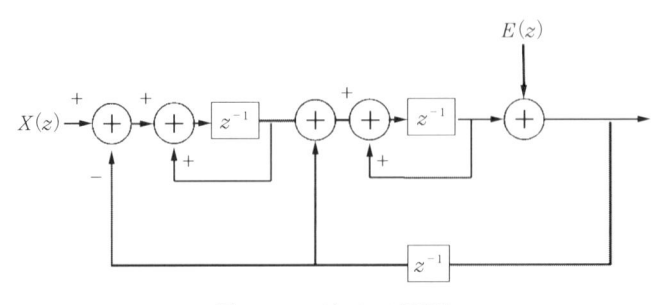

図 **2.10** 2 次 $\Delta\Sigma$ 変調器

可能である。スーパーオーディオ CD では，1 ビット量子化，サンプリング周波数 2.822 4 MHz の $\Delta\Sigma$ 変調を用いている。

引用・参考文献

1) 日本音響学会編，"新版音響用語辞典，"コロナ社（2006）
2) 小暮陽三，"なっとくするフーリエ変換，"講談社（2008）
3) 久保田一，"わかりやすいフーリエ解析，"オーム社（1991）

3 ハイサンプリングのメリットとデメリット

3.1 サンプリング定理

　どのような記録媒体であっても記録できる容量には限界が存在する。音を記録して再生するオーディオにおいても記録できる容量に限界がある以上，記録される信号の精度にも限界がある。特に音波を離散化された数値として記録するディジタルオーディオでは，どれだけ高品質の再生装置を用いても超えることのできない理論上の限界が明確に存在する。

　その一つが周波数帯域である。ディジタルオーディオ信号は連続なアナログ信号を時間軸上で細かく分割した離散値の集まりである。2.1 節で述べたとおり，時間軸上で離散化することをサンプリングあるいは**標本化**という。信号をどれだけ細かく分割するかを決めるのがサンプリング周波数である。サンプリング周波数が 44 100 Hz というのは 1 秒を 44 100 等分するということであり，44 100 個の離散値によって 1 秒分の音が構成されるということである。ディジタルオーディオにおいて，このサンプリング周波数は記録，再生可能な音の理論上の周波数上限を決めるものである。

　記録，再生すべき信号の最も高い周波数を f とすると，$2f$ 以上のサンプリング周波数でサンプリングする必要がある。これを**サンプリング定理（sampling theorem）**という。サンプリング周波数を f_s とすると，$\dfrac{f_s}{2}$ 未満の周波数成分は完全に復元できるのである。このとき $\dfrac{f_s}{2}$ がナイキスト周波数である。つま

り，ディジタルオーディオ機器を使用するとき，周波数帯域はナイキスト周波数で制限されるのである。

図 **3.1** は，5 000 Hz の正弦波（破線）と，サンプリング周波数 44 100 Hz でサンプリングして得られたデータ（○）を表している。横軸は時間である。サンプリング周波数が 44 100 Hz なので，サンプリング周期はおよそ $\frac{1000000}{44100} = 22.676\mu s$ であり，200 μs に約 9 個のサンプルがある。正弦波の周波数は 5 000 Hz なので，200 μs は 1 周期に相当する。サンプリングされたデータを滑らかに結んでゆけばもとの 5 000 Hz の正弦波が再現できることがわかる。

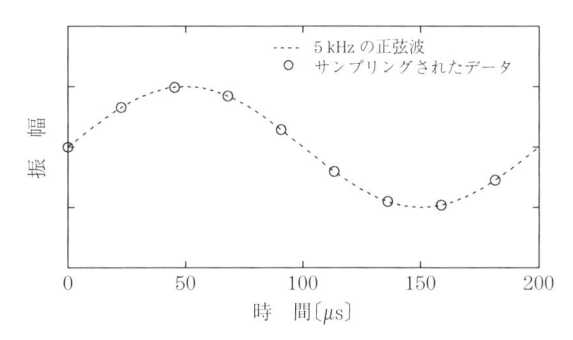

5 000 Hz の正弦波（破線）をサンプリング周波数 44 100 Hz でサンプリングしたデータ（○）。

図 3.1 サンプリングされた 5 000 Hz の正弦波

図 **3.2** は，39 100 Hz の正弦波（破線）と，サンプリング周波数 44 100 Hz にてサンプリングしたデータ（○）を示している。200 μs は正弦波 7.82 周期に相当する。ここでサンプリングされたデータは，図 3.1 のデータとまったく同じになっている。39 100 Hz の正弦波の 22.676 μs ごとの瞬時値は，5 000 Hz の正弦波の 22.676 μs ごとの瞬時値と同じなのである。このため，44 100 Hz のサンプリング周波数では 5 000 Hz の正弦波と 39 100 Hz の正弦波を区別することはできない。

図 3.1 と図 3.2 に示されることは，図 2.2 で見たことと同じだが，ここでは，CD-DA のフォーマットでどうして 22 050 Hz 以上の信号が記録できないかを

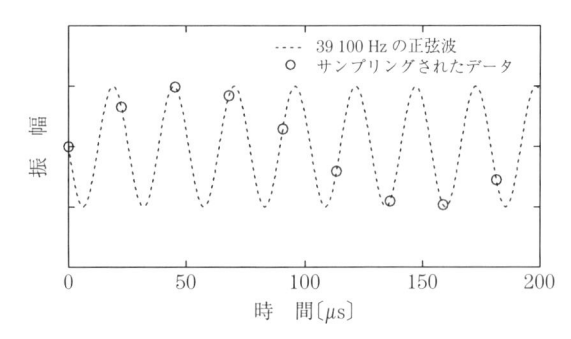

40   3. ハイサンプリングのメリットとデメリット

39 100 Hz の正弦波（破線）をサンプリング周波数 44 100 Hz でサンプリングしたデータ（o）。サンプリングされたデータだけを見ると，図 3.1 とまったく同じである。

図 **3.2**　サンプリングされた 39 100 Hz の正弦波

わかりやすくするため，サンプリング周波数を CD-DA に合わせた 44 100 Hz として示した。

　ナイキスト周波数を超える信号はナイキスト周波数より低い信号と区別できなくなる。サンプリング周波数が 44 100 Hz ならナイキスト周波数は 22 050 Hz なので，サンプリング定理により 39 100 Hz の信号を録音，再生することはできないのである。

　自然界には周期が 1 秒を超えるような低周波から 10 μs 以下の高周波まで，多種多様な音波が存在する。楽器音の中にも超音波を豊富に含むものがある。あくまでも原音の忠実な記録，再生を目指すなら 1 Hz 以下の低域から 100 kHz を超える高域までを扱う必要がある。しかし，オーディオという観点から考えると，人が聞くことのできない音まで記録する意味は少ないだろう。音が人に聞こえるかどうかは音の強さにも依存するが，一般には 20 Hz〜20 000 Hz の周波数を可聴周波数という。

　この**可聴周波数帯域**において，原音を忠実に再現することがオーディオ機器に求められるとすると，サンプリング周波数は少なくとも 40 000 Hz ということになる。CD-DA のサンプリング周波数は 44 100 Hz であり，理論上 22 050 Hz までの信号を再生することができる。

民生用の商品としてオーディオCDが登場したのは1982年であり，またたく間に従来のアナログレコードに代わってオーディオパッケージメディアの中心となった．しかし，CD-DAの音質に対する主観的な評価は，それまでのアナログメディアに比べて必ずしもよくはなかった．CD-DAの音質が好まれない原因の一つとして周波数帯域がしばしば指摘されてきた．

22 050 Hzの周波数帯域があれば人の可聴周波数帯域はほぼカバーできるはずだが，それでは不十分だという考えに基づいてCD-DAよりも広い周波数帯域を持つディジタルオーディオフォーマットが開発された．その一つがDAT (digital audio tape) である．1987年に民生用として発売された当初のDATのサンプリング周波数は最高で48 000 Hzであったが，その後，一部のメーカーがサンプリング周波数96 000 Hzでの録音が可能な機種を1992年に民生用として発売した．これにより理論上48 000 Hzまでの広帯域信号を記録，再生できるようになった．CD-DAの周波数帯域の2倍以上である．

日本では1996年に最初のDVD (**digital versatile disc**) プレーヤが発売された．DVDにはサンプリング周波数96 000 Hzのオーディオ信号を記録することができるため，ハイサンプリングのオーディオパッケージメディアがDVDとして販売されている．DVDは名前が示すとおり (versatileは「多目的な」を意味する) オーディオに特化したメディアではなく映像や音など多目的なメディアである．これをオーディオに特化したのがDVDオーディオであり，1999年に規格が策定された．このDVDオーディオではサンプリング周波数は最大192 kHzであり，理論上96 000 Hzまでの信号が記録できる．人の可聴周波数帯域の約5倍の周波数帯域である．

DVDオーディオのデータ形式はCD-DAと同じリニアPCMである．これに対しDVDオーディオと同じ時期に発売されたスーパーオーディオCDは量子化ビット数1，サンプリング周波数2 822 400 HzのDSD (**direct stream digital**) 方式を採用したディジタルオーディオメディアである．スーパーオーディオCDの周波数帯域はサンプリング定理から1.4 MHzとなるが，ノイズシェーピングという手法によって超音波領域に大量の量子化雑音を集中させて

いるため[1),2)]，実際には 100 kHz まで再生可能とうたわれている。

CD-DA のフォーマットでは，理論上 22 050 Hz を超える高周波成分を記録することはできないのに対し，スーパーオーディオ CD や DVD オーディオでは，90 000 Hz を超える周波数帯域の再生が実現されている。また，USB（universal serial bus）でパーソナルコンピュータ（以下，パソコン）につなぐだけで簡単に 24 ビット量子化，192 kHz サンプリングによる録音，再生が可能なオーディオインタフェースが数万円程度で販売されている。さらに近年，96 000 Hz サンプリングに対応したポータブル PCM レコーダが複数発売されている。

再生周波数を超音波領域まで拡張するこれらのフォーマットには，大きな可能性が秘められている。しかし，空中超音波領域の音響標準が確立されていないなど，課題も少なくない。また，超音波を再生することに伴い，従来考えられていなかった問題も発生する。そこで，本章では，超広帯域再生による効果と問題点について考察する。

なお，ここでは，再生周波数帯域が 24 000 Hz 以下のディジタルオーディオフォーマットを標準フォーマットとし，それ以外のディジタルオーディオフォーマットをハイサンプリングフォーマットとする。また，従来の慣習どおり，20 Hz～20 000 Hz の周波数成分を可聴音，20 000 Hz 以上の周波数成分を超音波と呼ぶこととする。

3.2　ハイサンプリングのメリット

3.2.1　波形忠実度の向上

人の可聴周波数は，一般に 20 Hz～20 000 Hz 程度であると考えられているが，自然界には，20 000 Hz を大幅に超える高周波成分も多く存在している[3)]。標準フォーマットでは，そのような超音波成分が除去されてしまうため，入力波形と出力波形がしばしば異なったものとなる。超音波も記録できるハイサンプリングフォーマットでは，より原音に忠実な波形が記録できるようになる。

図 3.3 に，5 000 Hz の矩形波を異なるサンプリング周波数で，アンチエリアシングフィルタを通して記録した場合の波形の変化を示す．サンプリング周波数を高くするほど，原波形を忠実に記録できることがわかる．これは，入力信号である矩形波に豊富に超音波の倍音成分が含まれているためである．

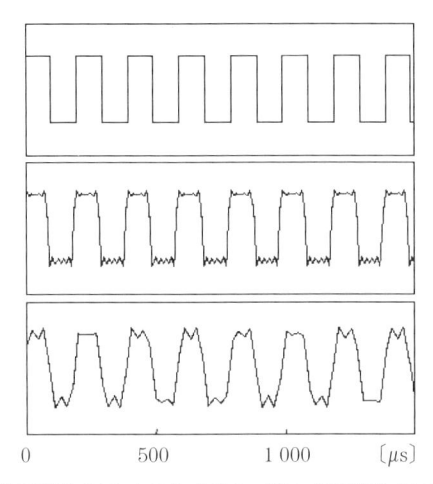

5 000 Hz 矩形波の波形（上）とこれをサンプリング周波数 96 000 Hz でサンプリングした信号（中）とサンプリング周波数 44 100 Hz でサンプリングした信号（下）．

図 3.3 サンプリング周波数の違いによる波形への影響

3.2.2 量子化雑音レベルの低減

アナログ波形をディジタル信号に変換すると，$\frac{1}{2}LSB$ 未満の誤差，いわゆる量子化雑音が生じる．この量子化雑音の総量は，量子化ビット数によって決まる（4.1 節参照）．したがって，量子化ビット数が同じなら，より広い周波数帯域にノイズが分散するハイサンプリングフォーマットのほうが標準フォーマットよりも，単位周波数あたりの量子化ノイズレベルは低くなる．

図 3.4 は，標準フォーマットおよびハイサンプリングフォーマットで作成した 10 000 Hz の純音のパワースペクトルである．いずれもディザ処理が施されたものである（ディザについては 2.3 節参照）．純音のレベルは同じだが，単位

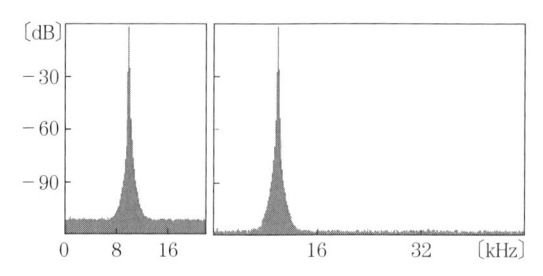

サンプリング周波数44 100 Hzで合成した10 000 Hz純音のスペクトル（左）とサンプリング周波数96 000 Hzで合成した10 000 Hz純音のスペクトル（右）。ハイサンプリング化によって量子化雑音がより広帯域に分散される。

図3.4 ハイサンプリング化による量子化雑音レベルの低減

周波数あたりのノイズレベルは，ハイサンプリングフォーマットのほうが明らかに小さい。

ハイサンプリングには，このようにさまざまな利点が認められるが，超音波成分が豊富に含まれる信号を実際にハイサンプリングフォーマットで録音，再生しようとすると，従来想定されていなかった制限や不都合が発生する。

3.3　ハイサンプリングのデメリット

3.3.1　非線形ひずみの増大

信号再生時に，可聴帯域内の信号のレベルを変えずに周波数帯域だけを拡張しようとすると，周波数成分が増えるのに伴い，アンプやスピーカへの入力電力も増加する。このため，スピーカの**非線形ひずみ**が増加する傾向が見られる[4]。特に立ち上がりの急峻なパルス信号では，周波数帯域が広がるのに伴い，瞬時的な振幅が増加し，ひずみが発生しやすくなる。

図**3.5**に示すパルス列（信号A）と図**3.6**に示すパルス列（信号B）をスピーカ（DIATONE DS-205）を通して再生し，可聴帯域内（0 Hz～20 000 Hz）の非線形ひずみを測定した結果が図**3.7**および図**3.8**である。信号Aには48 000 Hz付近までの周波数成分が含まれており，この信号Aから低域通過フィルタで24 000 Hz以上の周波数成分を除去したのが信号Bである。24 000 Hzを超

3.3 ハイサンプリングのデメリット

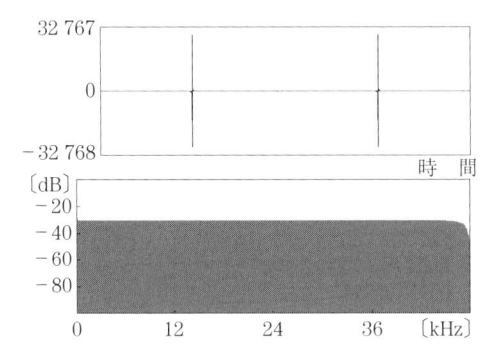

48 000 Hz までの周波数成分を含んだパルス波の波形（上）と周波数スペクトル（下）。

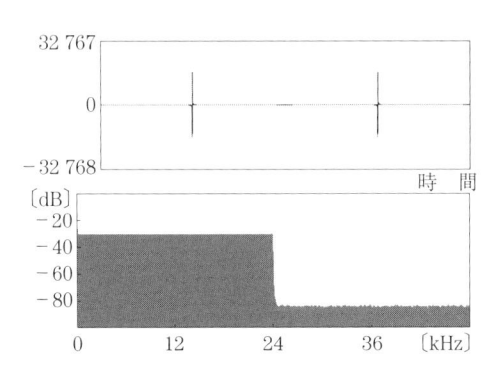

図 3.5 広帯域パルス波

低域通過フィルタにより 24 000 Hz 以上の高周波成分が除去されたパルス波の波形（上）と周波数スペクトル（下）。

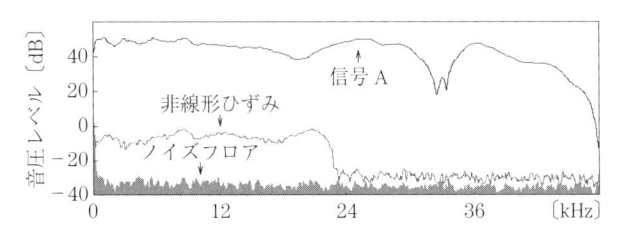

図 3.6 フィルタ処理後のパルス波

48 000 Hz までの周波数成分を含む信号 A をスピーカ（DIATONE DS-205）で再生し，正面前方で観測されたパワースペクトルと抽出された非線形ひずみのパワースペクトル。

図 3.7 スピーカの非線形性によるひずみ（信号 A）

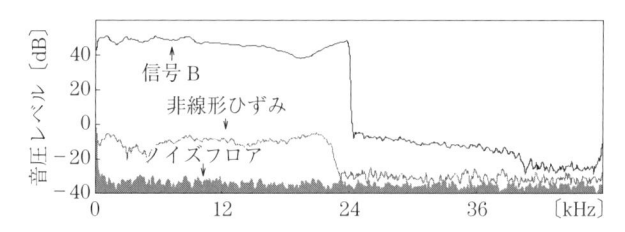

46   3. ハイサンプリングのメリットとデメリット

24 000 Hz 以上の周波数成分が除去された信号 B をスピーカ（DIATONE DS-205）で再生し，正面前方で観測されたパワースペクトルと抽出された非線形ひずみのパワースペクトル．

図 3.8　スピーカの非線形性によるひずみ（信号 B）

える超音波成分が除去された分，信号 B のパルスは振幅が信号 A に比べて小さくなっている．

　非線形ひずみの測定は，口絵 1 に示す無響室内で，帯域除去フィルタと同期加算法による非線形ひずみ測定法[5]を用いて行われた．この方法は，二階堂[6]が開発した手法をハイファイスピーカの測定に応用したものである（測定方法の詳細は 7.4 節参照）．スピーカへの入力レベルは，信号 A の最大振幅（peak to peak）が 2 W の正弦波の振幅と等しくなるレベルとし，同期加算回数は，1 365 回とした．図 3.7 には，スピーカの周波数特性と可聴帯域内の非線形ひずみ，測定系のノイズフロアが示されている．図 3.8 は信号に 24 000 Hz 以上の成分が含まれていないときの測定結果である．

　可聴帯域内の非線形ひずみを比較したのが図 3.9 である．より多くの周波数成分が含まれる信号 A を再生した場合，信号 B を再生した場合に比べ，明らかに可聴帯域内の非線形ひずみが大きかったことがわかる．異なるスピーカでも同様な結果が得られている[4]．つまり，可聴音のレベルを下げずに周波数帯域を拡張しようとすると，可聴帯域内も含めて非線形ひずみの量は増加する傾向にあるといえる．

　しかも，このような民生用スピーカを用いて超音波複合音の聴取実験を行うと，超音波が知覚される前に可聴帯域内の非線形ひずみが聞こえてしまう場合がある[7]~[9]．実際にハイサンプリングフォーマットと標準フォーマットでは，

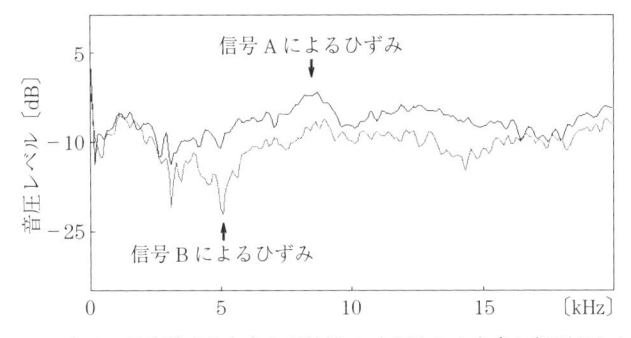

3.3 ハイサンプリングのデメリット 47

図 3.9 非線形ひずみの比較

48 000 Hz までの周波数成分を含んだ信号 A を再生したときに観測された非線形ひずみ（図 3.7）と 24 000 Hz 以上の成分を除去した信号 B を再生したときに観測された非線形ひずみ（図 3.8）の比較。

再生音の主観的印象に差が生じることが報告されていることから[3],[10]~[12]，可聴帯域内のひずみの増加がオーディオ信号の音の印象に影響を及ぼしていることも考えられる。

3.3.2 タイムジッタの影響

ディジタルオーディオにおける音質劣化要因の一つとして**タイムジッタ**（**time jitter**）または時間ゆらぎがある[13],[14]。ディジタルオーディオ機器のクロックがゆらぐことによって波形がひずみ，音質が変化すると考えられている。周波数の高い信号ほどタイムジッタの影響を強く受けるため[15],[16]，高周波成分が多く含まれるハイサンプリングオーディオは，標準フォーマットの信号に比べてタイムジッタの影響を強く受けると懸念される[16]。タイムジッタについては第 8 章でも詳しく論じる。

ディジタルオーディオにおけるタイムジッタの影響を定量的に検討するためのジッタシミュレータが考案されている[16]。1 000 Hz の信号と 4 000 Hz の信号に最大 $\pm 1\mu$s の白色性タイムジッタを加えた場合に生じるひずみをタイムジッタシミュレータ[16]で求めた結果を**図 3.10** に示す（タイムジッタのシミュレーションについては 8.5.2 項を参照）。信号の周波数を 1 000 Hz にしたとき

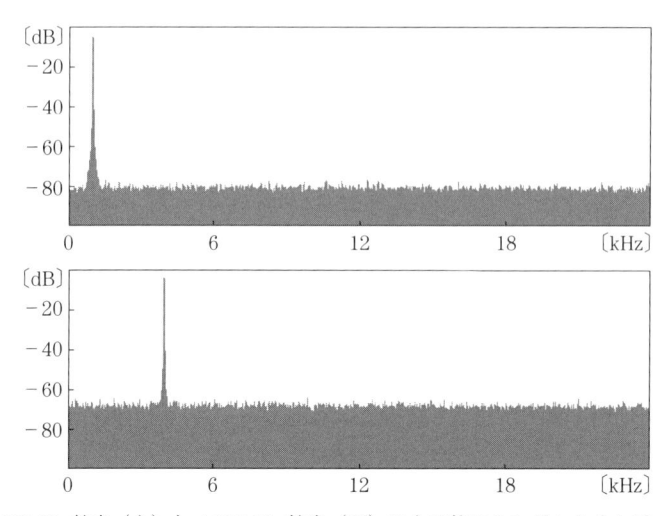

1 000 Hz 純音（上）と 4 000 Hz 純音（下）に人工的にランダムタイムジッタを与えた結果得られたスペクトルを示す。ジッタの最大値は 1μs。まったく同じジッタを加えているにもかかわらずノイズフロアのレベルが明らかに異なる。周波数の高い信号ほどタイムジッタの影響を強く受けることがわかる。

図 3.10　ランダムタイムジッタによるひずみ

のノイズフロアはおよそ -80 dB であるのに対し，4 000 Hz としたときのノイズフロアは -70 dB を上回っている。加えたゆらぎはまったく同じだが，信号の周波数が高いほどひずみが大きくなっている。1 000 Hz の正弦波に比べて 4 000 Hz の正弦波は波長が $\frac{1}{4}$ になるため，同じ大きさの時間ゆらぎがより大きな位相変化を引き起こすのである。

　超音波が豊富に含まれた広帯域音楽信号と，広帯域音楽信号から 20 000 Hz 以上を除去した低域通過信号を用いてタイムジッタの影響をシミュレートした結果を図 3.11 に示す。タイムジッタは最大値が 520 ns の白色性とした。タイムジッタを加えた信号から原信号を引くことによって，タイムジッタに起因するひずみ成分が求められる。図 3.11 には，タイムジッタによって生じた白色性のひずみが示されている。図 3.12 は，図 3.11 の両図におけるひずみを比較したものである。ここでもタイムジッタの量が同じなら，高周波成分が多く含まれる信号のほうが強く影響を受けてしまうことがわかる。

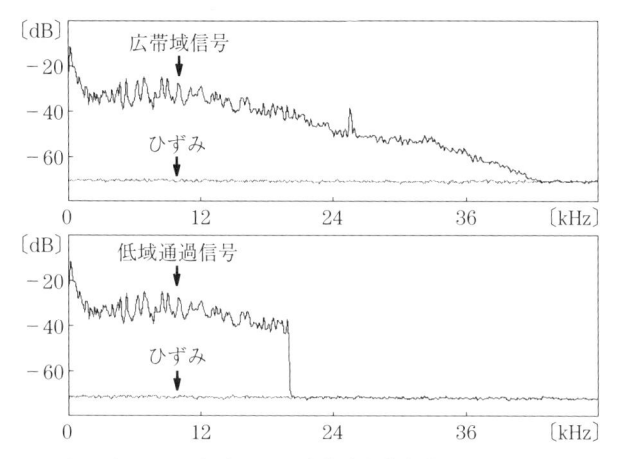

96 000 Hz サンプリングで録音された広帯域音楽信号と,それにランダムなタイムジッタを与えて求めたひずみ(上)と 20 000 Hz 以上の高帯域成分を除去した音楽信号と,それにジッタを与えて求めたひずみ(下)。人工的に加えたランダムタイムジッタの最大値は,ともに 520 ns である。

図 **3.11** 音楽信号におけるタイムジッタの影響

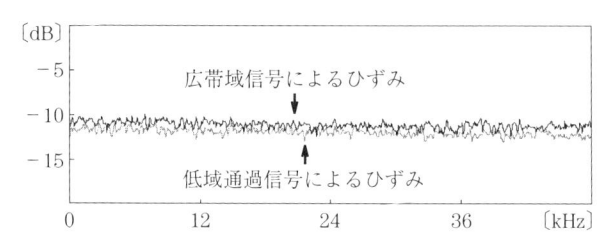

超音波を含む広帯域音楽信号と,そこから 20 000 Hz 以上の超音波成分を除去した低域通過信号に同じランダムタイムジッタを与えたときに観測されたひずみの比較。高周波成分が含まれる信号はジッタの影響をより強く受けることがわかる。

図 **3.12** ひずみの比較

3.3.3　スーパーオーディオ CD の量子化雑音

DVD オーディオが CD-DA と同じリニア PCM 方式であるのに対し，スーパーオーディオ CD は 1 ビット量子化，$\Delta\Sigma$ 変調による DSD (direct stream digital) 符号化方式を採用している。サンプリング周波数は CD-DA の 64 倍となる 2 822 400 Hz である。ディジタルオーディオ信号における総量子化雑音量は量子化ビット数で決まるため，1 ビット方式では大量の量子化雑音が生じることになる。ディジタルオーディオにおける信号対量子化雑音比は，量子化ビット数が 1 増えると約 6 dB 向上する（4.1.1 項参照）。したがって，1 ビット量子化では，16 ビット量子化の CD-DA に比べて信号対量子化雑音比が 90 dB ほど低くなってしまう。

前述のとおり，サンプリング周波数が高くなれば量子化雑音をより広い帯域に分散できるため，単位周波数あたりの量子化雑音レベルを下げることができる。量子化雑音がディザによって白色化されていればサンプリング周波数が 2 倍になると 1 Hz あたりの量子化雑音を約 3 dB 低減できる。スーパーオーディオ CD のサンプリング周波数は CD-DA の 64 倍なので，64 倍の周波数帯域に量子化雑音を均等に分散させれば 1 Hz あたりの量子化雑音は約 18 dB 低減できるが，それでも信号対量子化雑音比は CD-DA に比べて 70 dB 以上低いことになる。

そこで $\Delta\Sigma$ 変調方式では，量子化雑音をすべての帯域に均等に分散させるのではなく，聴感上影響の少ない超音波領域に集中させることにより，重要な可聴帯域の量子化雑音レベルを下げている[17]，このような手法はノイズシェーピングと呼ばれる[18],[19]。スーパーオーディオ CD において可聴帯域のダイナミックレンジを CD-DA 並み，あるいはそれ以上にするには，その反動として超音波領域に大量の量子化雑音が生じるのである。

超音波領域の量子化雑音自体が聞こえることはなくても，アンプやスピーカには相応の負荷がかかる。このためスーパーオーディオ CD プレーヤの多くは，低域通過フィルタで，50 000 Hz 付近より高域を遮断している。しかし，高級スーパーオーディオ CD プレーヤのなかにはフィルタによる音質劣化を嫌い，

3.3 ハイサンプリングのデメリット　51

フィルタを使用していないものもある。

　図 **3.13** は，市販されているスーパーオーディオ CD を再生し，プレーヤの
アナログ出力信号をオーディオアナライザ（Rohde & Schwarz UPD）で周波
数分析した結果である。上図は低域通過フィルタが搭載された一般的なプレー
ヤによるスーパーオーディオ CD 再生信号のスペクトル例であり，100 kHz 付
近より高域にはほとんど成分が出ていないことがわかる。下図は，同じディス
クを，フィルタを搭載していない高級プレーヤで再生したときのスペクトルで
ある。100 kHz をはるかに超える領域まで量子化雑音が出力されていることが
わかる。スペクトルの高域はアナライザの限界に達しており，実際にはもっと
高い周波数も出力されていると考えられる。

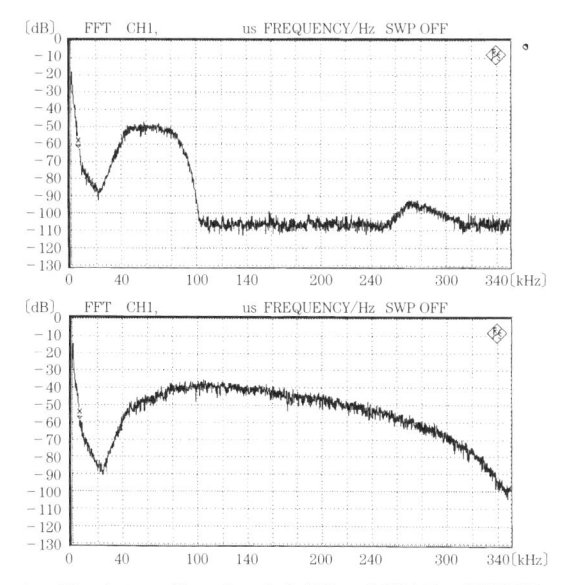

スーパーオーディオ CD プレーヤの出力信号の分析結果。低域通過フィルタが
搭載されたプレーヤの場合（上），100 kHz 付近以上には信号が存在しない。低
域通過フィルタが搭載されていないプレーヤ（下）では 100 kHz をはるかに超
える領域まで量子化雑音が発生している。

図 3.13　スーパーオーディオ CD の再生信号例

　高級なオーディオアンプのなかには，周波数特性が 100 kHz を超えて伸び
ているものもある。そのようなアンプを使用し，低域通過フィルタが搭載されて

いないスーパーオーディオ CD プレーヤでメディアを再生すると，数百 kHz といった高周波の量子化雑音がそのままスピーカやツィータに入力されることになる。そのような場合，量子化雑音自体は超音波なので聞こえる心配はなくても，スピーカやツィータの混変調ひずみ（**intermodulation distortion**）が可聴帯域に発生し，可聴音の音質に影響を及ぼす可能性がある。

3.3.4　パッケージメディアの品質管理

ハイサンプリングフォーマットのパッケージメディアコンテンツを製作する場合，超音波領域まで含めた品質管理が求められる。しかし，超音波は聞こえないため，品質管理は容易ではない。桐生ら[20] および蘆原ら[1),2)] は，市販されているハイサンプリングフォーマットのパッケージメディア（スーパーオーディオ CD，DVD オーディオなど）の周波数分析を行ったが，その結果，超音波領域に明らかに不要な信号が大量に混入している例があること，パッケージやブックレットに周波数帯域を 100 kHz まで拡張した旨の記載があるにもかかわらず，明らかに 20 000 Hz 付近で低域通過フィルタ処理されているものが少なくないことなどを確認している。

　ここでは，ハイサンプリングオーディオパッケージメディアの周波数分析結果をいくつか紹介するが，あくまでハイサンプリングの課題を議論するのが目的であり，個々の商品の比較や批評が目的ではない。したがって，商品名やレコード番号はあえて記載していない。

　（ 1 ）　**分 析 方 法**　　ハイサンプリングオーディオソフトがスーパーオーディオ CD の場合は，スーパーオーディオ CD 再生機あるいはスーパーオーディオ CD，DVD オーディオとも再生できるユニバーサルタイプの再生機で再生し，DVD あるいは DVD オーディオの場合はユニバーサルタイプの再生機で再生した。再生機のアナログ出力信号を，オーディオキャプチャ（EDIROL FA-101）でサンプリング周波数 96 000 Hz あるいは 192 kHz，量子化ビット数 24 のディジタル信号に変換し，パソコンのハードディスクに保存した。使用した再生機は，ACCUPHASE DP-77，SONY SCD-XE6，DENON DVD1400，ONKYO

DV-SP205 の 4 機種であった．個々のメディアについて，最低でもこのうち 2 機種の再生装置によりクロスチェックが行われた．保存されたディジタル信号をパソコンで周波数分析した．

信号を入力していない状態でオーディオキャプチャから出力されるディジタル信号の特性を図 3.14 に示す．40 000 Hz 付近から高域側に見られる緩やかな盛り上がりは EDIROL FA-101 の内部雑音と考えられるが，そのレベルはフルスケールの信号に対して $-$ 96 dB 程度以下であり，分析において大きな支障はないと考えられる．

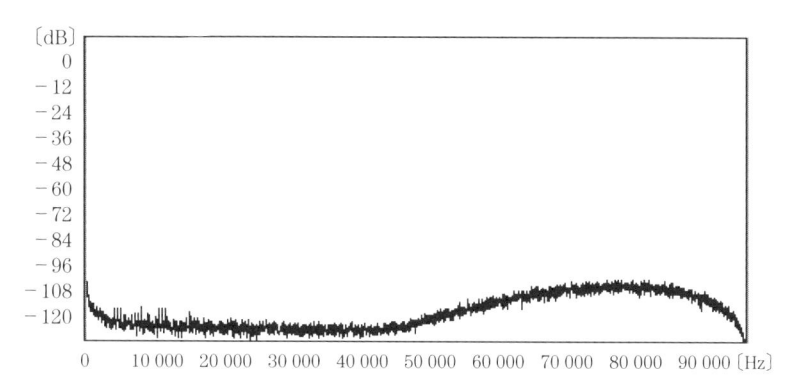

信号を入力していないときの測定システムの内部雑音のレベル．40 000 Hz より高域側で $-$ 96 dB 以下のわずかな雑音が観察される．

図 3.14 測定システムの内部雑音

（2） **不要信号が混入している例**　　オーディオコンテンツの製作現場では，多数の電子機器が利用されており，音響的な雑音だけでなく，電気的な雑音や磁気的な雑音が絶えず混入してくる恐れがある．また，ディジタル信号処理の過程で発生するひずみが混入することもある．可聴帯域内の雑音であればレコーディングエンジニアやミキシングエンジニアの耳で確認することができるが，超音波領域の雑音を耳で検出するのは容易ではない．このため，特に超音波領域に音楽信号と無関係な雑音やひずみが混入したまま商品化される例が少なくないようである．

例えば，図 **3.15** はサンプリング周波数 96 000 Hz の DVD を再生して観測したスペクトルの一例である。10 000 Hz 付近以下の多数のピークは楽音のスペクトルであるが，16 000 Hz 付近と 26 000 Hz 付近に見られるピークは曲の演奏中定常的に観察されており，音楽とは無関係の不要信号と考えられる。

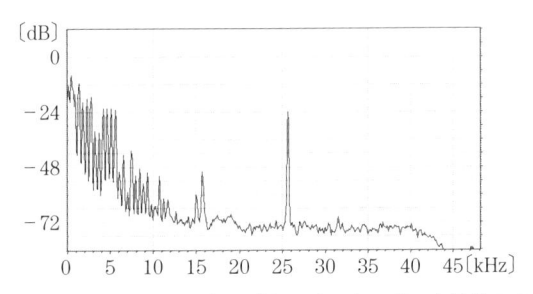

DVD に収録された 96 000 Hz サンプリングのオーディオ信号のスペクトル。1 024 点の FFT 分析による。縦軸は相対尺度である。

図 **3.15** DVD の周波数分析例

別の DVD に収録されていた室内楽の周波数分析結果を図 **3.16** に示す。この商品もサンプリング周波数 96 000 Hz である。図はサウンドスペクトログラムであり，横軸が時間，縦軸が周波数を示す。スペクトルが 24 000 Hz を中心にして上下対象になっていることがわかる。電子楽器であれば意図的にこのようなスペクトルを作ることは可能だが生楽器の演奏でこのようなスペクトルはありえない。ディジタル信号処理上の何らかの問題があったと考えられる。

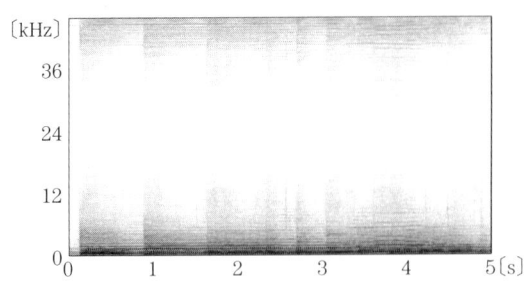

DVD に収録された曲の演奏中のサウンドスペクトログラム例。スペクトルが 24 000 Hz を中心にして上下対象になっている。

図 **3.16** DVD 収録曲のサウンドスペクトログラム例

3.3 ハイサンプリングのデメリット

図 **3.17** はサンプリング周波数 192 kHz の DVD オーディオの例である。曲の演奏中（上）と演奏終了後（下）を比べると，31 000 Hz や 61 000 Hz 付近のピークが音楽信号ではないことがわかる。

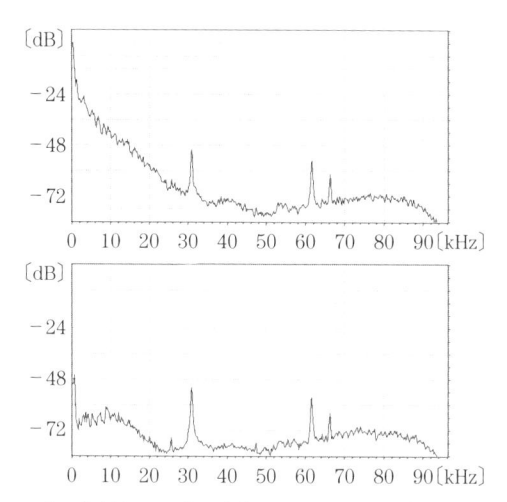

DVD オーディオに収録された曲の演奏中のスペクトル（上）と演奏終了後の無演奏時のスペクトル（下）。いずれも 1 024 点の FFT 分析による。31 000 Hz 付近および 61 000 Hz 付近に音楽と無関係な不要信号が混入している。

図 **3.17** DVD オーディオの周波数分析例

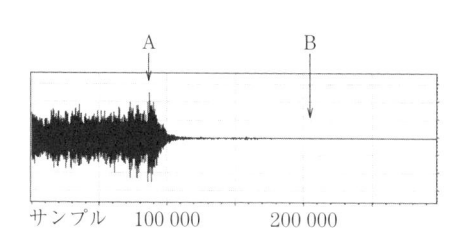

DVD オーディオに収録された交響曲の第 2 楽章演奏終了部分の波形。

図 **3.18** DVD オーディオの信号波形

図 **3.18** は，交響曲が収録された 96 000 Hz サンプリングの DVD オーディオで，第 2 楽章終了部分の波形である。この図の A と B の部分の周波数分析結果を図 **3.19** の上と下に示す。A は演奏中の音，B は演奏終了後の楽器が鳴ら

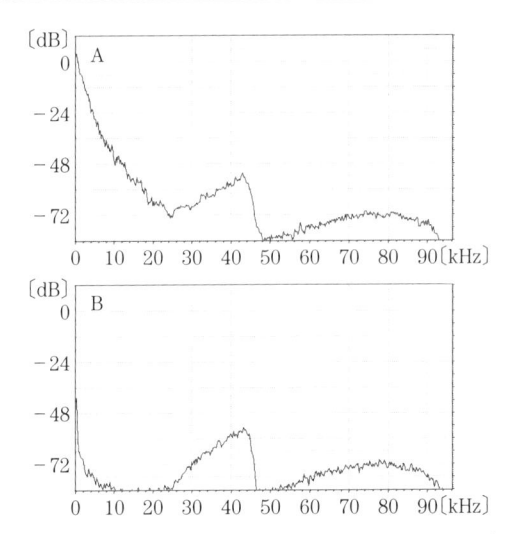

DVD オーディオに収録された交響曲の第 2 楽章演奏終了部分（図 3.18 の A の部分）のスペクトル（上）と第 2 楽章終了後の無演奏時（図 3.18 の B の部分）のスペクトル（下）。いずれも 1 024 点の FFT 分析による。

図 **3.19** DVD オーディオの周波数分析例

されていないときの音である。サンプリング周波数が 96 000 Hz なので 48 000 Hz より高域側に信号はないが，25 000 Hz 付近から 45 000 Hz 付近にかけて不自然なピークが認められる。この成分は演奏中だけでなく演奏終了後もはっきりと出現しており，明らかに音楽信号とは無関係のノイズである。

このような不要信号は耳で聞いただけでは容易に検知できないが，アンプやスピーカには余分な負荷を強いることになる。前述のとおり高周波成分の増加は非線形ひずみの増加につながること，高周波成分はタイムジッタの影響を強く受けることから考えても，高周波の不要信号はできるだけ減らすべきである。

通常，録音スタジオの**騒音**レベルは，**NC 値**（NC 値については，6.3.3 項参照）を 15～20 にすることが求められる。しかし，NC 値を求めるための **NC 曲線**（6.3.3 項参照）には 10 000 Hz 以上の値が示されていない。

メディアには，90 000 Hz 以上の信号を記録できるが，放送や録音用スタジオにおける超音波帯域の騒音レベルを規定する明確な基準は示されていない。

3.3 ハイサンプリングのデメリット

（3） 超音波領域に信号が含まれていない例 DVD オーディオやスーパーオーディオ CD の特徴の一つは CD-DA をはるかにしのぐ周波数帯域である。CD-DA では 22 050 Hz を超える信号を記録することができないのに対し，DVD オーディオやスーパーオーディオ CD では 100 kHz 近い超音波まで記録できるのである。

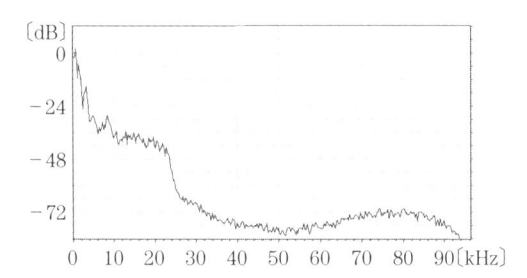

DVD オーディオに収録された 192 kHz サンプリングのオーディオ信号のスペクトル。1 024 点の FFT 分析による。縦軸は相対尺度である。

図 3.20 DVD オーディオの周波数分析例

しかし，市販されているソフトを分析してみると，そのような広い周波数帯域が十分に活用されていない商品が意外に多いことがわかる。図 **3.20** はサンプリング周波数 192 kHz の DVD オーディオに収録されている曲の周波数分析結果である。信号成分は 24 000 Hz 付近までしか存在していないことがわかる。この曲のサウンドスペクトログラムが図 **3.21** である。25 000 Hz 付近からナ

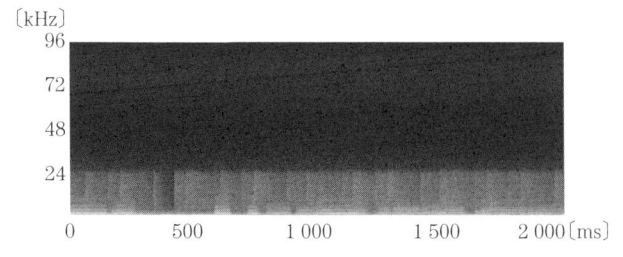

DVD オーディオに収録されたオーディオ信号のサウンドスペクトログラム例。25 000 Hz 付近より高域側にはまったく信号が見られない。

図 3.21 ハイサンプリングオーディオのサウンドスペクトログラム例

イキスト周波数である 96 000 Hz までの広い帯域にまったく信号が含まれていない。このディスクは 1950 年代のジャズの演奏を収録したものだが，収録されているすべての曲が同じような特性であった。

図 **3.22** はスーパーオーディオ CD に収録されている曲のスペクトル例である。60 000 Hz 付近を中心とする大きな山はスーパーオーディオ CD 特有の量子化雑音である。20 000 Hz より低域側に音楽信号が認められるが，20 000 Hz 付近から 22 000 Hz 付近にかけて急しゅんに信号が減衰しており，低域通過フィルタ処理が施されているように見える。このディスクは 1992 年に録音された音源を使用したものである。同じディスクに収録されているすべての曲が同じような特性を示しており，超音波領域には量子化雑音しか含まれていない。

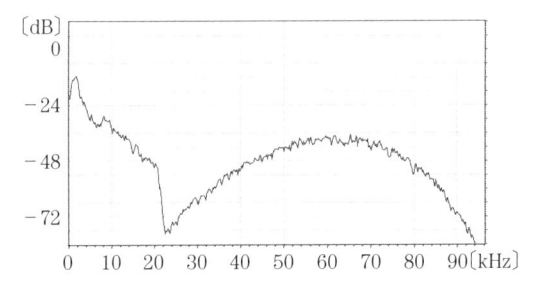

スーパーオーディオ CD に収録されたオーディオ信号のスペクトル。1 024 点の FFT 分析による。縦軸は相対尺度である。

図 **3.22** スーパーオーディオ CD の周波数分析例

（**4**）　**テレビ受像機からの雑音**　　DVD オーディオやスーパーオーディオ CD のソフトには，オーディオデータだけでなく，画像データも収録されているものが多い。また，再生機のなかにはテレビ画面を見ながらでないと事実上メニュー操作ができないものもある。しかし，オーディオ再生機にテレビの受像機をつなぐことは，雑音源を増やすことにほかならない。

図 **3.23** に示す二つのパワースペクトルは，DVD オーディオ中の同じ曲の同じ部分を同じ再生機で再生したものだが，上は再生機にテレビ受像機をつないでいないとき，下はテレビ受像機（VICTOR CX-60）をつないだときの分析

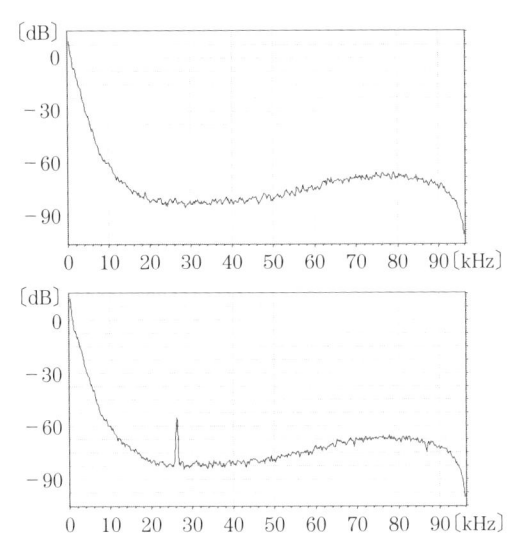

図3.23 の説明：DVD オーディオの再生信号のスペクトル例．テレビ受像機と接続していないときに観察されたスペクトル（上）とテレビ受像機に接続したときのスペクトル（下）．いずれも 1 024 点の FFT 分析による．26 000 Hz 付近に受像機からの雑音成分が混入したことがわかる．

図 3.23 テレビ受像機の影響

結果である．この例では，26 000 Hz 付近に受像機からの不要な信号が混入していたことがわかる．

このようにオーディオ再生機に他の電子・機器類を接続するだけで簡単に不要な雑音が混入するのである．混入する雑音が可聴音なら注意深く聞くことで発見できるが，超音波の場合，耳だけで発見するのはまず不可能である．複数の電子・機器類を使用するオーディオコンテンツの録音現場や，ソフトの製作現場では音響的な雑音はもちろん，電気的，磁気的な雑音の混入に対しても細心の注意を払う必要がある[1]．CD-DA の場合，アンチエリアシングフィルタによって超音波領域の雑音は除去されなくてはならない．さもないと可聴域にエリアシングひずみが発生する．ハイサンプリングオーディオの場合，録音，ミキシング，マスタリングそれぞれの過程で十分な雑音対策，品質管理を行うべきである．

音楽をはじめとする文化的遺産，さらには絶滅の危機に瀕した動物の鳴き声など，自然界に存在する貴重な音のアーカイブを次の時代に伝えようとする活動が注目されている[21]。原音をできるだけ忠実に記録，保存するうえで，ハイサンプリングは大きな役割を果たすはずである。しかし，それには超音波領域も含めた品質管理方法を確立しておく必要がある。

ここで述べたとおり，ハイサンプリングフォーマットには，さまざまな利点がある反面，複数の問題点がある。周波数帯域の拡張によるメリットとデメリットを十分に認識しておかないと，大多数の人に聞こえない超音波を再生するために可聴帯域の音質を劣化させることにもなりかねない。ハイサンプリングオーディオの品質には，量子化雑音，エリアシングひずみ，混変調ひずみ，タイムジッタなどが影響を及ぼす可能性がある。このため，アナログ計測技術とディジタル信号処理の十分な知識を兼ね備えた録音エンジニア，ミキシング，マスタリングエンジニアを育てていくことも重要である。

引用・参考文献

1) 蘆原　郁，桐生昭吾，"その後のハイサンプリングオーディオソフトの品質，" 聴覚研究会資料，H-2005-5（2005）
2) 蘆原　郁，桐生昭吾，"ハイサンプリングオーディオソフトの現状，" 音講論集，787-790（2005.9）
3) 伊藤一也，竹盛詩織，高澤嘉光，"ハイサンプリングによる自然界に存在する音の周波数分析，" 音楽音響研究会資料，MA98-22（1998）
4) 桐生昭吾，蘆原　郁，別府竜彦，"周波数帯域の拡張にともなうオーディオスピーカの非線形歪の増加，" 音講論集，565-566（1999.3）
5) 蘆原　郁，"帯域除去フィルタを用いたパルス列による非線形歪測定，" 信学技報，EA98-66（1998）
6) 二階堂誠也，"非直線歪の検知限ならびに測定法に関する考察，" 日本音響学会誌，**28**，485-495（1972）
7) 蘆原　郁，桐生昭吾，"オーディオスピーカの混変調歪による可聴周波数帯域外成分の知覚，" 音楽音響研究会資料，MA98-9（1998）
8) Ashihara, K. and Kiryu, S. "Audibility of components above 22 kHz in a

complex tone," Acustica united with acta acustica, **89**, 540-546（2003）

9) 蘆原　郁，桐生昭吾，"超音波聴取実験におけるスピーカの非線形歪の影響，" AES 東京コンベンション技術発表'99 予稿集，72-75（1999）

10) 佐藤　宏，吉田秀和，安士光男，"可聴帯域外高周波成分を含む音刺激に対する認知能力の評価，" PIONEER R&D　**7**(2), 10-16（1997）

11) 大須雅宗，伊藤　勝，野毛　悟，吉川昭吉郎，外山聡一，柳川博文，"96kHz サンプリングディジタルオーディオの音質評価に関する検討，"音講論集，579-580（1995.3）

12) 佐藤　宏，安士光男，吉田秀和，"可聴帯域外成分の有無が，音の主観的印象に与える影響，"音講論集，449-450（1997.9）

13) 日置敏昭，"コンパクトディスク（CD）が持つ特有の音質劣化について　-ディスク材料の影響を受ける再生音質-，"　AES 東京コンベンション'99 予稿集，66-69（1999）

14) A. Nishimura, and N. Koizumi, "Measurement and analysis of sampling jitter in digital audio products," Proceedings of ICA2004, **IV**, 2547-2550（2004）

15) E. Benjamin, and B. Gannon, "Theoretical and audible effects of jitter on digital audio quality," Preprint of the 105th AES Convention, #4826（1998）

16) 蘆原　郁，桐生昭吾，"ディジタルオーディオの時間ゆらぎによる音質変化シミュレーション，"　日本音響学会誌，**58**, 232-238（2002）

17) 山崎芳男，太田弘毅，野間政利，名越英之，"高速 1 bit 処理による量子化雑音の適応スペクトル制御，"音講論集，521-522（1993.10）

18) 山崎芳男，岡田俊哉，太田弘毅，西川明成，"高速 1 bit 処理による音響計測用音源の作成，"音講論集，523-524（1993.10）

19) 山崎芳男，"アナログの良さを生かしたディジタル処理，"日本音響学会誌，**54**, 515-520（1998）

20) 桐生昭吾，蘆原　郁，"ハイサンプリングソフトの品質評価，"信学技報，EA99-37（1999）

21) 止木信夫，"小特集「貴重な音声・音楽データの採録・修復・保存を考える」にあたって，"　日本音響学会誌，**60**, 375-376（2004）

4 ハイビットとダイナミックレンジ

4.1 ディジタルオーディオのダイナミックレンジ

4.1.1 ディジタルオーディオにおけるダイナミックレンジの求め方

現実の A-D 変換，D-A 変換においては，電気回路内の熱起電力のゆらぎや熱雑音によりノイズが発生するが，ノイズがまったくない理想的なディジタルオーディオ信号を想定した場合，ダイナミックレンジは最大信号と量子化雑音のレベル比と定義できる。

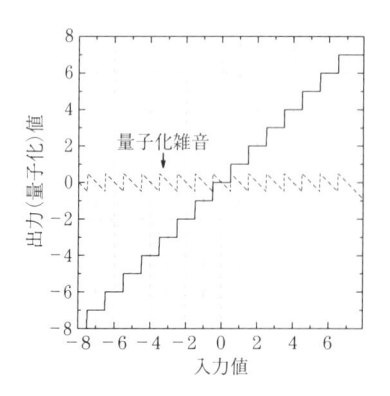

量子化ビット数 4 のリニア PCM 方式における入力信号値と出力データおよび量子化雑音の振幅の関係。

図 4.1 入力信号と量子化雑音の関係

入力信号の振幅を $-8 \sim +8$ の範囲で正規化したとき，入力信号値と対応する 4 ビットのリニア PCM 出力信号の関係は**図 4.1** のように表せる。入力値は -8

~+8のあらゆる値を取るのに対し，出力値は0000（−8）〜1111（7）の整数値しか取らないので，図のような階段状の入出力関数となる．出力値と入力値の差分が図に示す量子化雑音である．横軸は−8〜+8の範囲で正規化されているので，横軸と縦軸のスケールは同等と考えてよい．

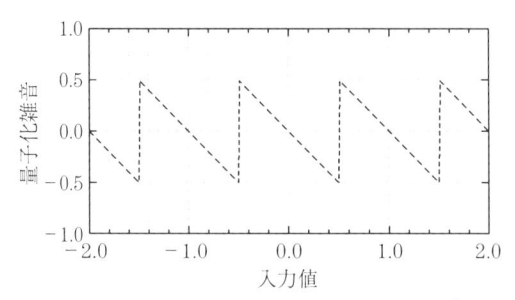

入力信号値と量子化雑音の振幅．白色化された量子化雑音は $-\frac{1}{2}LSB \sim +\frac{1}{2}LSB$ のあらゆる値に均一に分布する．

図 4.2 量子化雑音の大きさ

図 4.2 に入力値と量子化雑音の大きさの関係を示す．入力値がすべての値を均等に含むとき，量子化雑音の大きさは $-\frac{1}{2}LSB \sim +\frac{1}{2}LSB$ のあらゆる値を均等に含むことになる．量子化雑音の実効値は，入力値 $-\frac{1}{2} \sim \frac{1}{2}$ までの実効値と考えてよい．これを N とすると

$$N = \sqrt{\frac{1}{LSB}\int_{-LSB/2}^{LSB/2} e^2 de} = \frac{LSB}{2\sqrt{3}} \tag{4.1}$$

となる．ここで e は量子化雑音である．量子化ビット数を n とすると，フルスケールの正弦波の実効値は $\frac{2^{n-1}}{\sqrt{2}}$ である．図 4.2 において横軸のスケールは縦軸と同等，すなわち $LSB = 1$ なので，ダイナミックレンジ D は

$$\begin{aligned}D &= 20\log\frac{2^n \times \sqrt{3}}{\sqrt{2}} \\ &= 6.02 \times n + 1.76\end{aligned} \tag{4.2}$$

となる．式 (4.2) より，量子化ビット数が 8 なら，理論上のダイナミックレンジは約 49.9 dB，CD-DA は 16 ビットなので，ダイナミックレンジはおよそ

98.1 dB である。量子化ビット数を1増やせば理論上のダイナミックレンジは約6 dB 広がることがわかる。したがって，ディジタルオーディオのハイビット化はダイナミックレンジの拡張につながるといえる。

では，オーディオにおいて必要とされるダイナミックレンジはどのくらいなのか。人の**最小可聴値**は，音圧にして約0 dB である。無響室のような非常に静かな環境なら，聴取者によっては−10 dB 程度の音も検知できる。コンサート会場で聞くオーケストラのピークレベルはおよそ110 dB の音圧があるといわれる[1]。軽音楽の場合には115 dB に及ぶ[2]。したがって，人が聞くことのできる最も弱い音から音楽における強大音までを忠実に再現するには，120 dB 程度のダイナミックレンジが必要といえる。

ただし，これは音楽をコンサート会場における生演奏と同じレベルで再生できる聴取環境があると想定した場合である。すでに述べたとおり，量子化ビット数を16とする CD-DA のダイナミックレンジは約98 dB なので，音楽信号の音圧ピークレベルが110 dB になるようなボリュームで CD-DA を再生した場合，量子化雑音の音圧レベルは12 dB 程度になる。純音であれば周波数によっては防音室のような静かな環境で音圧レベル12 dB の音を聞くことは可能である。しかし，量子化雑音はディザ処理によって白色化されている。白色雑音の12 dB というのは無響室でもほとんど聞こえないレベルである。

理論上のダイナミックレンジの下限は量子化雑音レベルだが，実際のダイナミックレンジは，暗騒音によって制限される。放送や録音スタジオでは，NC 値を15〜20にすることが求められるが[2]，これは，暗騒音のオクターブバンドごとの音圧レベルを後述の図6.13に示す NC 曲線上にプロットしたとき，すべての帯域において NC-20 のラインを超えてはいけないという意味である（NC 値については，6.3.3項参照）。

原音の忠実再生を目指すなら，暗騒音のレベルを考慮しても，オーディオフォーマット上のダイナミックレンジは，十分な余裕を見込んで110 dB 以上ということになる。これは理論上20ビット量子化や24ビット量子化のハイビットオーディオにより実現できる。

4.1.2 オーディオ信号のダイナミックレンジ

オーディオ信号のダイナミックレンジは，扱うことのできる最強音と最弱音のレベル比であり，通常は音圧比を dB で表現する。アンプの場合であれば，アンプ自体が発する雑音（残留雑音）と最大出力レベルの比，あるいは出力における雑音を入力信号に換算した換算雑音レベルと最大許容入力との比である。

ディジタルオーディオプレーヤのカタログなどに記載されているダイナミックレンジは定められた測定方法によって得られた測定結果である。EIAJ（日本電子機械工業会）で定められたディジタルオーディオ機器のダイナミックレンジとは，1 000 Hz の正弦波を -60 dB で再生したときの信号のレベルに対する全高調波ひずみと雑音の和のレベルの比に 60 dB を加えたものとなっている[3]。

したがって，ダイナミックレンジが 100 dB 以上と記載されていれば，-60 dB の正弦波を再生したとき，全高調波ひずみと雑音の和の実効値がその正弦波の実効値に対して -40 dB 以下ということであり，フルスケールの信号を再生したときに全高調波ひずみと雑音の和が -100 dB 以下という意味ではない。

4.2　コンプレッションとヘッドルーム

すでに述べたとおり，CD-DA のダイナミックレンジは理論上 98 dB 程度である。アナログメディアの場合，量子化雑音という概念はないので，信号に対する雑音のレベルによってダイナミックレンジが決まる。雑音には，ヒスノイズやスクラッチノイズ，テープ走行やディスクの回転のゆらぎによるひずみが含まれる。アナログレコードや磁気テープのダイナミックレンジは理想的な状態で 60 dB～70 dB 程度である。ただし，アナログオーディオにおける雑音の特性は白色（平たん）とは限らないので，ディザ処理されたディジタルオーディオの量子化雑音と単純には比較できない。

また，録音時に過大信号が入力されるのを防ぐヘッドルームを確保しておかなくてはならないため，ダイナミックレンジが制限される。例えば，録音する楽器の最大レベルが録音機器の入力レベルの -12 dB くらいになるように録音機

器のゲインを設定しておくことによって，過大な信号が入力されたときにひずみを生じないための余裕ができる。この場合の 12 dB 分の余裕をヘッドルームというが[4]，これはダイナミックレンジを 12 dB 分消費していることにもなる。

このため，古くから**コンプレッション**という技術が用いられている。これは小さい音ほど増幅する，あるいは大きい音ほど抑制するものであり，ダイナミックレンジを圧縮する効果がある。CD-DA の製作過程でもコンプレッションは欠かせない技術である。コンプレッションと類似した処理に**リミッタ**がある。リミッタは比較的大きなレベルを閾値として，閾値を超える信号のレベルを急激に抑えるのに対し，コンプレッションは比較的低いレベルから徐々に圧縮する[5]。

CD-DA は，十分なダイナミックレンジが確保された理想的な聴取環境で再生されるとは限らない。ボリュームをあまり上げられない場合や暗騒音が大きい場面などではダイナミックレンジが制限されるため，リスニングルームで 100 dB を超えるダイナミックレンジを実現するのはむしろ困難である。一般消費者向けの CD-DA では，ダイナミックレンジが限られた状況でもレベルの大きい部分だけでなく，レベルの小さい部分も聞こえなくてはならない。このため録音時だけでなく，ミキシングやマスタリングの過程でもコンプレッションが利用される。

リミッタおよびコンプレッションには過大入力を防ぎ，ダイナミックレンジを圧縮する効果があるが，オーディオコンテンツの全体的なレベルを持ち上げる目的で利用されることも多い[6]。同じアンプのボリュームで再生したときに，より大きく聞こえる CD-DA のほうが好まれるため，特にポップスやロック系のオーディオコンテンツで強くコンプレッションをかける傾向がある。

レベルを持ち上げる（音を大きくする）手法としては，コンプレッション以外にイコライザ（**equalizer**）が用いられる[6]。聴感上あまり影響のない周波数成分を除去し，その分聴感上の影響が大きい周波数成分を大きくするのである。例えば，20 Hz 以下の成分は可聴周波数帯域外なので除去しても聴感上の音質には影響がないことは容易に想像できる。しかし，20 Hz～50 Hz 付近の

成分も騒音である場合が多く，にもかかわらず，そのような成分によってダイナミックレンジの多くが占められていることがある．そのような場合，50 Hz 付近より低域側を除去することでダイナミックレンジに余裕ができ，より重要な周波数成分を大きくすることができる．

リミッタやコンプレッションは非線形ひずみ，イコライザは**線形ひずみ**をもたらす．原音の忠実再生という観点から考えると，リミッタやコンプレッション，イコライザの使用は最小限であることが望ましい．

4.3 ハイビット化によって期待されること

ディジタルオーディオのハイビット化は理論上のダイナミックレンジの拡張である．これによってどのような効果が期待できるだろうか．

まず，録音場面について考えると，ヘッドルームを十分に確保できることになる．例えば 24 ビットのディジタル録音なら 40 dB のヘッドルームを確保しても 16 ビット以上の精度で録音できるのである．十分なヘッドルームを確保できるということは過度なコンプレッションが不要になるということであり，録音時のひずみを低減できる．これはハイビット化の最大の利点といえるかもしれない．

ただし，大きなヘッドルームを確保するということは録音機への入力レベルは概して小さくなる．さらに，コンプレッションをかけずに録音された音はコンプレッションをかけて録音された音に比べてひずみの少ない，より忠実な音ではあるが，そのレベルは小さくなる．

再生場面について考えると，ハイビット化による効果は，量子化雑音レベルの低減である．したがって，通常のオーディオ聴取環境で CD-DA の量子化雑音が聞こえるのであれば，ハイビット化の効果を期待できる．また，通常は量子化雑音が気になることはなくても，演奏終了後の余韻やフェードアウト部分など，微小信号の部分を大ボリュームで再生するといった特殊な聴取場面を想定すると，ハイビット化の効果が確認できるかもしれない．

4. ハイビットとダイナミックレンジ

ハイビット化の利点を生かすには，広いダイナミックレンジを生かしてひずみの少ない信号を録音し，再生時には 0 dB の出力でレベルを合わせるのではなく，例えば出力信号の実効値でレベルを合わせるといった配慮が必要となる。

図 **4.3** は，ダイナミックレンジが 120 dB に及ぶ音楽信号を 24 ビットの録音機で録音し，メディアに記録する際のダイナミックレンジの変化を模式的に表したものである。信号の最大振幅に対して -20 dB 付近を信号の実効レベルとしている。24 ビットの理論上のダイナミックレンジは約 146 dB なので，ヘッドルームを 24 dB ほど確保しても 120 dB の音楽信号をコンプレッションなしで録音できる。

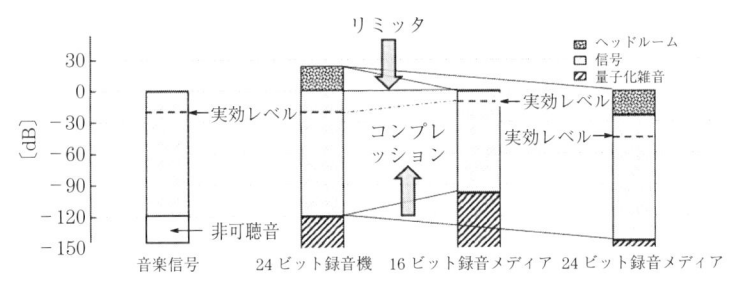

音楽信号を 24 ビットのディジタル録音機で録音し，16 ビットおよび 24 ビットの録音メディアに記録する場合のダイナミックレンジの変化を模式的に表す。

図 4.3 信号のダイナミックレンジ

しかし，これを 16 ビットの録音メディアに収めるには，非線形なダイナミックレンジの圧縮を行わなくてはならない。過大振幅をリミッタで抑えると同時に，コンプレッションにより微小レベルの信号を持ち上げて量子化雑音に埋もれないようにするのである。これに対し，録音メディアも 24 ビットならコンプレッションなしでそのままの信号を記録することができる。コンプレッションをかけていない分信号は原音に近い波形を保っている。

16 ビットの録音メディアに記録した信号と 24 ビットの録音メディアに記録した信号の 0 dB（フルスケール）のレベルをそろえて再生したとすると，図 4.3 に見られるように信号の実効レベルが大きく異なり，24 ビットのメディアに記録された音が明らかに小さくなることがわかる。これは，リミッタによりヘッ

ドルムがなくなり，コンプレッションによって波高率（**crest factor**）が小さくなるためである。

DVDオーディオなどのハイビットオーディオが，原音の忠実な記録にこだわり，コンプレッションを最小限にしか用いない方法で記録されているなら，再生時のアンプのボリュームを通常のCD-DA再生時より上げないと音楽信号の実効レベルが低くなるはずである。また，ハイビットのメディアでも，音楽のジャンルやエンジニアの方針によってはCD-DAなどと同じようにコンプレッションを使用したものもあるので，ディスクごとに再生時のセットアップを調整することが重要になるだろう。

4.4　1ビットオーディオの量子化雑音

3.3.3項では，スーパーオーディオCDプレーヤの出力に大量の量子化雑音が含まれることを紹介した（図3.13参照）。ここでは，$\Delta\Sigma$変調における量子化雑音のスペクトルをリニアPCMフォーマットと比較することにより，信号のダイナミックレンジという観点からみた利点について説明する。

2.4節で述べたように，最近のオーディオ用A-D，D-A変換器は，$\Delta\Sigma$変調を用いている。ほとんどの場合が1ビット$\Delta\Sigma$変調である。特に，スーパーオーディオCDは，$\Delta\Sigma$変調した1ビット信号列をほぼそのまま記録している。

DSD（direct stream digital）と呼ばれるこの1ビット信号列は，アナログのローパスフィルタを通しただけで，もとのアナログ信号を再生でき，複雑なディジタル処理が不要である。このため，原理的には，ディジタル処理による信号のひずみを避けることが可能となる。しかし，ディジタルオーディオにおいて，量子化雑音の総量は，量子化ビット数で決まるため，1ビット信号列には大量の量子化雑音が含まれる。1ビット$\Delta\Sigma$変調において，量子化雑音がどのようなスペクトルになるかについて，以下に考察する。

まず，11 025 Hzの正弦波をリニアPCMフォーマットのディジタル信号にして，これを512点のFFTにより周波数分析した結果を図4.4に示す。サン

プリング周波数は 44 100 Hz，量子化ビット数は 16 とした．リニア PCM の場合，ディザ処理されているため，量子化雑音は周波数帯域全体に均等に分布している．ディザに関しては 2.3 節を参照．

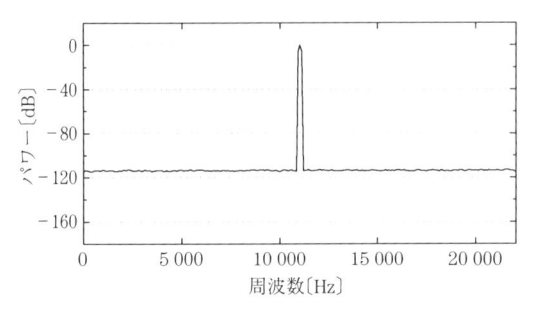

サンプリング周波数 44 100 Hz，量子化ビット数 16 のリニア PCM フォーマットにおける 11 025 Hz の正弦波を 512 点の FFT 分析して求めた周波数スペクトルを示す．量子化雑音はディザ処理されている．

図 4.4　純音のスペクトル

つぎに，同じ正弦波を $\Delta\Sigma$ 変調する場合について述べる．2.4 節ですでに述べたように，$\Delta\Sigma$ 変調では，次数を増やすほど信号帯域内の量子化雑音は低減される．図 4.5（上）に 11 025 Hz の正弦波信号 1 周期分の波形を示す．図 4.5（下）は，この正弦波を 5 次の $\Delta\Sigma$ 変調器に入力して得られる 1 ビットのディジタル信号をシミュレーションによって求めたものである．シミュレーション方法は，Takahashi and Nishio[7] に従った．サンプリング周波数は，スーパーオーディオ CD と同じ 2 822 400 Hz とした．信号帯域を 22 050 Hz とすると，サンプリング周波数は，信号帯域の 128 倍に相当する．図から出力信号が 0 と 1 の 2 値（1 ビット）の信号列であることがわかる．

また，図 4.6 には，5 次の $\Delta\Sigma$ 変調を用いた場合の出力信号を 512 点の FFT により周波数分析した結果を示す．周波数が高くなるほど量子化雑音が増加していくことがわかる．22 050 Hz 以下の信号帯域においては，量子化雑音のノイズフロアは，信号に対し，-120 dB 程度以下となっている．16 ビット量子化のリニア PCM 信号（図 4.4）と比べると，1 ビットの DSD 信号のほうが信号帯域内の信号対量子化雑音比が優れていることがわかる．

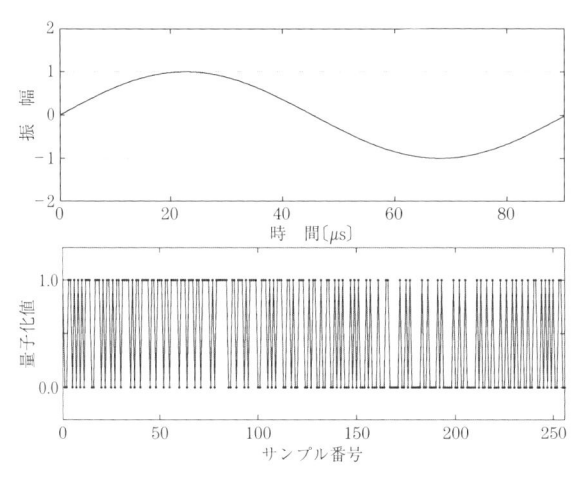

11 025 Hz の正弦波の時間波形（上）と，この正弦波をサンプリング周波数 2 822 400 Hz の 5 次 ΔΣ 変調器に入力して得られた 1 ビットディジタル信号（下）。

図 4.5　純音波形と ΔΣ 変調器の出力信号

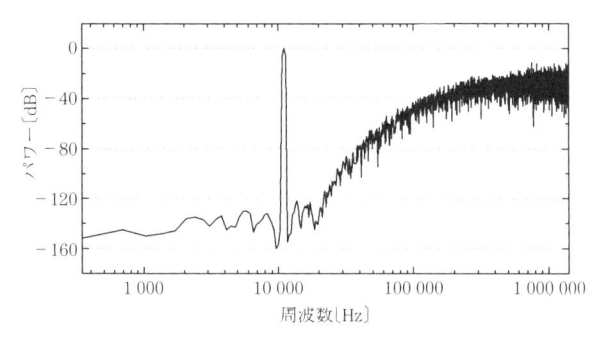

11 025 Hz の正弦波を ΔΣ 変調して得た 1 ビットディジタル信号を FFT 分析して求めたスペクトル。ΔΣ 変調のサンプリング周波数は，2 822 400 Hz，FFT には，512 点のハニング窓を用いた。

図 4.6　ΔΣ 変調された純音のスペクトル

1ビット量子化のディジタル信号には,大量の量子化雑音が含まれるため,図 4.5（下）の信号波形は,とても純音には見えない。しかし,図 4.6 に示されるように,ほとんどの量子化雑音は,非可聴帯域に集中しているため,人の耳には,11 025 Hz の純音成分だけが聞こえるのである。このように ΔΣ 変調は,人の聴覚特性を有効に利用した技術であると言える。

繰り返し述べているように,ΔΣ 変調による 1 ビットのディジタル信号には,大量の量子化雑音が含まれている。このため,実際のプレーヤでは,アナログのローパスフィルタにより,信号帯域よりも高い周波数を除去し,量子化雑音がアンプに混入しないようにしている。しかし,アナログローパスフィルタによるひずみを避けるため,あえてフィルタを通さず,1 ビット信号列を直接出力するプレーヤも存在する（3.3.3 項参照）。この場合,高周波の量子化雑音がアナログアンプに直接入力され,これが増幅されてスピーカに入力されることになり,アナログアンプやスピーカの非線形性により,ひずみが発生する場合があるので注意が必要である。

引用・参考文献

1) 加銅鉄平,"上級に進むためのオーディオ再生技術,"誠文堂新光社（2007）
2) 中島平太郎,"オーディオに強くなる,"講談社（1973）
3) 日本電子機械工業会規格,"ディジタルオーディオ機器の測定方法,"日本電子機械工業会,EIAJ CP-2150（2000）
4) 大野　進監修,"サウンドレコーディング技術概論,"日本音楽スタジオ協会（2010）
5) 日本音響家協会,"プロ音響データブック 改訂新版,"リットーミュージック（1997）
6) 永井光浩,"音を大きくする本,"スタイルノート（2006）
7) H. Takahashi, A. Nishio, "Investigation of Practical 1-bit Delta-Sigma Conversion for Professional Audio Applications," 110th AES Convention Preprint #5392（2001）

5 超広帯域のマイクロホン技術

5.1 超低周波から超音波までの音響計測

5.1.1 標準マイクロホン

　演奏される音楽を録音するには，音響‐電気変換器としてのマイクロホンが不可欠である．原音を忠実に記録するには，ダイナミックレンジ，周波数帯域がともに十分に広く，平たんな周波数特性を持つマイクロホンが求められる．ハイサンプリングオーディオにおいては特に周波数帯域の広さが重要となる．

　近年，ハイサンプリングフォーマットのリニア PCM 録音が可能なポータブルレコーダが複数のメーカーから発売されている．例えば SONY PCM-D1 は片手で持ち運べるサイズであり，サンプリング周波数が最大 96 000 Hz の録音が可能である．USB（universal serial bus）によるパソコンとの接続でデータの送受信も簡単にできる．本体にステレオマイクロホンが内蔵されているので，これ1台で簡便なハイサンプリング録音に使えそうである．しかし，図 5.1 に示すとおり，PCM-D1 に内蔵されているマイクロホンは超音波帯域まで特性が伸びているわけではない．30 000 Hz 付近には大きなディップがある．

　同じようなポータブルレコーダでも，KENWOOD MGR-E8 の内蔵マイクロホンは，40 000 Hz 付近まで特性が伸びている．ただし，モノラルの単一指向性マイクロホンである．このような録音機器の特性を十分に把握して使用しないと，いいかげんなハイサンプリング録音になってしまう．このため録音に使用する機器，特にマイクロホンの校正が重要となる．

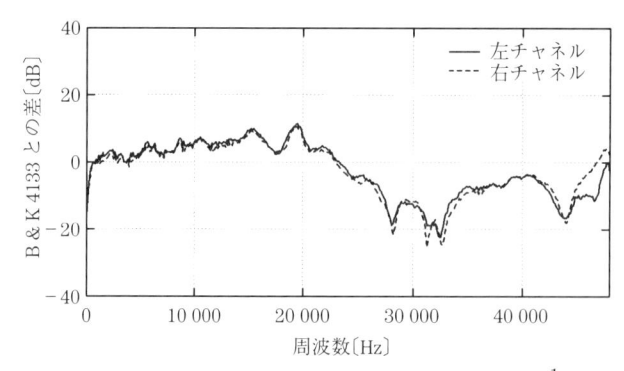

ポータブル PCM レコーダ（SONY PCM-D1）の周波数特性。$\frac{1}{2}$ インチマイクロホン（Brüel & Kjær type 4133）との差を 1 000 Hz のレベルを合わせて表示したもの。

図 5.1 PCM-D1 の周波数特性

通常，録音用マイクロホンの周波数帯域や周波数特性は，特性が既知のマイクロホンとの比較によって求められる。具体的には，特性が既知のマイクロホンを参照器，比較するマイクロホンを比較器とし，スピーカから周波数掃引音や **TSP**（**time-stretched pulse**）信号といった広帯域信号を提示して参照器，比較器それぞれにて録音する。録音された信号を周波数分析し，電圧‐周波数特性を比較するのである。このような方法を**比較校正法**という。スピーカの周波数特性が既知なら参照器は必要ないが，スピーカの周波数特性を調べるのには周波数特性が既知なマイクロホンを用いる必要がある。

一般に参照器となるのは**計測用マイクロホン**である。計測用マイクロホンには **LS**（**laboratory standard**）マイクロホンと **WS**（**working standard**）マイクロホンがある[1]。WS マイクロホンの特性も比較校正によって調べられるが，このとき参照器として用いるのは**標準マイクロホン**とも呼ばれる LS マイクロホンである。標準マイクロホンは図 **5.2** に示すように，平行に配置された円形の振動膜と背極がたがいに絶縁されたコンデンサマイクロホンである。

マイクロホンの品質を維持するには，十分な精度で信頼できる特性を持つ標準マイクロホンが安定に供給されなくてはならない。標準マイクロホンの特性

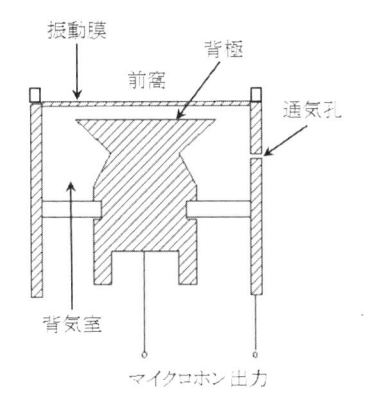

5.1 超低周波から超音波までの音響計測

振動膜と背極が平行に配置されたコンデンサマイクロホンである。白抜きの部分は絶縁物，それ以外の部分は導電性の材質である。

図 **5.2** 標準マイクロホンの構造

を調べる方法は比較校正ではなく，**絶対校正**と呼ばれる。絶対校正には通常，**音圧相互相反校正法**が用いられる[2]。カプラ校正法とも呼ばれるこの方法では，図 **5.3** に示すように小容積の空洞を持つカプラに 2 個の標準マイクロホンを向かい合わせに取り付ける。コンデンサマイクロホンは電圧を加えることで音を出すことのできる可逆の電気 - 音響変換器なので，一方のマイクロホンを音源として空洞内に音を発生させ，他方のマイクロホンで受音する。このような可逆の変換器を含む系では電気回路理論でいう**相反定理**が成立している。つまり，マイクロホンを音源（送波器）として用いた場合の送波感度＝（体積速度）÷（駆動電流）は，本来のマイクロホン（受波器）としての受波感度＝（開放出力電圧）÷（受波音圧）と原理的に等しい。このため，2 個のマイクロホンの**音圧感度** [5.1.3 項 (1)] を M_x, M_y とおき，マイクロホン x の電気インピーダンスを $Z_{e,x}$，両マイクロホン間の音響系の伝達インピーダンス（音源の体積速度に対する受音点の音圧の比）を $Z_{a,xy}$ とすれば，両マイクロホン間の電圧伝達関数は

$$\frac{e_y}{e_x} = \frac{1}{Z_{e,x}} M_x \times Z_{a,xy} \times M_y \tag{5.1}$$

と表される。$Z_{a,xy}$ の値は，音の波長に対して，空洞の最大寸法が十分に小さ

受音マイクロホン
e_y

空洞

キャピラリチューブ

e_x
音源マイクロホン

$$\frac{e_y}{e_x} = \frac{M_x M_y}{Z_{e,x}} \frac{\gamma P_0}{j\omega V}$$

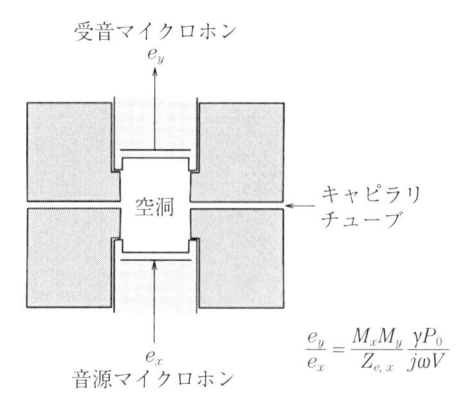

M_x, M_y はそれぞれのマイクロホンの音圧感度，$Z_{e,x}$ は，音源マイクロホンの電気インピーダンス，γ, P_0, V, ω は，それぞれ比熱比，大気圧，カプラ容積，信号音の角周波数である．

図 5.3 音圧相互校正法原理

く，その中の音圧が一定であると見なせるようなカプラを用いたときには

$$Z_{a,xy} = \frac{\gamma P_0}{j\omega V} \tag{5.2}$$

で与えられる．ここで，γ は伝搬媒質の比熱比，P_0 は大気圧，ω は信号音の角周波数，V はカプラの容積であり，すべて既知の量である．

個々のマイクロホンの音圧感度を求めるには，3 個の標準マイクロホン 1〜3 を用意し，そのなかの 2 個ずつを用いて 3 とおりの組合せごとの電圧伝達関数を求め，連立方程式を解けばよい．マイクロホン 1 と 2，1 と 3，2 と 3 の電圧伝達関数 T_{12}, T_{13}, T_{23} は

$$T_{12} = \frac{1}{z_{e,1}} M_1 Z_{a,12} M_2$$

$$T_{13} = \frac{1}{z_{e,1}} M_1 Z_{a,13} M_3$$

$$T_{23} = \frac{1}{z_{e,2}} M_1 Z_{a,23} M_3$$

である．これらの式を連立方程式として，M_1, M_2, M_3 について解けば，各マイクロホンの音圧感度が求められる．例えばマイクロホン 3 の音圧感度 M_3 は

$$M_3 = \sqrt{Z_{e,2}\frac{T_{13}T_{23}}{T_{12}}\frac{Z_{a,12}}{Z_{a,13}Z_{a,23}}} \tag{5.3}$$

となる.ここで,マイクロホン 2 の電気インピーダンス $Z_{e,2}$ は,実効的に純静電容量であると見なされ,マイクロホン 2 の静電容量を C_2 とすると,$Z_{e,2}$ は $\dfrac{1}{j2\pi fC_2}$ となる.実際のカプラ校正では,カプラ内に生じる音圧分布,振動膜のインピーダンス,カプラ材質の熱伝導などの影響を補正して感度を求める.

標準マイクロホンの校正は従来,可聴周波数帯域である 20 Hz〜20 000 Hz において行われてきた[2]. しかし,ハイサンプリングオーディオにおいては,可聴周波数帯域をはるかに超える超広帯域の信号を録音しなくてはならない.近年,超広帯域の録音用マイクロホンが開発され商品化されている[3]. また,ハイサンプリングに対応した超広帯域のスピーカも商品化されている.スピーカの周波数特性を測定する場合も基準となるのは,特性が既知なマイクロホンである.このため,非可聴域まで含めたマイクロホンの校正技術確立が求められており,従来,校正できなかった超低周波領域や超音波領域における計測用マイクロホンの校正に関する研究も進められている[2),4)].

5.1.2 超低周波領域の音響標準

一般に周波数が,100 Hz 以下あるいは 80 Hz 以下の音は低周波音と呼ばれ,特に 20 Hz 以下の音は**超低周波音**と呼ばれる.ここでは,20 Hz 以下の超低周波領域における標準マイクロホンの特性に影響を及ぼす要因と校正方法について述べる.

(1) 超低周波領域で考慮すべき要因　音の周波数が低くなるに従い,可聴域では考慮する必要のないいくつかの要因がマイクロホンの周波数特性に影響を及ぼすようになる.

図 5.2 に示した標準マイクロホンの背気室は,振動膜に対するコンプライアンスとして機能している.ここでの空気の膨張圧縮過程は,可聴周波数帯域では断熱変化と見なせるが,周波数が下がるに従い,等温変化へと遷移する.このため,コンプライアンスが実効的に増加し音圧感度が上昇する[2].

低周波数では，1周期中に図5.2に示した通気孔を通して背気室内圧と大気圧が平衡するようになる。したがって，振動膜のコンプライアンスは実効的に増加し，音圧感度がさらに上昇する。

マイクロホンの振動膜表面にのみ音圧が作用する場合の感度を音圧感度，マイクロホン全体が平面進行波中に置かれて，音圧が振動膜以外にも作用する場合の感度を**自由音場感度**という。マイクロホンが空中に置かれる場合，通気孔からも音が侵入するのに対し，図5.3に示したカプラ校正においては，振動膜の表面のみが音に曝されている。周波数が低くなるほど通気孔からの音の侵入が増大し，**音場感度**は低下する。

これ以外にもプリアンプのハイパスフィルタ特性など，さまざまな要因が超低周波領域での標準マイクロホンの特性にかかわってくる。

（2） 超低周波領域での音圧感度校正　可聴周波数帯域での標準マイクロホンの一般的な校正法であるカプラ校正法では，低周波領域で十分な信号対雑音比を得るのが困難なこと，カプラ内の圧力と大気圧のバランスをとるなどのために設けられているキャピラリチューブ（図5.3）を通しての音の漏れが低い周波数ほど大きくなるといった問題がある[2]）。

そこで産業技術総合研究所計量標準総合センターでは，標準マイクロホンの超低周波領域での感度校正法の一つとして，**レーザピストンホン**を用いた1 Hz〜20 Hzにおける音響標準の開発が進められている。校正手法の概念図を図**5.4**に示す。加振器にてピストンを正弦駆動し，カプラ空洞内に音圧を発生させる。このときピストンの変位をマイケルソン干渉計を用いて測定すれば式(5.4)で音圧が算出できる[5])。

$$p = \frac{\gamma P_0}{V} Ad \tag{5.4}$$

ここで，γは空気の比熱比，P_0は大気圧，Vは空洞容積，Aはピストンの断面積，dはピストンの変位である。カプラ内壁の一部に被校正マイクロホンを取り付けておき，その開放出力電圧を測定すれば，当該マイクロホンの音圧感度が求められる。

5.1 超低周波から超音波までの音響計測

```
          プリアンプ
マイクロホン        マイケルソン干渉計へ
カプラ      ガラス
           空洞

      可動部   ピストン
         加振器
         防振台
```

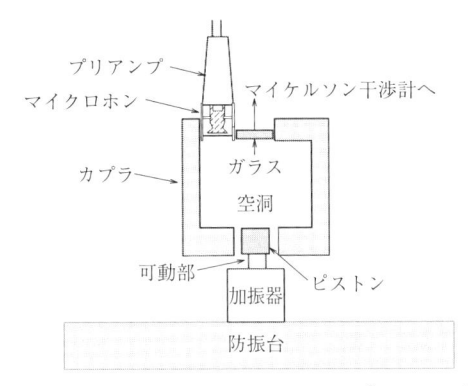

ピストンを駆動してカプラ内に音圧を発生させる。ピストンの変位をマイケルソン干渉計で測定し，カプラ内の音圧を算出する。

図 **5.4** レーザピストンホンによる測定概念図

5.1.3 超音波領域の音響標準

（**1**） **自由音場相互校正法**　超低周波領域における標準マイクロホンの音圧感度校正手法について紹介したが，逆に 20 000 Hz を超える超音波領域においても，参照器となる計測用マイクロホンの校正方法が検討されている。

超音波領域でのカプラ校正法の問題点は，波長に対してカプラのサイズが大きくなるため，空洞内の音圧分布を一様にできないことである。カプラを小さくすると寸法の精度が要求されることになる。

カプラ校正が困難なため，現在，無響室内での**音場感度校正**（**自由音場相互校正法**）が超音波領域での計測用マイクロホンの唯一の**絶対校正法**である[6]。ここでは，自由音場相互校正法の概要を紹介する。

図 **5.5** に音場での相互校正法の原理を示す。図 5.3 に示した音圧相互校正法では音圧感度を求めたのに対し，音場相互校正では自由音場感度が求められる。

音圧感度とは，マイクロホンの膜面に加わる音圧に対する出力電圧の比である。一方，音が存在する場（音場）にマイクロホンを置くと，マイクロホンによって音場が乱されるため，膜面に加わる音圧は，マイクロホンがないときの音圧とは異なる。そこで，マイクロホンがないときの音圧の値に対するマイクロホンを置いたときの出力電圧を音場感度と定義するのである。

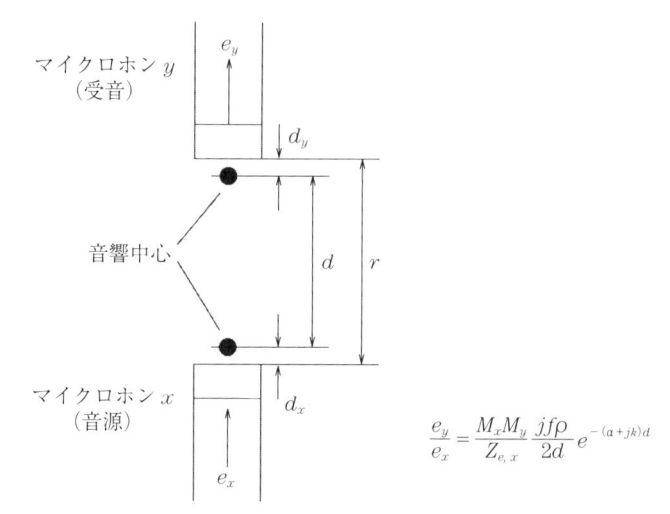

マイクロホン y
（受音）

音響中心

マイクロホン x
（音源）

$$\frac{e_y}{e_x} = \frac{M_x M_y}{Z_{e,x}} \frac{jf\rho}{2d} e^{-(\alpha+jk)d}$$

マイクロホン x から送出される音をマイクロホン y が受音する。r はマイクロホンの膜面間距離，d は両マイクロホンの音響中心間の距離である。M_x，M_y はそれぞれのマイクロホンの自由音場感度，$Z_{e,x}$ は，音源マイクロホンの電気インピーダンス，f，ρ，d，α，k は，それぞれ周波数，空気密度，両マイクロホンの音響中心間距離，空気中での音波の減衰率，および波数である。

図 **5.5** 音場相互校正法原理

音場相互校正において，音源マイクロホンを駆動する電圧 e_x に対する受音マイクロホンからの出力電圧 e_y の比は

$$\frac{e_y}{e_x} = \frac{M_x M_y}{Z_{e,x}} \frac{jf\rho}{2d} e^{-(\alpha+jk)d} \tag{5.5}$$

である。f，ρ，α，k は，それぞれ周波数，空気密度，空気中での音波の減衰率，および波数である。図 5.3 のように空間の容積が十分に小さい場合，その中の音圧が均一と見なせるが，音場では，音源からの距離によって音圧は異なる。このため，両マイクロホン間の距離が関係してくる。厳密には両マイクロホンの**音響中心**間の距離を d として計算している。音響中心とは，マイクロホンを点音源と見なしたときの音源位置と定義されている。

〔**2**〕 **空中超音波用無響箱**　産業技術総合研究所計量標準総合センターでは，現在まで確立されていない 20 000 Hz から 100 kHz における音響標準の開発が進められている[4]。前述のとおり，超音波帯域で音圧感度校正を行うには，

音波の波長に合わせてカプラを小型化する必要があり，寸法精度の問題で測定精度が制約されてしまう。このため，無響箱を用いた音場相互校正による方法が採用されている。

産業技術総合研究所には，有効領域の寸法が 9.5 m×8.0 m×7.2 m という大無響室（口絵 1 参照）がある。大無響室の内壁はくさび型の吸音材（吸音くさび）で覆われている。低周波音まで吸音させるため，長さ約 2 m の吸音くさびが使われており，広い周波数帯域で高精度な音響計測が可能である。しかし，大無響室を用いた測定はすべてが大掛かりとなるため，非常に労力を要する。可聴域の音響計測に比べて超音波帯域の計測では，暗騒音が圧倒的に少ない。また，波長が 2 cm 以下の超音波を吸音するのに大きな吸音くさびも必要ない。このような理由から，20 000 Hz 以上の帯域におけるマイクロホンの絶対感度校正に無響箱が用いられているのである。

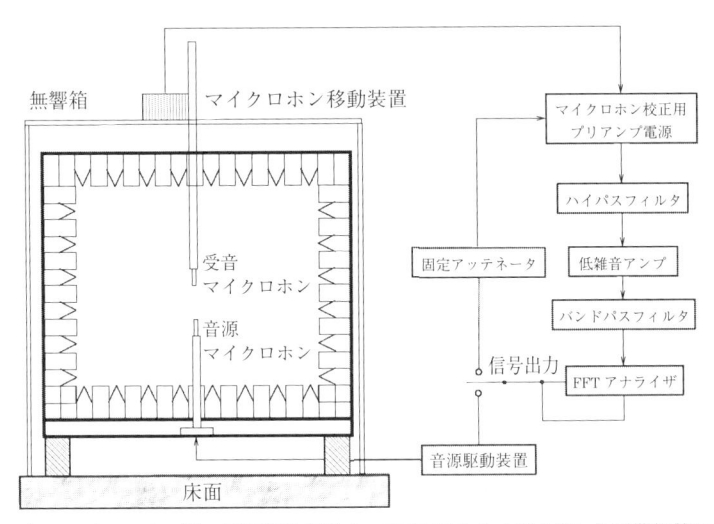

2 個のマイクロホン間の電圧伝達関数は，FFT アナライザを用いた同期加算によって測定される。受音マイクロホンからの出力信号を帯域通過フィルタに通すことにより，1 500 Hz 以下と 120 kHz 以上の不要な周波数成分が除去されている。

図 5.6　無響箱ブロック図

5. 超広帯域のマイクロホン技術

使用されている空中超音波用無響箱のブロック図を図 5.6，写真を口絵 2 に示す。箱の内壁全面に，長さ約 10 cm の吸音くさびが取り付けられており，有効な容積は 3.84 m^3 である，箱の中央付近で 2 個のマイクロホンが対向する構造になっている。無響箱は，揺れを防止するため，防振ゴム 4 点で支えられており，外部からの音響的なノイズを遮断するため，厚さ 3 cm の合板で覆われている。

自由音場相互校正法では，音源側のマイクロホンに交流電圧を印加することで音を発生させるが，一定電圧の交流信号で駆動したとき，マイクロホンから出力される音圧は，信号の周波数によって変動する。無響箱内に 2 個の WS マイクロホン（Brüel & Kjær type 4939）を 20 cm の間隔で対向させ，片方（音源マイクロホン）を 10 V で駆動し，他方（受音マイクロホン）の出力電圧を観測した結果が図 5.7 である。信号対雑音比を確保するために 10 秒の同期加算が行われている。実線は音源マイクロホンを駆動していないときの受音マイクロホンの出力の周波数特性，すなわち暗騒音である。

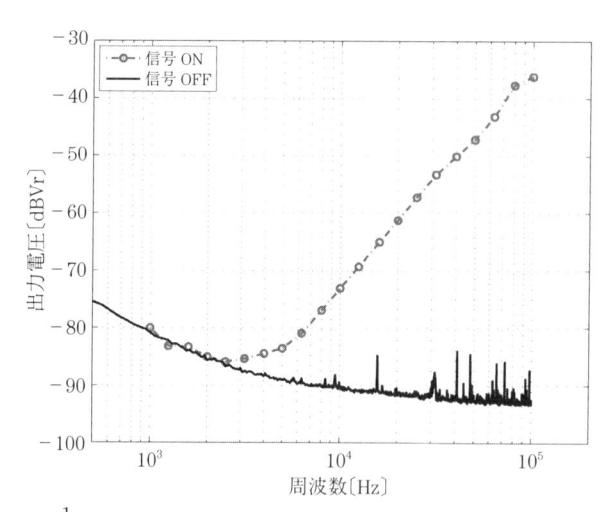

無響箱内に $\frac{1}{4}$ インチ径の WS マイクロホン 2 個を，20 cm の間隔で対向させ，音源マイクロホンを 10 V で正弦波駆動したときに観測された受音マイクロホンの出力電圧値の周波数特性と暗騒音レベル。

図 5.7 受音マイクロホンの出力電圧の周波数特性

図 5.7 から，一定電圧で駆動したとき，マイクロホンから放射される音圧は，信号の周波数が低くなるにつれて低下することがわかる。20 000 Hz 付近では 30 dB 程度の信号対雑音比が得られている。実際の校正では，10 秒以上の同期加算が行われるため，0.1 dB 程度の測定再現性が実現されている[4]。自由音場相互校正法を実際に行う場合には，無響箱内の温度，湿度および気圧の測定も行われる。

5.1.4 音響標準の重要性

産業技術総合研究所計量標準総合センターでは，すでに無響箱での自由音場相互校正法による 20 000 Hz から 100 kHz における WS マイクロホンの校正が行われている。ただし，海外の標準研究機関との国際基幹比較を行うまでには至っていない。

オーディオ機器メーカー 2 社がそれぞれ周波数帯域 100 kHz のスピーカを発売し，その周波数レスポンスを公表していたとしても，現時点では，それらは各メーカーの公称値にすぎない。その帯域をカバーする音響標準が確立され，供給されて初めて異なるメーカーの測定値が同じ基準に基づいて比較可能になるのである。

図 5.1 に示したポータブル PCM レコーダ内蔵マイクロホンの周波数特性は，$\frac{1}{2}$ インチマイクロホン（Brüel & Kjær type 4133）の特性を基準として，その基準値からの差を示したものである。しかし，この Brüel & Kjær type 4133 も 20 000 Hz 以上の帯域の特性が保証されているわけではない。標準マイクロホンが存在しないのだから保証できないのである。

超音波帯域の音響標準が整備されていない状況で，ハイサンプリング仕様のオーディオ機器開発だけが進められていけば，何が信頼できるデータで何が信頼できないデータなのかさえ判然としなくなるであろう。ハイサンプリングに対応した複数のメーカーのオーディオ機器について，仕様を比較，検討するためには，超音波帯域の音響標準の確立が不可欠なのである。

5.2 超広帯域マイクロホンの開発

5.2.1 背　　　景

　近年のディジタル信号処理技術の発達とハードウェア処理能力の向上は著しく，1982 年に CD-DA が導入されて以来標準的に用いられてきた 44 100 Hz やディジタル放送で用いられている 48 000 Hz よりも高いサンプリング周波数を有し，20 000 Hz を大幅に超える周波数帯域をカバーする機器が広まりつつある。なかでも，ハードディスク上に音声をディジタル記録する業務用のオーディオワークステーションでは，サンプリング周波数 192 kHz に対応し，100 kHz 近くまでの帯域を収録可能なものが少なくない。また，パソコンに用いられるオーディオインタフェースも，同様に広帯域化の傾向にある。オーディオのパッケージメディアである DVD オーディオやスーパーオーディオ CD もまた，周波数帯域 100 kHz に対応した広帯域メディアとしてパッケージソフトが市場に流通しているのはすでに述べたとおりである（2011 年現在，DVD オーディオに関しては，国内の業界団体である DVD オーディオプロモーション協議会が活動を停止したままとなっている）。

　放送の分野でも，近年ではアーカイブ[7]として素材を記録に残し，将来の再利用や他メディアへの二次利用に対応することが行われている。将来は映像・音声ともに広帯域化・高精細化が今以上に進む可能性があるので，記録に残すコンテンツは現時点で可能な限り高品質とすることが望ましいと考えられる。

　一方，通信による音楽配信，特にインターネットを経由する事業は発展が目覚ましい。配信されるコンテンツの多くは，音声圧縮技術を用いたものである一方，ロスレス符号化技術[8]も生かしたダウンロード配信により，非圧縮音声をサンプリング周波数 96 000 Hz，24 ビットで提供する事業も行われ，高品質化への指向も強まりつつある。

　コンテンツの超広帯域収音への関心が高まりつつあるなか，空気中を伝搬する 100 kHz までの音を録音可能なマイクロホンは，コンデンサ型の，しかも計

測用マイクロホンに限られてきた。計測用マイクロホンで100 kHzまで対応可能なモデルは，きわめて平たんな周波数特性を有する一方，小さい振動膜を使用するため，後述のように感度が低く等価雑音レベルが高くなる。このため音楽録音には不向きとなり，録音に利用されるケースは少ない。3章で，周波数帯域100 kHzに対応した広帯域メディアでありながら，20 000 Hz以上の成分を含まない例が指摘されているが，そもそも録音に適したマイクロホンがなかったことも原因の一つといえよう。

音楽録音用としてマイクロホンの帯域を拡張するためには，等価雑音レベルを低く保ちつつ感度を向上させて信号対雑音比を保つ必要がある。そこで以下，5.2.2項でコンデンサマイクロホンの基本原理から広帯域化にあたっての問題点を考察し，5.2.3項で超広帯域マイクロホンの開発について述べる。

5.2.2　音楽録音用マイクロホンの広帯域化

（1）**指向性の選択**　音楽録音用マイクロホンには，大きく分けて全指向性と指向性型がある。このうち，全指向性マイクロホンは空間中の1点の音圧を電気信号に変換する圧力型マイクロホンとして実現され，一般にマイクロホンの振動膜の前面のみに音波を加えることで実現できる。一方，指向性マイクロホンは複数点の音圧の和や差によって実現され，通常，空間内の近接した2点の音圧を受音し，その差分（傾度）によって動作する圧力傾度型マイクロホンとして実現される。2点間の差分は位相差として検出されるため，一般にマイクロホンの感度が2点間の距離の増加関数となる一方，2点間の距離と音波の波長が一致する周波数ではディップとなる。このため高感度を維持しつつ帯域を大幅に拡張することは困難であり，特に波長が約3 mmと非常に短い周波数100 kHzまでを1個の素子でカバーすることは，現在のコンデンサマイクロホンでは構造的にも不可能に近い。そこで，以下，全指向性マイクロホンに関して広帯域化の議論を行う。

（2）**全指向性コンデンサマイクロホンの感度**　全指向性コンデンサマイクロホンの機械振動系の簡略化した等価回路[9]を図**5.8**に示す。

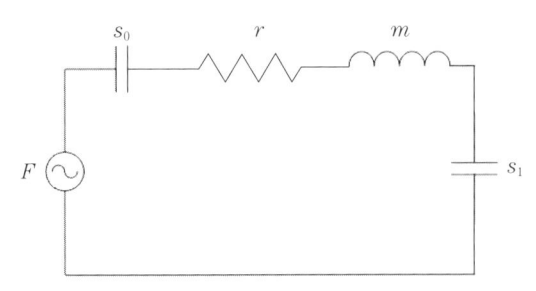

図 5.8 全指向性コンデンサマイクロホンの機械振動系の簡略化した等価回路

図中，F は振動板の駆動力，s_0 は振動板の**スチフネス**，r は振動膜からの音響放射による抵抗や振動膜背面の空気の流れなどによる等価抵抗，m は振動膜の質量や振動膜の付加質量などからなる等価質量，s_1 は背部気室によるスチフネスを示す。このとき，マイクロホンの感度レベルは，式 (5.6) で表される。

$$\frac{E}{P} = \frac{A}{s}\frac{E_b}{D_b}\left(\frac{C_b}{C_b+C_s}\right)\frac{1}{1+\dfrac{j\omega r}{s}+\dfrac{(j\omega)^2}{\omega_0^2}} \tag{5.6}$$

ただし

$$\omega_0 = \sqrt{\frac{s}{m}}$$
$$s = s_0 + s_1$$

ここで，E は出力電圧，P は振動膜面上の音圧レベル，A は振動膜の実効面積，s は**等価スチフネス**，E_b はバイアス電圧，D_b は振動膜と背極の間の極板間隔，C_b は振動膜と背極によって形成される電気容量，C_s は浮遊容量，ω は角周波数を示す。このとき，振動系の**共振周波数**は

$$f_0 = \frac{1}{2\pi}\sqrt{\frac{s}{m}} \tag{5.7}$$

で表される。式 (5.6) は，共振周波数よりも十分に低い周波数帯域においては，式 (5.8) によって近似されることがわかる。

$$\frac{E}{P} = \frac{A}{s}\frac{E_b}{D_b}\left(\frac{C_b}{C_b+C_s}\right) \tag{5.8}$$

式 (5.8) は，コンデンサマイクロホンの感度の基本式を表す．式 (5.7) より s を求め式 (5.8) に代入すると，等価スチフネスを消去した式 (5.9) が得られる．

$$\frac{E}{P} = \frac{A}{(2\pi f_0)^2 m} \frac{E_b}{D_b} \left(\frac{C_b}{C_b + C_s} \right) \qquad (5.9)$$

式 (5.9) より，感度は極板面積とバイアス電圧に比例する一方，等価質量，極板間隔に反比例し，さらに共振周波数の 2 乗に反比例することがわかる．共振周波数 f_0 よりも高い周波数帯域では，式 (5.1) より周波数の上昇とともに感度が急激に減衰するため，通常マイクロホンの設計では，f_0 は使用周波数帯域の上限付近に設定することが多い．この場合，マイクロホンを広帯域化するために f_0 を高くすると，式 (5.9) より感度が著しく低下することが問題となる．

（3） 筐体による回折効果　　マイクロホン筐体の回折による振動膜面での音圧上昇が，マイクロホンの設計に重要であることはよく知られている．回折効果は，一般に音波の波長が筐体の大きさと同等かそれ以下になる場合に顕著に見られる．

マイクロホンの筐体による音圧上昇の厳密な計算は，振動膜のインピーダンスまで考慮する非常に複雑なものとなり，特に計測用マイクロホンでは自由音場補正[1)] として厳密な評価を行うものである．一方，実用上は剛な境界面を持つ円柱を仮定した計算がよく用いられる．図 5.9 は剛な円柱の回折効果を理論式[10)] に基づいて計算した結果である．図より，回折効果による音圧上昇は，振動膜の直径が音波の波長と一致する周波数を f_d とするとき，f_d の奇数倍の周波数で顕著に見られることがわかる．同じ条件の回折効果を，実際に 5 倍のスケールモデルとプローブマイクロホンを使用して検証した例[11)] を図 5.10 に示す．理論式どおりの回折効果による音圧上昇が実際に生じていることがわかる．

図からわかるように，f_d 以上の周波数では周波数特性にピークディップを生じるため，通常は使用する上限周波数を f_d 付近とする．この場合，広帯域化のために上限周波数を高く設定するマイクロホンほど振動板が小さく，実効面積 A が減少する．このとき，式 (5.9) 分子の A の減少と比例して振動膜質量が減少するため分母中の等価質量 m も低下する傾向にあるが，m には A とは比例

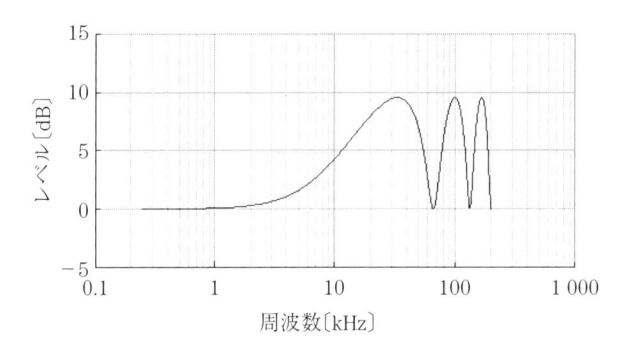

図 5.9 円柱の回折効果による音圧上昇（理論値）

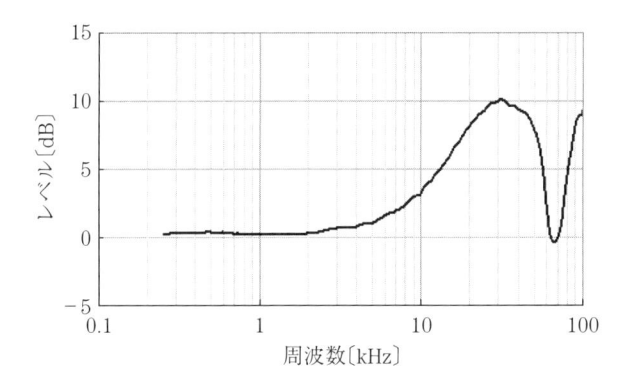

図 5.10 円柱の回折効果による音圧上昇（実測値）

しない付加質量等の成分も含まれるため A ほどには低下せず，結果として $\dfrac{A}{m}$ が減少し感度の低下を引き起こす。また，実効面積の低下はコンデンサの容量 C_b の低下に直結する一方，C_s はそれほど低下しないことから，式 (5.8) の最終項 $\dfrac{C_b}{C_b + C_s}$ が減少し，感度の低下を招く。

なお，回折効果の発生は音波の到来方向に強く依存し，音波が円柱の端面と垂直な方向から到来する場合，最も顕著に発生する。このため，回折効果の生じる周波数帯域では，全指向性型マイクロホンの構成をとってもある程度の指向性を有することになる。

（4）安定度の確保 コンデンサマイクロホンの設計上重要な項目に，安

定度[12]があげられる。安定度は一般に極板間引力と振動膜のスチフネスによる反発力の比で表され，振動膜の背極への吸着しにくさを表す。電磁型変換器や静電型変換器など，振動体に一定の吸引力をかけて動作する変換器の設計では，安定度が大きいことが系の安定動作に必要である。コンデンサマイクロホンの場合，安定度は空気の誘電率を ϵ_0，バックプレートの面積を A_b とするとき

$$\mu_c = \frac{s_0 D_b^3}{\epsilon_0 A_b E_b^2} \tag{5.10}$$

と表される[13]。式 (5.10) を感度を表す式 (5.8) と比較すると，D_b，A_b，E_b の各パラメータについて分子分母の関係が逆になっており，感度と安定度の関係がトレードオフの関係にあることがわかる。これより，感度の低下を起こさずに安定度を確保するには，振動膜のスチフネス s_0 を高く保つことが重要であるといえる。振動系の共振を決定する等価スチフネスが，振動膜のスチフネスと背部気室のスチフネスの和で表されるのに対し，ここでは振動膜そのもののスチフネスを高める必要があることに注意を要する。一方，振動膜のスチフネスは振動膜の張力と比例関係にあることから[14]，膜の材料としては高張力に耐えるものが必要である。

（5）雑音レベルの低減　マイクロホンの発生する雑音には，マイクロホンカプセルから発生するノイズと，プリアンプから発生するノイズの両方を考慮する必要がある。

特に，直径が小さい，すなわち電気容量の小さいマイクロホンの場合は，プリアンプとマイクロホンカプセルの電気容量が結合し，プリアンプから発生する $\frac{1}{f}$ ノイズが問題となる[13]。直径の小さいマイクロホンの場合は，式 (5.8) より感度が低下するため，信号対雑音比の劣化が避けられないことになる。

（6）総合的な設計法　以上に述べたとおり，コンデンサマイクロホンの定量的な設計には，多くの要素を考慮しつつ行う必要がある。これらの定量的な設計は，コンデンサマイクロホンの設計理論[13]に基づいて行うことが可能であり，広帯域化したマイクロホンについてもその検討が行われている[15]。

5.2.3 音楽録音用超広帯域マイクロホン

5.2.2項では，コンデンサマイクロホンの基本式より，広帯域化と高感度化の間にはトレードオフの関係があることを示した．また，広帯域化に伴い振動膜を小型化すると信号対雑音比が劣化すること，安定度の確保には振動膜の張力が重要であることを述べた．ここでは，周波数 100 kHz をカバーするマイクロホンとして，実際に開発を行った音楽録音用超広帯域マイクロホン[16]（以下，超広帯域マイクロホン）について紹介する．

（1）設計のポイント：回折効果と共振の積極的な利用　開発した超広帯域マイクロホンでは，筐体の回折効果を積極的に利用する方式を採用した．すなわち，通常は回折効果によるピークディップを避けるため，f_d を 100 kHz に設定するかわりに，$3f_d$ を 100 kHz に設定した．さらに，回折効果による感度上昇にディップが生じる $2f_d$ 付近に振動系の共振を合わせることにより，図 **5.11** に示すように全帯域で感度を保つ方式とした．この結果，振動膜の直径は通常の設計の 3.4 mm に対し 10.3 mm と拡大され，共振周波数は通常の設計の 100 kHz に対し，約 66 000 Hz と低くなり，それぞれ感度向上と雑音低減に貢献した．

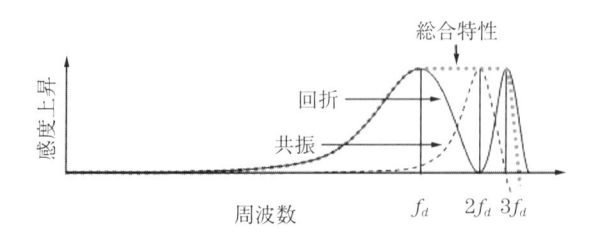

図 **5.11**　超広帯域マイクロホンの設計の考え方

この条件下で，より感度を高めるために，バイアス電圧を高く，極板間隔を狭くすることとしたが，前者は電子部品の性能から決まる上限があり，後者は安定度がその 3 乗に比例することから，狭くするには限度がある．そこで，振動膜の等価質量を軽くする必要がある．さらに安定度の観点から，振動膜のスチフネスを高めるために，高い張力に耐える必要がある．以上の要求を満たす

ために，本マイクロホンではプラスチックの一種であるアラミドフィルムに金属をスパッタして作成した，軽量かつ高剛性の振動膜を用いることとした[17]．

（2）筐体の形状　開発した超広帯域マイクロホンは，5.2.3項（1）での設計指針に基づき，振動膜部分の直径を 10.3 mm とした．なお，マイクロホンの電気回路部分は回路基盤を収める十分な大きさを確保する目的で 20 mm としたため，振動膜部分と電気回路部分との直径に差が生じた．これらを直接接続すると，段差部分で音波の反射が生じ周波数特性に悪影響を及ぼすため，傾斜を介して接続した．筐体の概観を口絵 3 に示す．この傾斜の形状の決定にはスケールモデルを用いた．

また，録音用マイクロホンには振動膜を保護するグリッドが必要になるが，周波数 100 kHz に近い帯域では，グリッドがマイクロホンの周波数特性に与える影響を無視できない．実際に計測用のマイクロホンでは，厳密な測定時にはグリッドを取り外す必要があるが，録音用マイクロホンではスタジオや屋外など過酷な使用環境が想定されるため，グリッドは必須となる．そこで，非常にメッシュの粗い素材を用い，周波数特性への影響が全帯域で 1dB 以下となるグリッドを実現した．

なお，グリッドを支える枠の存在が周波数特性に与える影響が大きかったため，形状を工夫して回折効果に与える影響を抑圧した．さらに，振動膜前面のくぼみについても検討を行った．

（3）特性の測定　5.1 節で述べたように，録音用マイクロホンの感度特性は感度が既知の計測用マイクロホンとの比較によって行うことが一般的である．ここでは**自由音場型計測用マイクロホン**との相対値により感度を測定する置換法[14]によって行った．置換法による感度特性は，測定するマイクロホンの感度を S_{test}〔dB〕，基準とする計測用マイクロホンの感度を S_{ref}〔dB〕とするとき

$$S_{test} = S_{ref} + 20\log\left(\frac{V_{test}}{V_{ref}}\right) \tag{5.11}$$

として計算される．ただし，V_{test}〔V〕および V_{ref}〔V〕はおのおの測定マイ

クロホンと計測用マイクロホンの出力電圧を示す。

測定は無響室内で行い，基準となる自由音場型計測用マイクロホンとして周波数 100 kHz までカバーする $\frac{1}{4}$ インチマイクロホン（Brüel & Kjær type 4135）を用いた。

図 **5.12** に周波数特性の測定結果を示す。図より，感度は 1 000 Hz で約 − 28〔dB re V/Pa〕であり，等価雑音レベルは約 21〔dB(A 特性)〕であった。なお，本マイクロホンではプリアンプによりレベルの増幅を行っており，実際のカプセルの感度は約 − 40〔dB re V/Pa〕である。

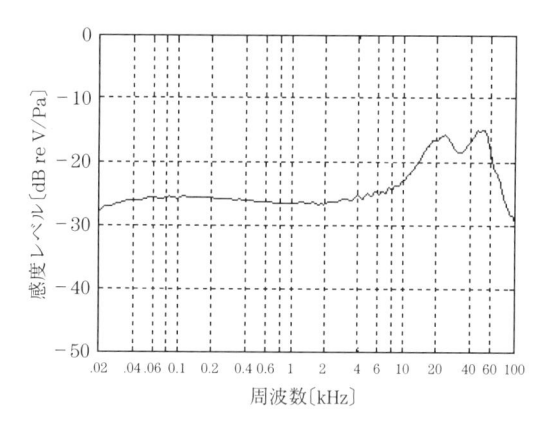

図 **5.12** 超広帯域マイクロホンの感度特性

また，固有雑音のレベルを $\frac{1}{3}$ オクターブごとに測定した結果を図 **5.13** に示す。比較のために，同じ方法で測定した $\frac{1}{4}$ インチの計測用マイクロホン（固有雑音レベルの測定値が 35〔dB(A 特性)〕）の雑音特性もプロットした。両者を比較すると，開発した超広帯域マイクロホンの固有雑音が，ほとんどの帯域で 10dB 以上低いことがわかる。

5.2 超広帯域マイクロホンの開発

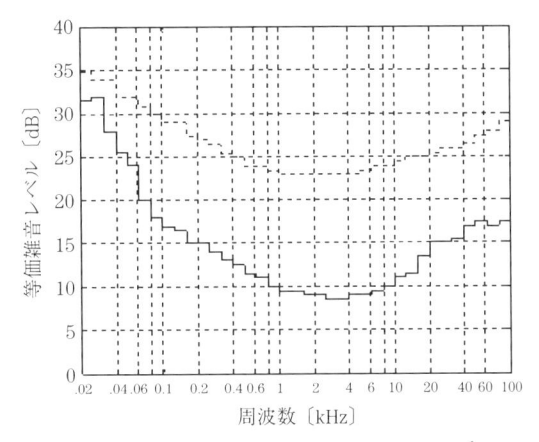

図 5.13 超広帯域マイクロホン（実線）および $\frac{1}{4}$ インチ計測用マイクロホン（点線）の固有雑音周波数特性

（4） 収音への応用 本マイクロホンは実用化され，すでに広帯域メディア用の録音マイクロホンとして，多数のパッケージソフトに使用されている。また，音楽信号を用いた 20 000 Hz 以上の成分の弁別実験[18]の音源として，広帯域音源の収音にも使われている。広帯域音源を本マイクロホンで収音した例として筑前琵琶の周波数特性例を図 5.14 に示す。

本例ではほぼ 80 000 Hz までの幅広い周波数成分を収録できていることを示している（80 000 Hz 以上の周波数帯域での振幅減衰は A-D 変換器のフィルタ

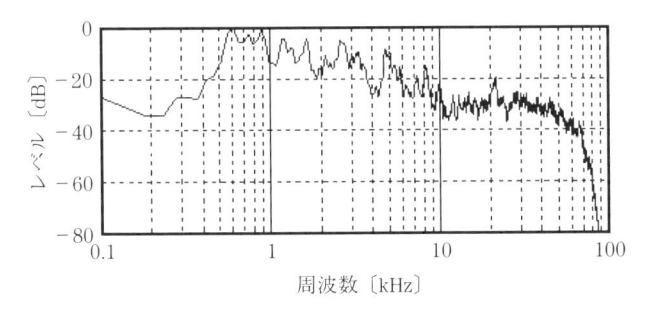

図 5.14 超広帯域マイクロホンで収音した筑前琵琶の周波数特性

特性を反映しており，実際の周波数特性はより広いものと思われる）。このような 20 000 Hz をはるかに上回る帯域を有する楽音はほかにも多く見られるが，従来の音楽録音用マイクロホンでは，このような広帯域をカバーすることは不可能であった。

（5） 今後の展望　　音楽録音の観点から，マイクロホンの広帯域化について解説し，実例を紹介した。開発したマイクロホンはすでに開発を終了し製品化が行われている一方，単一指向性マイクロホン化に向けた研究が続けられている[19]。

今回は，現段階で最も高い性能を安定して得られるコンデンサマイクロホンに関して述べたが，シリコンマイクロホンや光を利用したマイクロホンなど，新しい原理によるマイクロホンが近年進境著しい。マイクロホンの広帯域化の可能性は，マイクロホンそのものの性能向上を反映すると考えられる。今後の技術の発展が待たれる。

引用・参考文献

1) 佐藤宗純，高橋弘宜，堀内竜三，"計測用マイクロホン，"日本音響学会誌，**64**，673-678（2008）
2) 堀内竜三，藤森　威，佐藤宗純，"超低周波領域における音響標準の開発の現状，"日本音響学会誌，**62**，338-344（2006）
3) 小野一穂，"マイクロホンの広帯域化―音楽録音の観点から―，"日本音響学会誌，**64**，656-660（2008）
4) 高橋弘宜，藤森　威，堀内竜三，"空中超音波帯域における音響標準の開発，"日本音響学会誌，**65**，34-39（2009）
5) A. J. Rennie, "A laser-pistonphone for absolute calibration of laboratory standard microphones in the frequency range 0.1 Hz to 100 Hz," NPL Acoust. Rep., Ac 82（1977）
6) IEC, "Measurement microphones Part 3: Primary method for free-field calibration of laboratory standard microphones by the reciprocity technique," IEC 61094-3（1995）
7) 森　明巳，"NHK アーカイブスの構築―最先端テクノロジーはどう活かされた

か—,"日本音響学会誌, **60**, 399-404（2004）

8) 守谷健弘, "音声音響符号化における標準,"日本音響学会誌, **64**, 114-118（2008）

9) L. Beranek, "Acoustics," Wiley, New Jersey（1954）

10) G. G. Muller, R. Black and T. E. Davis, "The Diffraction Produced by Cylindrical and Cubical Obstacles and by Circular and Square Plates," J. Acoust. Soc. Am. **10**, 6-13（1938）

11) 小野一穂, 田辺逸雄, 安藤彰男, "超広帯域マイクロホンの形状に関する検討,"信学技法, EA2004-103（2004）

12) 早坂壽雄, 吉川昭吉郎, "音響振動論,"丸善（1974）

13) 溝口章夫, "指向性コンデンサ・マイクロホンの小型化の設計,"音響学会誌, **31**, 593-601（1975）

14) G. S. K. Wong and T. F. W. Embleton (editors), 'AIP Handbook of condenser microphones," AIP Press, New York（1994）

15) 小野一穂, 杉本岳大, 安藤彰男, "単一指向性超広帯域マイクロホンのカプセル設計,"信学技法, EA2008-110（2008）

16) K. Ono, T. Sugimoto, H. Tanabe, M. Iwaki, K. Kurozumi, A. Ando, and K. Imanaga, "Development of a Super-Wide-Range Microphone for Sound Recording," J. Audio. Eng. Soc., **56**, 372-380（2008）

17) 三研マイクロホン（株）, "音楽収音用超広帯域マイクの開発,"音響学会誌, **64**, 682-685（2008）

18) T. Nishiguchi, K. Hamasaki, K. Ono, M. Iwaki, and A. Ando, "Perceptual discrimination of very high frequency components in wide frequency range musical sound," Applied Acoustics, **70**, 921-934（2009）

19) 小野一穂, 杉本岳大, 安藤彰男, 野村知弘, 大嶋隆三, 今永敬嗣, "超広帯域マイクロホンの単一指向性化,"信学技法, EA2007-87（2007）

6 室内音響と超広帯域オーディオ

　スタジオやコンサートホールで，マイクロホンを用いて生演奏や歌手の歌声を録音するとき，収録される音に，その空間の音響特性が反映することは避けられない。このため，録音スタジオやホールを設計し，建設するうえで，室内音響の計測が重要な役割を果たすことになる。

　本章では，スタジオ，ホールの音響特性を大きく左右する**残響時間**の測定手法について解説し，さらに室内音響計測の周波数限界，オーディオの広帯域化に伴う室内騒音評価の課題について考察する。

6.1　スタジオ，ホールの残響時間

6.1.1　残　響　時　間

　部屋の中で音が発せられたとき，音は周囲の壁や天井で複雑に反射し続けながら減衰する。これが響きとして知覚される。響きは，コンサートホールでは豊かな音楽を演出する役割を果たし，ステージ，スタジオ，リスニングルームでは楽器やスピーカから出る音を補強する機能的な役割も果たす。この響きを表す基本的な物理指標が残響時間（reverberation time）である。本項では，残響時間について解説し，その測定法として**ノイズ断続法**（interrupted noise method）と**インパルス積分法**（integrated impulse response method）について，特にインパルス積分法の中の代表的な手法として**クロススペクトル法**（cross-spectrum method）と **TSP 法**を紹介する。

　残響時間は，音が部屋に定常的に行き渡った状態で，音を止めたときから，

音の大きさが -60 dB（1 000 000 分の 1）まで減衰するまでの時間として定義される。Sabine は，音源としてオルガンパイプを用いて Harvard 大学の Fogg Art Museum の音響特性を測定した[1]。このとき，吸音材としてクッションの数量を調整し，残響時間 T と部屋の容積 V との間に式 (6.1) が成り立つことを見いだした。

$$T = K\frac{V}{A} \tag{6.1}$$

ここで，K は比例定数で 20°C のとき $K = 0.161$ である。A は室の壁面の材料などによって音が吸収される性質を表す量で**吸音力**（**sound absorption**）と呼んだ。室内の壁面が複数の材料で構成されている場合は，それぞれの材料の**吸音率**（単位面積あたりの吸音力）α_i，材料面積を S_i とすれば，$A = \sum \alpha_i S_i$ となる。このとき A を部屋の総壁面の面積 S で割った値，$\bar{\alpha}$ は**平均吸音率**と呼ばれ $\bar{\alpha} = \dfrac{A}{S}$ で表せる。式 (6.1) からわかるとおり，残響時間はおおむね部屋の容積に比例し，壁の吸音力に反比例する。しかし，残響時間が短くなるとこの関係が成り立たなくなるため，Eyring は式 (6.2) を導いた[2]。

$$T = K\frac{V}{-S\log_e(1-\bar{\alpha})} \tag{6.2}$$

現在は式 (6.2) がよく用いられる。ここで，$\bar{\alpha}$ は前述した平均吸音率である。また，Knudsen は，**空気吸収** m を考慮して式 (6.3) を導いた[3]。

$$T = \frac{KV}{-S\log_e(1-\bar{\alpha})+4mV} \tag{6.3}$$

空気吸収は，音が空気中を伝搬するときに，媒質である空気に音のエネルギーが吸収されることによって減衰する率を表す。

ところで，残響時間には，部屋の容積や，用途が音楽用か，会議用かによってふさわしい値がある。**図 6.1** は，Knudsen らが提案した**最適残響時間**の一例である。図によれば，容積が 10 000 m^3 の音楽専用ホール（客席数 1 800 人程度）での最適残響時間は約 1.6 秒であり，同じ容積でも会議（講演）用のホールの場合は約 0.9 秒が好ましい値となっている。残響時間が長い部屋で講演を

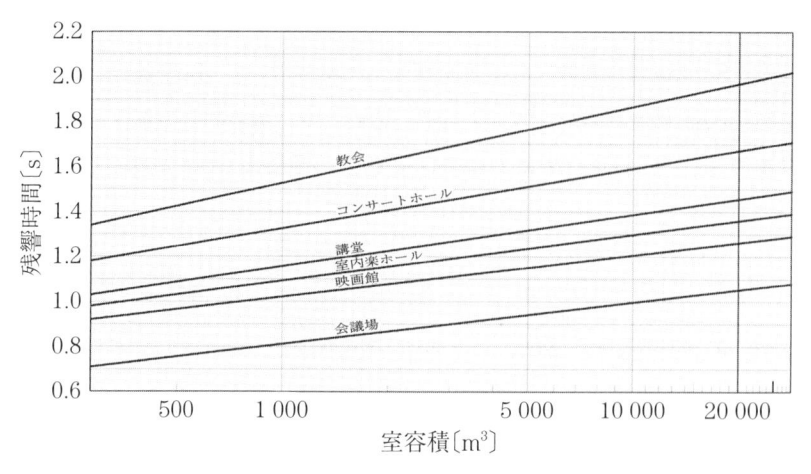

図 6.1 最適残響時間

聴くと，響きが多すぎて何を言っているのか聞き取りにくいという状態になるのはこのためである．

6.1.2 残響時間の測定

図 **6.2** にスタジオ，ホールにおける残響時間の測定の概念図を示す．図に示すように，音源として舞台上の 1 点にスピーカを設置し，ここから音を出し，客席に設置したマイクロホンにより音を観測（収音）する．

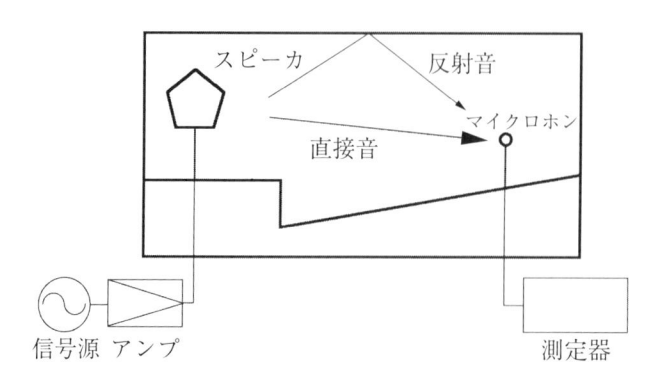

図 6.2 残響時間測定の概念図

マイクロホンには，スピーカから発せられて，直接到達する音（直接音）とともに，部屋の壁面から反射してくる音（反射音または間接音）が加わった音が収音される。スピーカからの音が途切れたとき，マイクロホンで収音される音は，すぐには途切れず，反射音による減衰が観測される。この減衰の傾きから残響時間が求められる。残響時間の測定では，一般に正12面体の各面にスピーカユニットを取り付けた12面体スピーカシステムを用いる。これは，部屋全体を励起できるよう，多方向に音を出力できるスピーカである。一方，部屋の中の直接音と，全方向から到来する反射音を収音できるよう，全指向性のマイクロホンを用いる。

6.1.3　ノイズ断続法とインパルス積分法

残響時間の測定法は，ノイズ断続法とインパルス積分法に大別される。ノイズ断続法は，ピンクノイズ（−3 dB/オクターブの減衰特性を持つ雑音）を$\frac{1}{3}$オクターブバンドの帯域通過フィルタによって帯域制限した雑音をスピーカから断続して出力し，測定点でマイクロホンによって収音された信号の電圧を記録する。帯域通過フィルタの中心周波数を低いほうから高いほうまで変化させ，測定を繰り返す。ノイズ断続法による測定の例を図 **6.3**(a) に示す。

残響時間は，音が途切れたときから大きさが−60 dB に減衰するまでの時間であるが，測定結果は図に示されるとおり，−60 dB まで減衰する前に不要な雑音成分によって折れ曲がりを生じてしまう。そこで，信号が途切れた時点からの減衰曲線に直線を当て，その直線の傾きから 60 dB 減衰するまでの点を算出して残響時間とする。この方法は，ISO（International Organization for Standardization：国際標準化機構）の ISO3382-1[4]，JIS（Japanese Industrial Standard：日本工業規格）の A 1409[5] などに採用されている。しかし，この手法には

1. 周波数ごとに雑音信号を切り替える必要があるため，測定時間が長くかかる。
2. 特に低域の減衰曲線の変動が大きいため，傾きの読取り誤差が大きくなる。

（a）ノイズ断続法

観測された減衰曲線に直線をあて，直線の傾きから残響時間を算出する。

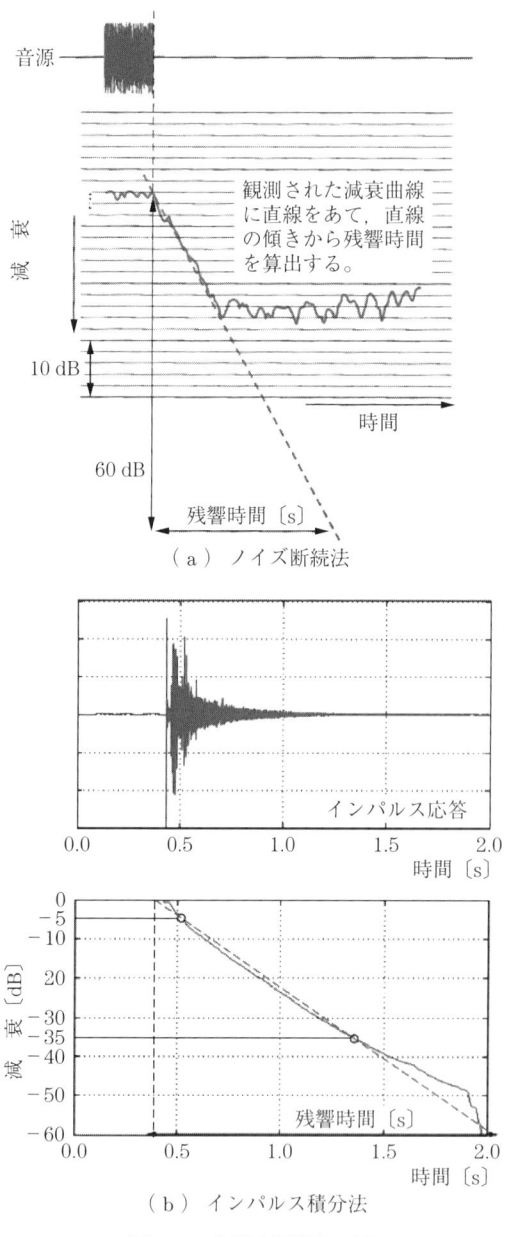

（b）インパルス積分法

図 **6.3** 残響時間測定の例

といった問題もある。ここで，2の問題は，目視で傾きを判断する場合に顕著に生じるが，減衰曲線に最小自乗法による近似直線を当てはめるという手法が用いられる。

インパルス積分法は，測定用信号としてインパルス信号をスピーカから出力し，客席に設置したマイクロホンで収音する。ここで，収音される信号を**インパルス応答**（**impulse response**）という。図 6.3(b) 上にインパルス応答の例を示す。図 6.3(b) 下にはこのインパルス応答から算出された減衰曲線を示す。これは，インパルス応答の全サンプルの自乗積分値から各サンプルの自乗値を減算して算出され，これはノイズ断続法を多数回行って得られる減衰曲線の平均値に相当する[6]。この方法は，測定時間が短く済むうえに，下記の特長を持っている。

1. インパルス信号は広帯域の周波数成分を持っているため，ノイズ断続法のように測定周波数ごとに音源を切り替えることなしに測定できる。
2. 1つのインパルス応答からは，残響時間以外にも明りょう度や音の大きさなどに対応した音響特性も同時に求められる。これは測定の高精度化，高能率化につながり，多くのデータを設計者にフィードバックすることで音響設計の高精度化にもつながる。

この方法は，ISO3382-1[4] に採用されている。しかし，この手法でも不要な雑音に影響されやすいという問題がある。スピーカから大振幅のインパルス信号を再生できればよいが，一般的にスピーカユニットのボイスコイルはインパルス信号のような瞬時的で大きな振幅を持った音を出力するのには適しておらず，測定に必要な音量を得ることが困難となる。

6.1.4　クロススペクトル法

音源信号に連続信号を用いて高精度のインパルス応答を推定する手法がクロススペクトル法である。部屋を測定系と見なして，その系の入力信号 $x(t)$ と出力信号 $y(t)$ のサンプル値列 $x(n)$ と $y(n)$ とが得られれば，インパルス応答 ($h(n)$) は，入出力信号のクロススペクトルと入力信号のパワースペクトルの比

として推定できる[7]。すなわち

$$\hat{h}(n) = IDFT\left[\frac{W_{XY}}{W_{XX}}\right] \tag{6.4}$$

ここで，W_{XY} はサンプル値系列 $x(n)$ と $y(n)$ のクロススペクトル。W_{XX} は $x(n)$ のパワースペクトルである。$IDFT$ は離散フーリエ逆変換を表す。入力にホワイトノイズを用いれば

$$\hat{h}(n) = \frac{w_{xy}(n)}{\delta_x^2} \tag{6.5}$$

となり，入出力信号のクロススペクトルを求めるだけで系のインパルス応答が求められる。図 **6.4** に示すように，系に雑音 $n(n)$ が混入しても $n(n)$ と入力 $x(n)$ とが無関係ならば入出力信号を窓関数で多数切り取って，おのおの求められるクロススペクトルを平均化することにより雑音の影響を取り除くことができる。

ここで，窓関数は求めるインパルス応答の長さに比べて十分な長さを持ち，十分な回数の平均化を行わなくてはいけない。窓関数長は，残響時間の 2 倍を目安にすればよいことがわかっている（被測定系の残響時間が 2 秒でサンプリング周波数が 48 000 Hz ならば 192 000 ポイント）[8]。

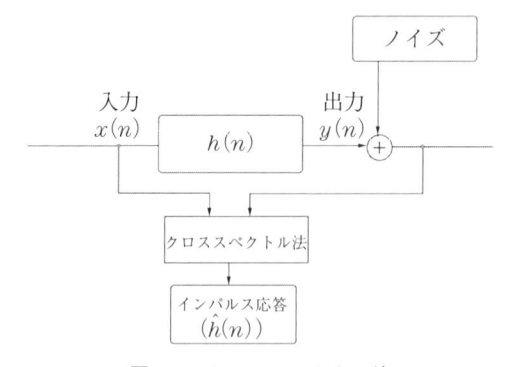

図 **6.4** クロススペクトル法

6.1.5 TSP 法

Berkhout らは，スイープ正弦波を放射し，その応答に対して放射信号の逆フィルタを畳み込んでインパルス応答を求める手法を提案した[9]。しかし，測定信号の周波数特性が不十分なこと，逆フィルタの精度の問題が残された。これに対して青島は，DFT を用いて単位サンプルの位相を円状シフトすることによる時間伸長 TSP 信号を作り出す方法を提案した[10]。作り出された信号の応答に DFT の逆数で計算した逆フィルタ (**ITSP**) を畳み込むと系のインパルス応答が求められる。青島の信号を一般化すると

$$H(k) = \begin{cases} \exp(j\alpha k^2) & k = 0, \cdots, \dfrac{N}{2} \\ \exp\{-j\alpha(N-k)^2\} & k = \dfrac{N}{2}+1, \cdots, N-1 \end{cases} \quad (6.6)$$

が得られる。ただし，$\alpha k^2 = 2mp$ である。この信号に対する ITSP 信号は，もとの TSP 信号の時間軸を逆にしたものと同じとなる。図 **6.5** に TSP 信号と ITSP 信号の時間波形を示す。

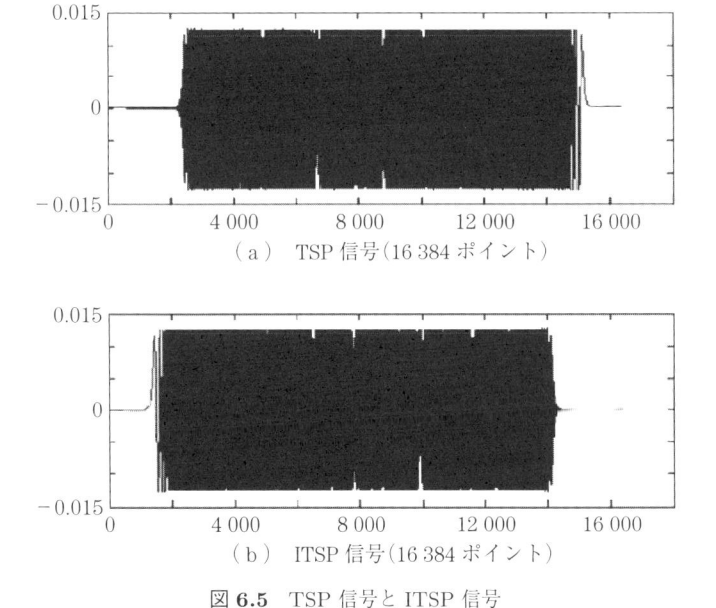

図 **6.5** TSP 信号と ITSP 信号

TSP 信号をサンプリング周波数 48 000 Hz で再生した場合は，再生帯域が 24 000 Hz までとなる．ここで，使用するスピーカにもよるが，一定の長さの TSP を用いてオクターブバンド分析を行うと，低域で十分な信号対雑音比を得ることが困難であることが多い．そこで，藤本は信号の振幅に周波数依存性を持たせた **pink-TSP** 信号を提案した[11]．この信号を用いると，低域に向かって 3 dB/オクターブの割合で信号の振幅が上昇し，信号対雑音比の改善が実現する．式 (6.7) に pink-TSP 信号の算出式を示す．

$$H(k) = \begin{cases} 1 & k = 0 \\ \dfrac{\exp[j\alpha k \log k]}{\sqrt{k}} & k = \dfrac{N}{2}+1,\cdots,N-1 \\ \dfrac{\exp[-j\alpha(N-k)\log(N-k)]}{\sqrt{(N-k)}} & k = \dfrac{N}{2}+1,\cdots,N-1 \end{cases} \quad (6.7)$$

近年では，さらに低域の信号対雑音比を向上させるために，改良された音源信号が提案されている[12),13)]．これらの手法により，得られたインパルス応答にインパルス積分法を施すことによって減衰曲線が得られ，ここから最小自乗法による近似直線を当てはめることにより，－60dB まで減衰する時間，すなわち残響時間を求める．

容積約 1 200 m^3，残響時間約 1.0 秒の音場において TSP 法とクロススペクトル法によるインパルス応答測定を行った例を紹介する．TSP 法は，2^{14} の TSP 信号を用い，3 秒間の応答を収音し，得られた信号をコンピュータに取り込み，8 回アベレージし，インパルス応答の算出を行った．クロススペクトル法は，測定信号としてホワイトノイズを 2 分間放射し，コンピュータに取り込み，1 レコード長を 2^{18} ポイントとし，シフト量を 50 000 ポイントとして，85 回のアベレージを行った．図 **6.6** に算出されたインパルス応答を示す．

得られたインパルス応答からインパルス積分法を用いて，減衰曲線を求め，ここから残響時間を算出した．結果を図 **6.7** に示す．図には，併せてノイズの断続によって測定した残響時間も示す．3 者の測定値は一致している．

(a) クロススペクトル法　　　　　(b) TSP 法

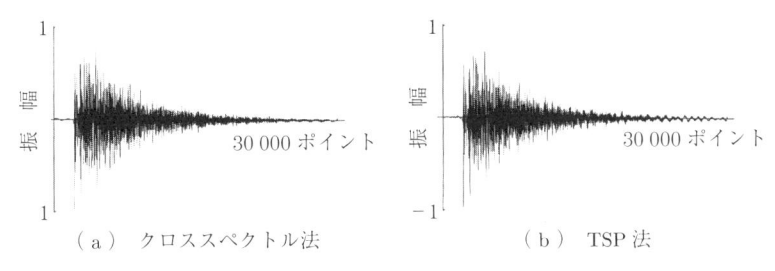

図 **6.6** 算出されたインパルス応答

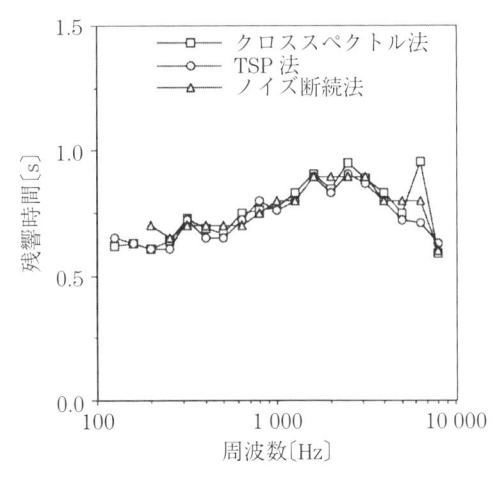

図 **6.7** 算出された残響時間

6.2 室内音響の周波数限界

6.1 節で述べたとおり，部屋の中の反射音は，空気吸収と内装壁面の吸音力の影響を受ける。残響時間の測定例においても，高域では短い値となり，これは空気吸収の影響に加えて，壁面の材料が音を吸収する割合が増加する影響が大きい。

空気吸収は，音の強さ I_0 の平面波が空気中を距離 x だけ進む間に減衰を受け強さ I となるとすると，I_0 と I との関係は

$$I = I_0 e^{-mx} \tag{6.8}$$

となる[14),15)]。ここで，m は空気吸収の減衰率であり，相対湿度に依存し，距離〔m〕の次元を持つ量である。空気吸収は，1 000 Hz 以下の周波数では無視できるが，高域ではその量も大きくなる。

また，壁面材料の吸音はヘルムホルツ共鳴体のような共鳴吸音，ベニヤ板のような板振動型吸音，スリット吸音，グラスウール等の多孔質材料によるものなどがある[16)〜19)]。このなかで，共鳴吸音，板振動型吸音，スリット吸音には，共鳴や板振動によって周波数軸上にピークを持つ吸音特性がある。共鳴吸音は，共鳴体の共鳴周波数付近で穴の部分の空気と周辺との摩擦によって音のエネルギーが消費されるもので，共鳴周波数は式 (6.9) で与えられる。

$$f_0 = \frac{c}{2\pi}\sqrt{\frac{S}{V_0(t+0.85d)}} \tag{6.9}$$

ここで，f_0 は共鳴周波数，V_0 は共鳴体の容積，S は開口の面積，d は開口の半径である（図 **6.8**）。

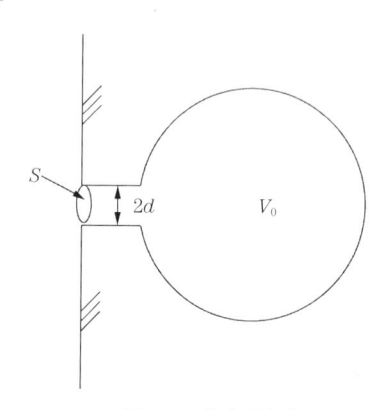

図 **6.8** 共鳴吸音体

板振動型吸音も，板振動や膜振動による内部摩擦によって音のエネルギーが消費されるもので，その吸音特性は共振周波数でピークを持つ。共鳴周波数は式 (6.10) で与えられる。

6.2 室内音響の周波数限界

$$f_0 = \frac{1}{2\pi}\sqrt{\frac{1}{m}\left(\frac{1.4 \times 10^7}{L} + K\right)} \tag{6.10}$$

ここで，f_0 は共鳴周波数，m は板の面密度，L は背後空気層の厚さ，K は板の剛性であり（図 **6.9** 参照），一般のボード類では $K = 1 \times 10^6 \sim 3 \times 10^6$ 〔kg/m$^2 \cdot$ s^2〕になることが多いとされる。

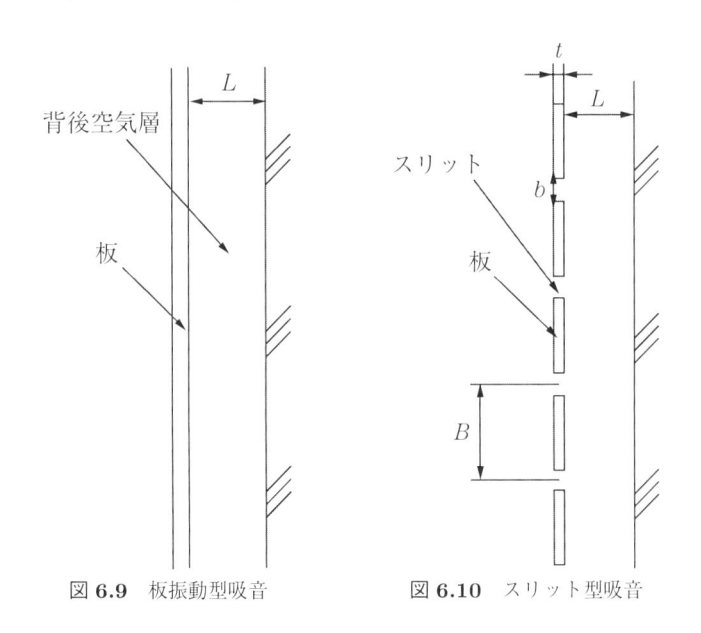

図 **6.9** 板振動型吸音

図 **6.10** スリット型吸音

スリット吸音は合板などの板状材料を目透し張り（リブ構造も同様）とし，背後に空気層をとったもので，共鳴型吸音構造の一種である。共鳴周波数は式 (6.11) で与えられる[20]。

$$f_0 = \frac{c}{2\pi}\sqrt{\frac{p}{(t-t')L}} \tag{6.11}$$

ただし

$$t' = \frac{2}{\pi}b\log_e\left(\operatorname{cosec}\frac{\pi}{2}\frac{b}{B}\right) \tag{6.12}$$

ここで，f_0 は共鳴周波数，c は音速，t は板状材料の厚さ，L は背後空気層の厚さ，p は開口の開口率，b はスリットの幅，B はスリットのピッチである（図 **6.10**）。

多孔質材料は，グラスウールなど毛細管や連続気泡を持つ材料で，種々の表面材との組合せが最も多く用いられる材料である。この材料に音が入射すると，音波はその細孔中で周壁との摩擦や粘性抵抗などによって音のエネルギーが熱エネルギーとして消費され，その吸音特性は低域で小さく，高域で大きい。

室内における音波の伝搬について考えると，高域では空気吸収と吸音率が上昇するため，伝搬経路が長い反射音の影響はより小さくなり，残響時間も短くなる。したがって，高域においては直接音が支配的になり，その場合は，室内音響の影響に比べてその場にある音響設備の特性が支配的になると考えられる。

一方，低音域においては，部屋の**固有振動**が室内音響特性の大きな要因となる。部屋の壁面が固く音を反射する直方体の場合，多数の離散的な周波数の固有振動を持ち，その周波数は式 (6.13) で与えられる。

$$f = \frac{c}{2}\sqrt{\left(\frac{n_x}{L_x}\right)^2 \left(\frac{n_y}{L_y}\right)^2 \left(\frac{n_z}{L_z}\right)^2} \tag{6.13}$$

ここで，L_x, L_y, L_z は部屋の 3 辺の長さ（図 **6.11**），c は音速，(n_x, n_y, n_z) は固有振動が生じる組合せの数である。

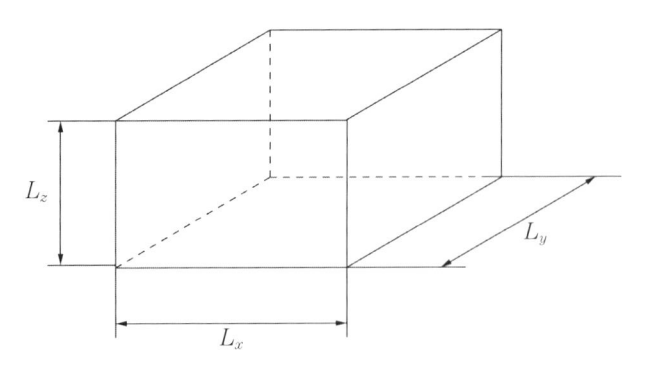

図 **6.11** 直方体の部屋

6.2 室内音響の周波数限界

　分離した周波数の固有振動を持つ部屋では，その固有振動の減衰が小さい場合，室内で音を発しても固有振動付近の周波数成分の音は大きく聞こえ，それ以外の周波数成分の音はほとんど聞こえないという現象が生じる。この現象は小さな部屋の低音域で起こりやすい。このため，スタジオの設計など小空間の部屋を設計する際には部屋の固有振動の周波数分布とその周波数特性が考慮される。

　口絵 4 は，5.1 マルチチャネルサラウンドスタジオ（床面積 55 m^2）の改修工事の際，境界要素法（BEM）によるコンピュータシミュレーションを利用して，固有振動による室内の音圧分布（63 Hz における 0 dB～50 dB の相対音圧）と周波数特性を検討した一例である[21]。

　固有振動による音圧分布は，遮音壁の形状，スピーカ配置によって変化するが，検討ではいろいろな組合せについてシミュレーションを行うのが一般的である。口絵 4(a) は，改修前の既存状態の音圧分布と周波数特性である。また，口絵 4(b) は，遮音壁の形状，スピーカ配置，部屋の中で音を聞く位置の基準となるミキシングポイントについて検討した条件の音圧分布と周波数特性である。

　口絵 4 に示す検討例の場合，主としてミキシングポイントにおける周波数特性と，部屋の中央付近の音圧に着目して室形状などが検討された。ミキシングポイントにおける，周波数特性については，既存の状態では，100 Hz 付近で L（前方左）チャネルのスピーカ，および LS（後方左）チャネルのスピーカによる音圧の上昇が見られるが，検討の結果，これらの音圧上昇が抑制されている。また，音圧分布の検討例では，既存の状態に比べて，部屋の中央付近の音圧のばらつきが減少している。

　近年，192 kHz という高いサンプリング周波数を持つオーディオフォーマットに対応する業務用の録音・編集機器が多く見られ，民生用でもブルーレイディスク（BD）などで広帯域フォーマットを再生できる機器も開発されている。また，ディジタル放送，DVD が普及し，サラウンド音響に対応したマルチチャネルスタジオや，家庭においてもサラウンドに対応したホームシアターが多く見られるようになった。

これらの音響再生機器の特性評価において，室内音響特性の周波数限界を考えると，まず，高域については，空気吸収と吸音率が上昇するため残響時間も短くなる。したがって，直接音が優勢になり，その場合は室内音響の影響に比べて音響再生機器の特性が優位になると考えられる。このため，従来の室内音響計測機器の測定周波数帯域の上限は，16 000 Hz 付近であることが多い（$\frac{1}{3}$ オクターブバンドフィルタの 16 000 Hz バンドの帯域上限は，17 960 Hz）。現在では 100 kHz の帯域まで対応する録音用のマイクロホンが開発されており，これらの高域まで対応できる機器を用いて測定し，さらに，スピーカの感度校正技術や空中超音波の音響標準に関する研究が進めば，より高域での室内音響計測，評価も期待できる。

また，低域については，特に小さな部屋で固有振動の影響が大きくなり，スタジオなど小さな部屋を設計する際には，固有振動の周波数分布を考慮する必要がある。これらの部屋を設計する際には，低域再生を受け持つサブウーハを配置する際に，室形状，内装材の配置，およびスピーカ配置などの配慮が必要となり，これらを施工前に検討するシミュレーション技術や，施工後に音響特性を評価するための測定技術のさらなる進展が望まれる。

今後，映像の大画面化，さらには 3D 映像の普及により，スタジオ，家庭といったあらゆる空間において魅力的な音響再生[22]を実現する新たな技術，音響設計手法の開発が期待される。

6.3 超広帯域オーディオと室内騒音

6.3.1 遮音の評価

オーディオコンテンツ用の音楽を録音するスタジオやホールを設計する際は，最適な残響時間を考慮するほか，特定の周波数帯域において，騒音が十分に抑えられるような設計も行われる。外部からの騒音を遮断することを遮音といい，厚い幅を持った壁面によって実現することが一般的である。この遮音のための壁面の面密度が 2 倍になれば，遮音量は 6 dB 増加し，外部騒音の周波数が 2

倍になれば遮音量は 6 dB 増加するという法則（**質量則**）が成り立つ．しかし，単一の壁面では，遮音量にも限界があり，特に，低域の騒音を遮音することは困難である．特定の周波数で遮音量が低減してしまう効果（**コインシデンス効果**）もあることから，これらを解決するために，壁を二重にする，防振ゴムを導入するなど，壁面の構造も検討する必要がある．

遮音壁の遮音性能を評価する指標として **Dr 値**（JIS A 1419-1 : 2000[23]）がある．Dr 値は，騒音源がある室内と隣室での騒音の音圧レベルの差を 125 Hz ～ 4 000 Hz においてオクターブバンド分析して求められる．Dr 値は，Dr-15 から Dr-70 まで設定されており，Dr-15 は遮音性能が低く，Dr-70 は遮音性能が高い．例えば，共同住宅において，隣戸（隣の部屋どうし）の遮音性能としては，標準で Dr-50 が規定されている．

6.3.2 騒音レベル

一方，Dr 値で規定された遮音壁を透過して，外部から入り込んでくる騒音を室内で評価する場合，騒音レベルという指標が用いられる．

音の物理的な強さは，音圧レベルで表される．音圧レベルは人が感じる音の大きさに密接にかかわるが，音圧レベルだけで音の大きさは決まらない．人の聴覚感度は周波数に依存しているため，同じ音圧の音でも，周波数が違えば大きさも異なる．

このため，騒音の評価では，音圧レベルではなく騒音レベルを用いるのである．騒音レベルは，音圧レベルを **A 特性重み関数**により補正したものである．図 **6.12** に示す A 特性重み関数は，聴覚の感度が最もよい 4 000 Hz 付近にピークを持ち，感度が悪くなる低周波数や高周波数になるほど下がる特性となっている．

騒音レベルは，一般にサウンドレベルメータで測定される．図 6.12 からわかるように，A 特性重み関数は，20 Hz ～ 20 000 Hz の範囲で定められており，数百 Hz ～ 10 000 Hz 付近までの騒音は騒音レベルに強く反映されるが，それ以外の低周波や高周波の騒音は騒音レベルにあまり反映されない．サウンドレベル

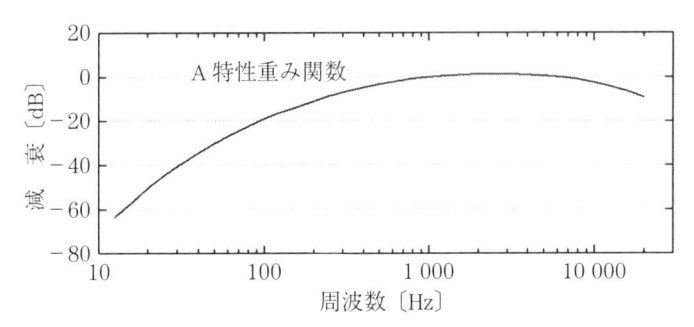

112　6. 室内音響と超広帯域オーディオ

A 特性重み関数は，20 Hz〜20 000 Hz の範囲で値が定められている。

図 6.12 A 特性重み関数

メータが 20 000 Hz 以上で図 6.12 を外挿した特性を持つとすると，30 000 Hz や 40 000 Hz に高レベルの騒音が生じていても，騒音レベル上は容易に発見できないと考えられる。周波数帯域が 90 000 Hz を超えるようなハイサンプリングオーディオを録音するなら，超音波帯域まで含めた騒音の測定，制御が求められるが，通常，サウンドレベルメータに内蔵されている $\frac{1}{2}$ インチの計測用マイクロホンで周波数帯域が 90 000 Hz に及ぶものは存在しない。

6.3.3　NC 値

騒音の量は，騒音レベルで定量的に測ることが可能だが，騒音レベルだけでは音の周波数特性まで考慮した評価はできない。平たんな周波数特性を持つ騒音なら，騒音レベル 30 dB で十分に静かだと感じても，同じ騒音レベルの純音だと耳について気になるかもしれない。

そこで，さまざまな用途に応じた室内の騒音基準として，NC（noise criteria）値が広く使用されている。NC 値は，図 **6.13** に示す騒音許容基準曲線から求められる騒音の評価値である。一般に NC 曲線と呼ばれている騒音許容基準曲線は，騒音がどのくらいの大きさに感じるかをオクターブバンドごとに調べて，同程度になるレベルを結んだものである。図に示すように NC-15，NC-20 など複数の NC 曲線が定められている。

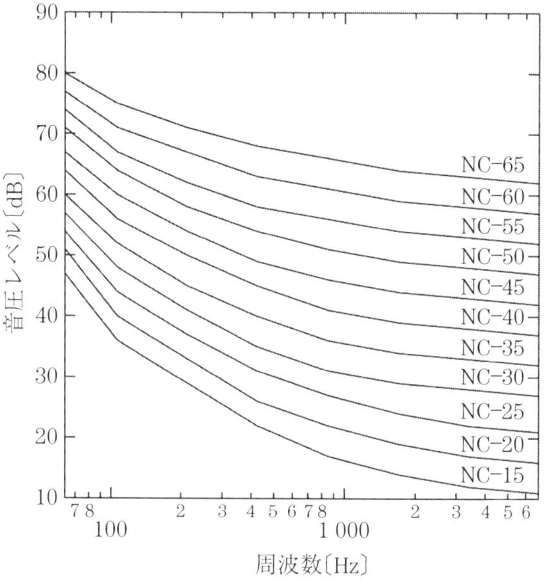

NC 値は，室内騒音の評価基準となる。例えば，NC-30 という基準を満たすには，この図に，対象となる騒音のオクターブバンドごとの音圧レベルをプロットしたとき，すべてのプロットが NC-30 のラインを下回らなくてはいけない。

図 6.13 NC 曲線

放送や録音用のスタジオでは，NC 値を 15～20 にすることが求められる[24)]。これは，暗騒音のオクターブバンドごとの音圧レベルを NC 曲線上にプロットしたとき，すべての帯域において NC-20 のラインを超えないという意味である。NC 値は，多目的ホールなら 15～25，会議室なら 20～30 など用途に応じて推奨値が異なり，NC 値が小さいほど静寂さが求められる。

NC 値は，オクターブバンド分析された騒音のうち，最も耳につきやすいバンド成分で決まるため，急しゅんなスペクトルピークを持つ騒音とそうでない騒音では，NC 値が同じでも騒音レベルは異なる。

図 6.13 に示したとおり，NC 曲線は，7 000 Hz 付近まで定められている。これはオクターブバンドにすれば 4 800 Hz～9 600 Hz に対応する周波数帯域までである。もし，最も耳につく成分が 10 000 Hz 以上の高域にある場合は，こ

のNC値で評価することは難しい。また，かりにNC曲線が超音波帯域まで定められていたとしても，高周波数になるほど，オクターブの周波数範囲が広くなるため，オクターブバンドごとの音圧レベルで評価する手法では，急峻なスペクトルピークが過小評価されるであろう。

さらに，耳につきやすさという観点で考えるなら，20 000 Hzを超える超音波帯域では，音圧が90 dB近くの騒音でも，ほとんど耳につかないため，NC曲線自体を定めることが不可能に近い。

超広帯域のオーディオ信号を収録，再生する部屋（スタジオなど）の騒音基準を考えると，従来の基準や手法を当てはめるだけでは対応が困難である。多くの電子機器が配線されたスタジオでは，超音波帯域の雑音が生じる可能性もあるが，これらの雑音が生じていても，人の耳では検知されず，知らず知らずのうちに雑音として記録（録音）されてしまうことも予測される。このような問題を防ぐために，広帯域の信頼できる録音機器で録音し，分析して超音波帯域の雑音を見つける手法が有効と思われる。

6.4 再 生 環 境

リスニングルームの評価は，ユーザの嗜好に大きく委ねられるので，ここでは深く掘り下げないが，ここでは，オーディオ周波数帯域の拡張に対応するために考慮すべき点について簡単に述べる。

録音環境であるスタジオ，ホールの残響を左右する要素の多くは，再生環境にも当てはめられる。録音環境と同様，再生環境でも低周波では部屋の固有振動が影響を及ぼす。このため，オーディオ信号を可聴周波数の低域限界付近まで再生するなら，室形状，内装材，ウーハの配置に配慮する必要がある。

周波数が高くなるほど反射音が少なくなるため，直接音が支配的になることはすでに述べたが，このことも音楽を収録する場面だけでなく，再生環境にも当てはまる。スピーカの周波数特性は，通常，残響がほとんどない無響室で計測されるが，実際のリスニングルームには適度な残響がある。したがって，オー

ディオ信号をスピーカで再生する場合，聴取位置においては，間接音が豊富な低域に比べて高周波になるほど相対的なレベルが低くなることが考えられる。

また，音波は高周波になるほど回折しにくくなり直進性が増すため，スピーカの軸上（on axis）とそれ以外（off axis）の位置での特性差も顕著になる。高周波になるほど指向性が強くなるためである。この結果，聴取位置がスピーカの軸上から離れていると，超音波のレベルはかなり低くなってしまう可能性がある。周波数帯域が 100 kHz に達するスピーカを使用していても，残響や指向性の周波数依存性によって，聴取者の耳もとでの特性はそれほど高域まで伸びていないかもしれない。

空中で 10 000 Hz の音の 1 波長はおよそ 34 mm であり，100 kHz では 3.4 mm となる。そのような波長の短い音波にとっては，頭部はもちろん，耳介や外耳道形状の影響も無視できない。スピーカの軸上での周波数特性と聴取者の外耳付近，さらに鼓膜上での周波数特性には，特に高周波ほど顕著な差が生じると考えられる。

このような問題を考えると，100 kHz にも迫る超広帯域オーディオを実際の聴取位置で，いかにして忠実に再生するのかは，興味深い課題である。

超広帯域オーディオ用のコンテンツを制作するには，従来よりも広い帯域にわたる室内騒音基準を整備する必要がある。さらにリスニング環境における周波数特性を把握する方法を確立することも重要になる。第 5 章で紹介したとおり，20 000 Hz から 100 kHz の空中超音波帯域における音響標準の確立に向けた取組みが進められており，録音用の超広帯域マイクロホンも実用化されている。これらの技術や機材を活用した今後の取組みに期待する。

引用・参考文献

1) W. C. Sabine, "Collected papers on acoustics," Cambridge Harvard University Press（1927）
2) C. F. Eyring, "Reverberation time in "dead" rooms," J. Acoust. Soc. Am.,

1, 217-241（1930）

3) V. O. Knudsen, "Absorption of sound in air, in oxygen, and in nitrogen-effects of humidity and temperature," J. Acoust. Soc. Am., **5**, 112-121（1933）

4) ISO, "3382-1 Acoustics - Measurement of the reverberation time of rooms with reference to other acoustical parameters," ISO 3382-1（1997）

5) JIS, "残響室法吸音率測定," JIS A 1409（1998）

6) M. R. Schroeder, "New Method of Measuring Reverberation Time," J. Acoust. Soc. Am., **37**, 409-412（1965）

7) 城戸健一, "ディジタル信号処理入門," 丸善（1985）

8) 池沢　龍, 大久保洋幸, 三本浩介, 田辺逸雄, 西　司, "クロススペクトル法の推定精度について," 音講論集, 859-860（1994.3）

9) A. J. Berkhout, D. de Vris, and M. M. Boone, "A new method to acquire impulse responses in concert halls," J. Acoust. Soc. Am., **68**, 179-183（1980）

10) N. Aoshima, "Computer generated pulse signal applied for sound measurement," J. Acoust. Soc. Am., **69**, 1484-1488（1981）

11) 藤本卓也, "低域バンドでのSN比改善を目的としたTSP信号に関する検討 -高調波歪の除去-," 音講論集, 555-556（2000.3）

12) 森勢将雅, 入野俊夫, 坂野秀樹, 河原英紀, "暗騒音に頑固なインパルス応答測定用信号の設計手法," 信学技報, EA2004-44（2004）

13) F. Satoh, J. Hirano, S. Sakamoto, and H. Tachibana, "Sound insulation measurement using a long swept-sine signal," Proc. ICA 2004, **V**, 3385-3388（2004）

14) E. J. Evans, and E. N. Bazley, "The absorption of sound in air at audio frequencies," ACUSTICA, **6**, 238-245（1956）

15) C.M. Harris, "Absorption of sound in air in the audio frequency range," J. Acoust. Soc. Am., **35**, 11-17（1963）

16) 前川純一, "建築・環境音響学," 共立出版（1990）

17) 日本音響学会編, "建築音響," コロナ社（1988）

18) H. Kuttruff, "Room Acoustics Fourth Edition," Spon Press（1991）

19) 飯田一嘉, 大橋心耳, 岡田　健, 麦倉喬次（編）"現場実務者と設計者のための実用騒音・振動制御ハンドブック," エヌ・ティー・エス（2000）

20) 松井昌幸, "音響材料（上），" 彰国社（1959）

21) Y. Satake, K. Makino, Y. Sakiyama, H. Tsuru, A. Fukuda, R. Ono, K.

Uchimura, J. Mikami, M. Otani, and I. Sawaya, "Acoustic design of NHK HD-520 multichannel post-production studio," Proc. AES 127th Convention, #7933 (2009)

22) 泉 武博監修, "3次元映像の基礎," オーム社 (1995)
23) "建築物及び建築部材の遮音性能の評価方法-第1部:空気音遮断性能," JIS A 1419-1 (2000)
24) 中島平太郎, "オーディオに強くなる," 講談社 (1973)

7 オーディオ信号の劣化およびその計測

マイクロホンを通して収録された信号は，ディジタル信号に符号化され，メディアに記録される。記録されたオーディオ信号は，D-A 変換，増幅，電気 - 音響変換を経て再生される。ディジタル化された信号のやりとりにおいては，よほどのことがない限り，データが劣化することはないが，A-D 変換，D-A 変換，増幅，電気 - 音響変換，およびアナログ信号伝送の各工程では，多かれ少なかれ信号は劣化する。高品質のオーディオ機器を設計するには，この劣化の程度や特性を把握することが不可欠となる。

7.1 雑音とひずみ

オーディオ CD に記録されている信号には，理論上およそ 22 000 Hz の周波数帯域と約 98 dB のダイナミックレンジがある。しかし，信号が記録されているとおり忠実に再生されるわけではない。

音質劣化の要因の一つは雑音である。D-A 変換器もアンプも電力を消費しており，電気的な雑音を発生する。スピーカは振動板を動かして音を発生させるが，この振動は筐体などにも伝わり雑音を生じる。そのほかにも熱雑音や誘導雑音などが信号を劣化させる。もう一つの要因はひずみである。ひずみには線形ひずみと非線形ひずみがある。

CD-DA などのメディアに記録されている信号を忠実に再生するには，オーディオ再生システムの周波数応答が平たんでなくてはならない。つまり，周波数帯域内のすべての周波数成分が同じ比率で音響信号に変換されなくてはなら

ない。そうでないと，特定の周波数成分がほかの成分よりも強くなったり弱くなったりする。また，特定の周波数成分の位相がほかの成分の位相に対して進んだり遅れたりするのも音質劣化となる。周波数応答が平たんでないことによる波形の変化を線形ひずみという。

線形ひずみにおいては，信号にもともと含まれている周波数成分間のレベルや位相が相対的に変化するだけである。これに対し，信号にもともと含まれていなかった周波数成分が発生する場合，これを非線形ひずみという。非線形ひずみの代表格は，入力信号の周波数の整数倍の周波数成分が発生する，いわゆる高調波ひずみである。

再生の過程で生じる音質劣化の特性は使用する機器によって異なる。この違いがオーディオ機器の個性を生むともいえる。7.2 節では，A-D/D-A 変換器を中心に，オーディオ機器においてどのくらい音質が劣化するのかを物理的に評価する代表的な手法について述べる。

7.2 オーディオ機器の測定

7.2.1 信号対雑音比

信号がない（無音の）とき，オーディオ機器の内部雑音がどれだけ少ないかを評価する指標が信号対雑音比（**signal to noise ratio**: SN 比）である。D-A 変換器における信号対雑音比の定義は，基準信号レベルと無信号時のノイズレベルとの比であり，基準信号とはフルスケールの 1 000 Hz 正弦波である。図 7.1 は JEITA CP-2402[1] に定められた CD プレーヤの信号対雑音比（聴感補正あり）測定のブロック図である。ここで，測定する帯域は 20 000 Hz までとされており，低域通過フィルタで 20 000 Hz 以上を除去する必要がある。1 000 Hz の正弦波をフルスケールで再生したときの出力レベルと，信号を再生していないとき（無信号時）の出力レベルを測定し，比較するのである。

人の聴覚感度は周波数によって異なる。図 7.1 において聴感補正フィルタが使用されているが，これは平均的な健常者の聴覚感度の周波数特性を模擬した

120   7. オーディオ信号の劣化およびその計測

```
[D-A 変換器] → [20 kHz 低域通過フィルタ] → [聴感補正フィルタ] → [レベルメータ]
  f = 1 kHz
  0 dB, −∞
```

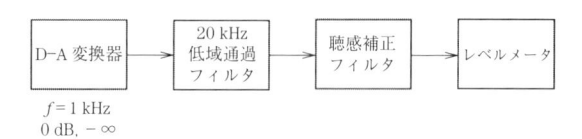

1 000 Hz の正弦波をフルスケール (0 dB) で再生したときと無音 (−∞) 時の D-A 変換器の出力レベルを比較する。測定する帯域は 20 000 Hz までであり，20 000 Hz を超える成分は低域通過フィルタで除去する。聴感補正を行う。

図 7.1　信号対雑音比の測定

フィルタである。聴感補正を行うことにより，聴感上影響の小さい帯域に比べて影響の大きい帯域の関与を大きくするのである。

7.2.2　THD+N

オーディオ CD における量子化雑音は，通常のリスニング環境では重大な問題にはならないと考えられる。しかし，実際の A-D 変換器や D-A 変換器のダイナミックレンジは量子化雑音だけで決まるわけではなく，デバイス自体の内部雑音が加わるので，実際には全高調波ひずみと雑音の和を測定して求めなくてはならない。全高調波ひずみと雑音の和は **THD+N**（**total harmonic distortion + noise**）と表示される。通常は，フルスケールの正弦波を再生し，**全高調波ひずみ率計**で測定する。

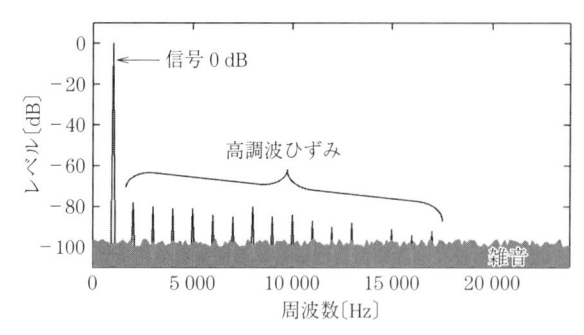

正弦波信号を再生したときに測定帯域内に生じる高調波ひずみと雑音の和を THD+N と表す。

図 7.2　THD+N

7.2 オーディオ機器の測定

信号と高調波ひずみ，雑音を模式的に示したのが図 7.2 である．図 7.3 は THD+N 測定のブロック図である．全高調波ひずみ率計は入力される信号の実効値 V_{total} と入力される信号から基準信号成分を除去した残りの信号の実効値 V_N を求める．THD+N は

$$\text{THD} + \text{N} = \frac{V_N}{V_{total}} \times 100\% \tag{7.1}$$

として表される[2]．オーディオ周波数帯域におけるオーディオ用 D-A 変換器の THD+N は現状で，0.001%程度である．

```
 ┌─────────┐   ┌─────────┐   ┌─────────┐
 │ D-A 変換器 │──→│ 20 kHz  │──→│ THD + N │
 │         │   │ 低域通過 │   │  分析器  │
 │         │   │ フィルタ │   │         │
 └─────────┘   └─────────┘   └─────────┘
  f = 1 kHz
```

1 000 Hz の正弦波信号を再生したときに測定帯域内に生じる高調波ひずみと雑音の和を測定する．測定帯域は 20 000 Hz までなので，低域通過フィルタで不要な帯域を除去する．

図 7.3 THD+N の測定

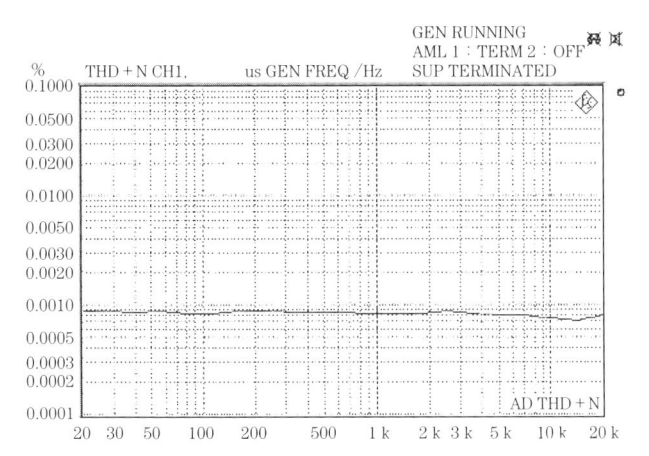

A-D 変換器でフルスケールの正弦波を再生したときの THD+N を測定し，正弦波の周波数の関数として表示したもの．

図 7.4 THD+N の測定結果例

IECでは，正弦波の周波数を1 000 Hzとしているが，振幅が一定でさまざまな周波数の正弦波を用いることにより，図 **7.4** に示すようにTHD+Nを信号周波数の関数として表すことができる。この図は，20 Hz～20 000 Hzのさまざまな周波数の正弦波をA-D変換器で，フルスケールで発生させたときのTHD+Nをオーディオアナライザ（Rohde & Schwarz UPD）で計測した結果である。

THD+Nにより，フルスケールの正弦波を再生するときに生じる雑音と非線形ひずみを評価することができる。線形ひずみを評価する手法としては，後述の周波数特性，**群遅延時間**などが用いられる。

7.2.3　ダイナミックレンジ

4.1.1項で述べたとおり，理想的なディジタルオーディオ信号におけるダイナミックレンジは，量子化ビット数から式 (4.2) で求められる。量子化ビット数 24 のハイビットオーディオのダイナミックレンジは理論上，146 dB となる。

しかし，ディジタルオーディオ信号を実際に再生すると，再生機器の内部雑音などによって，ダイナミックレンジは制限される。そこで，ディジタルオーディオ機器の仕様に記載されるダイナミックレンジは，EIAJ（日本電子機械工業会）により，フルスケールの基準信号に代えて−60 dB の 1 000 Hz 正弦波を再生し，THD+Nと同様の測定を行って得られたdB値の絶対値に60を加えたものと定められている[1]。ただし，聴感補正を行う。信号対雑音比が量子化雑音を含まない無信号時の雑音を測定するのに対し，ダイナミックレンジは微小なレベルの信号を再生しているときに生じるひずみと雑音の和を測定するものであり，量子化雑音も含まれる。

7.2.4　入出力直線性

システムへの入力信号の振幅だけを徐々に変えていき，入力信号レベルと出力信号レベルの関係を，横軸を入力信号のレベル，縦軸を出力信号のレベルとして表すと，図 **7.5** のようなグラフを得ることができる。左はA-D変換器，右

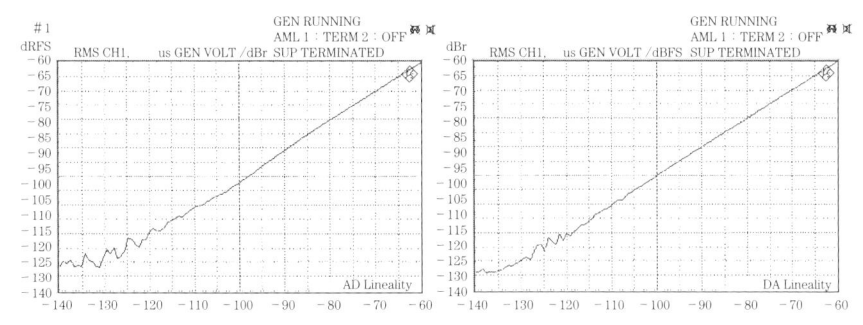

D-A 変換器の入出力直線性測定結果の一例（左）と A-D 変換器の入出力直線性測定結果の一例（右）。20 Hz～20 000 Hz において，変動は 0.5 dB 未満である。

図 **7.5**　D-A および A-D 変換器の入出力直線性の測定結果例

は D-A 変換器の測定結果である．この特性は**入出力直線性**と呼ばれるもので，通常，縦横ともに dB として表される．図の例では，-100 dB 付近以下で変換誤差の影響を観測できる．

7.2.5　周 波 数 特 性

A-D 変換，D-A 変換，電気 - 音響変換，増幅などの過程において，周波数ごとのレベルに明らかな差があると線形ひずみによる劣化が生じる．そこで各種オーディオ機器において，周波数ごとのレベルの偏差を測定する．具体的には，レベルは一定で，周波数が時間とともに変化する信号（周波数掃引信号）を再生し，オーディオ機器の出力信号を周波数分析する．線形ひずみが十分に小さい理想的なシステムなら出力信号にもレベルの変動はないはずである．しかし，特にスピーカなど電気 - 音響変換器においては大きなレベル変動が観測される．通常は 1 000 Hz における出力信号のレベルを 0 dB とし，他の周波数のレベルが 1 000 Hz のレベルから何 dB 変化しているかを表示する．

図 **7.6** に D-A 変換器（左）および A-D 変換器（右）の振幅 - 周波数特性例を示す．周波数特性は，A-D 変換器では pre-filter，D-A 変換器では post-filter の特性で決まる．近年の A-D，D-A 変換器はオーバーサンプリング技術（2.2

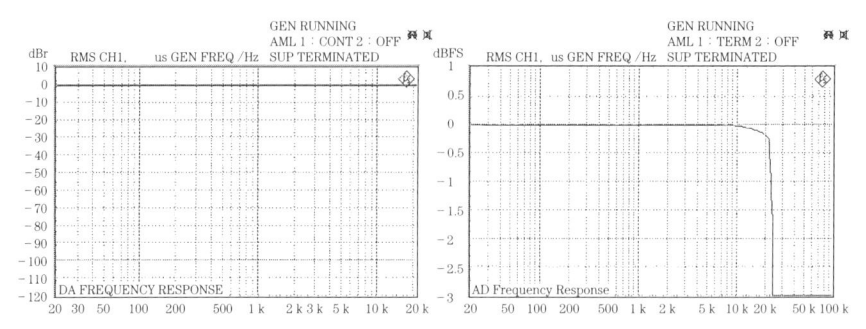

D-A 変換器の周波数特性測定結果の一例（左）と A-D 変換器の周波数特性測定結果の一例（右）。20 Hz〜20 000 Hz において，変動は 0.5 dB 未満である。

図 7.6 D-A および A-D 変換器の周波数特性例

節参照）を採用しており，アナログフィルタの遮断周波数は，ナイキスト周波数よりも十分に高く設計されている。このため，ナイキスト周波数以下における振幅および位相特性は非常に優れている。

7.2.6 群遅延時間

オーディオ機器に信号が入力されてから出力されるまでに要する時間（遅延時間）を信号の周波数ごとに求めて，1 000 Hz の遅延時間を基準として表したものを群遅延時間という。たとえ遅延時間が大きくても，周波数間で差がなければ，信号が出力されるまでに要する時間は長くなるが信号の波形は変化しない。この場合，線形ひずみは生じないので音質は劣化しない。これに対し，周波数ごとに遅延時間が異なっていると入力信号と出力信号の波形も異なり，線形ひずみが生じたことになる。具体的にはパルス信号を再生し，出力された信号を周波数分析することによって周波数ごとの位相を求めるのが一般的な方法である。信号の周波数 f と周期 T には

$$T = \frac{1}{f} \tag{7.2}$$

の関係があり，周期 T は 2π の位相に相当することから，求められた位相を遅延時間に換算できる。

オーディオ機器の物理特性の評価には，上記以外にも，**混変調ひずみ率**やチャ

ネルセパレーション，クロストークなどがある[2]。

7.3 超広帯域オーディオ計測の問題

7.2節では，ディジタルオーディオ録音・再生装置の心臓ともいえるA-D/D-A変換器の特性を測定する方法について述べた。しかし，これらの多くは，CDプレーヤを想定して決められている。信号対雑音比（7.2.1項）でも，THD+N（7.2.2項），ダイナミックレンジ（7.2.3項）でも，1 000 Hz正弦波を基準信号として，20 000 Hzまでを測定する。これ以上の周波数は低域通過フィルタで除去している。

信号対雑音比やダイナミックレンジの測定では聴感補正も行われる。人の聴覚を模擬するための聴感補正だが，超音波帯域の補正量は定められていない。

聴感補正は，**等ラウドネス曲線**をもとに定められており，等ラウドネス曲線は，異なる周波数の純音が，同じ大きさに感じられる音圧レベルを等高線のようにつないだものである。このため，純音に対する等感曲線とも呼ばれる。

第9章で述べるが，超音波帯域の純音は，非常に強い音でない限り人には聞こえない。したがって，超音波帯域も含めた等ラウドネス曲線を求めることができたとしても，それをもとにした聴感補正を行うと，超音波はほとんど除去されることになる。超音波の純音は，知覚上，人にとって，ほとんど意味のない音だからである。

つまり，聴感補正を考慮してディジタルオーディオの測定を行うと，超音波帯域の特性は意味がないことになり，ハイサンプリングオーディオの存在自体が疑問になってしまう。また，聴感補正を行わず，観測する帯域も100 kHzまで広げてスーパーオーディオCDプレーヤのダイナミックレンジを測定すると，4.4節で見たように超音波領域の大量の量子化雑音によって，ダイナミックレンジは，CDプレーヤよりも低い値になるだろう。

このように，従来のCD-DAを想定した測定方法で超広帯域オーディオ対応

機器の特性を測定し，評価するのは無理である．BDの規格には，サンプリング周波数192 kHz, 24ビット量子化で，6チャネルのマルチチャネルオーディオが含まれている[3]．超音波帯域まで含めた測定，評価の方法を明確にする必要がある．

7.4 トランスデューサの線形性

7.4.1 線形ひずみと非線形ひずみ

スピーカやヘッドホンは，電気信号波形を音響波形に変換する電気‐音響変換器である．電気信号から音響信号への変換過程では，電気‐音響変換器に入力される信号の波形ができるだけ変形することなく，音響波形に変換できることが望ましい．しかし，実際には変換過程で波形は変形する．変形の原因は雑音とひずみである．ひずみとは，振幅以外のあらゆる波形の変化を意味するものであり，線形ひずみと非線形ひずみに大別される．

CD-DAなどのメディアに記録されている信号を忠実に再生するには，オーディオ再生システムの周波数応答が平たんでなくてはならない．つまり周波数帯域内のすべての周波数成分が同じ比率で増幅された音響信号に変換されなくてはならない．そうでないと特定の周波数成分がほかの成分よりも強くなったり弱くなったりする．また特定の周波数成分の位相が他の成分の位相に対して進んだり遅れたりするのも音質劣化となる．周波数応答が平たんでないことによる波形の変化を線形ひずみという．

7.1節でも述べたように，線形ひずみにおいては，信号にもともと含まれている周波数成分間のレベルや位相が相対的に変化するだけである．これに対し，信号にもともと含まれていなかった周波数成分が発生する場合，これを非線形ひずみという．線形なシステムでは，出力信号のレベルは，入力信号のレベル変化にほぼ比例して変化するが，非線形なシステムでは，出力レベルが入力レベルの変化に比例して変化しない．

電気‐音響変換器の出力レベルは，通常，入力レベルの増加に比例して増加

するが，あるレベルに達すると，それ以上入力レベルが増加しても，出力レベルは増加しなくなる．その結果，出力波形の形状が入力波形の形状と異なってくるとともに，入力信号に含まれていなかった周波数成分が観測される．そのような周波数成分は非線形ひずみと呼ばれる．このような電気 - 音響変換器は，入力レベルがある範囲内にあれば，ほぼ線形に振る舞うが，その範囲を超えると非線形に振る舞う．

　線形なシステムに単一周波数の正弦波が入力されると，正弦波の振幅と位相は変わることがあっても，ほかの周波数成分が生じることはない．これに対し，非線形なシステムに正弦波が入力されると，出力信号には，入力された正弦波以外の周波数成分が観測される．信号の周波数の整数倍の周波数成分が発生する**高調波ひずみ**は非線形ひずみの代表的なものだが，ほかにも**低調波ひずみ**，混変調ひずみ，ドップラひずみなどが音質劣化をもたらす．

7.4.2　高調波ひずみ

　電気 - 音響変換器に正弦波を入力したとき，おそらく最も容易に観測できる非線形ひずみは入力された正弦波の周波数の整数倍に相当する周波数成分である．図**7.7**（上）は，周波数 1 000 Hz の正弦波のスペクトルである．サンプリング周波数 44 100 Hz，量子化ビット数は 16 である．この 1 000 Hz の正弦波を D-A 変換し，アクティブスピーカ（ONKYO GX-D90）で再生し，スピーカの前方 1 m の位置で録音された音のパワースペクトルが図 7.7（下）である．録音位置での音圧は 70 dB である．入力信号には含まれない 2 000 Hz および 3 000 Hz にひずみが生じていることがわかる．このように入力信号の周波数 f_0 の整数倍に発生するひずみを高調波ひずみあるいは倍音ひずみという．n を整数とし，nf_0〔Hz〕の成分を n 次高調波という．

　ここで，スピーカから出力される信号の音圧を 20 dB 大きくしたときに観測されたパワースペクトルが図**7.8**である．2 次高調波，3 次高調波に加えて，5 次，7 次，9 次高調波などが観測できる．図 7.7 の下図と比べると，信号のレベルは 20 dB 増加しただけだが，2 次高調波や 3 次高調波は，明らかに 20 dB 以

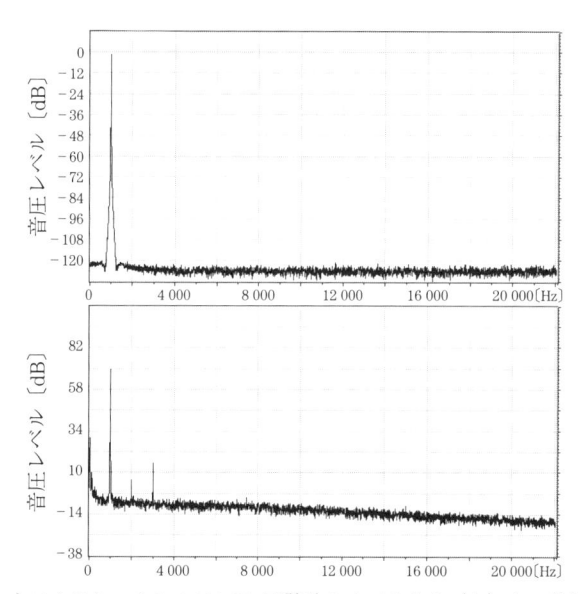

16 ビットフルスケールの 1 000 Hz 正弦波のスペクトル（上）と，それを再生し，スピーカの前方 1 m で録音した信号のパワースペクトル（下）。録音位置での音圧は 70 dB。3 000 Hz に音圧が 15 dB 程度の高調波ひずみを観測できる。

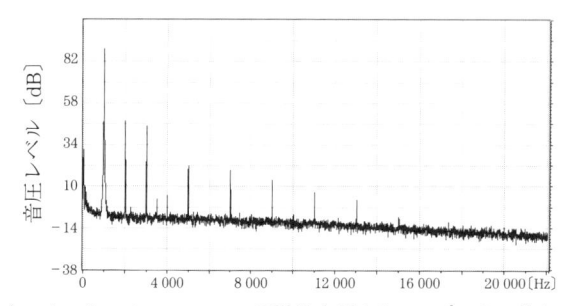

図 **7.7** 高調波ひずみの例 1

16 ビットフルスケールの 1 000 Hz 正弦波を再生し，スピーカの前方 1 m で録音した信号のパワースペクトル。録音位置での音圧は 90 dB。図 7.7 に比べてはるかに大きなひずみが生じている。

図 **7.8** 高調波ひずみの例 2

上増加している。

7.4.3 混変調ひずみ

同時に二つ以上の正弦波信号を非線形なシステムに入力すると，しばしば高調波ひずみ以外のひずみが現れる。入力される二つの正弦波信号の周波数を f_1〔Hz〕, f_2〔Hz〕とすると，$f_2 - f_1$〔Hz〕, $2f_1 - f_2$〔Hz〕, $2f_2 - f_1$〔Hz〕といった周波数に観測されるひずみを混変調ひずみという。混変調ひずみの周波数は，m と n をそれぞれ整数として，$mf_1 \pm nf_2$〔Hz〕と表せる。$m + n$ がひずみの次数であり，$2f_1$〔Hz〕や $2f_2$〔Hz〕の高調波ひずみは 2 次のひずみ，$2f_1 - f_2$〔Hz〕, $2f_2 - f_1$〔Hz〕, $2f_1 + f_2$〔Hz〕および $2f_2 + f_1$〔Hz〕の混変調ひずみは 3 次のひずみである。混変調ひずみの例を図 **7.9** に示す。

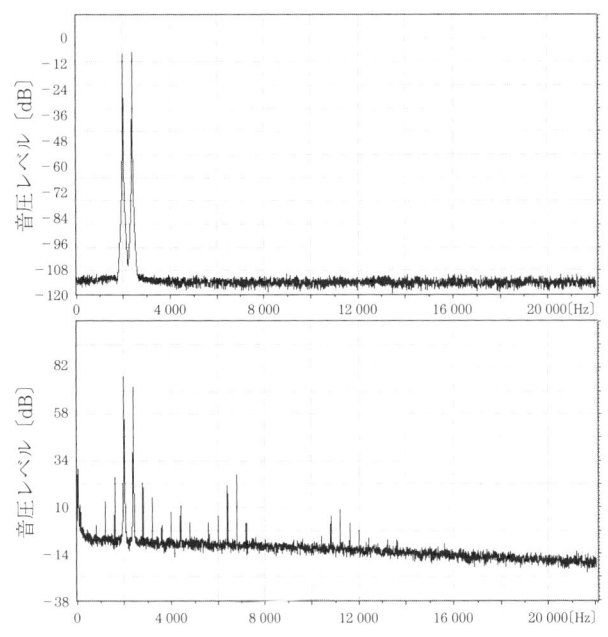

2 000 Hz と 2 400 Hz の正弦波が合成された原信号のスペクトル（上）と，それを再生し，スピーカ（ONKYO GX-D90）の前方 1 m で録音した音のパワースペクトル（下）。録音位置での音圧は 80 dB。

図 **7.9** 混変調ひずみの例

図 7.9（上）に示す 2 000 Hz と 2 400 Hz の正弦波の合成信号をスピーカ（ONKYO GX-D90）から 1 m の位置で音圧が 80 dB になるように再生したとき，観測されたパワースペクトルが図 7.9（下）である．この例で最も顕著なひずみは，3 次の混変調ひずみ，すなわち，1 600 Hz（$2f_1 - f_2$），6 800 Hz（$f_1 + 2f_2$），2 800 Hz（$2f_2 - f_1$）および 6 400 Hz（$2f_1 + f_2$）である．

CD プレーヤにおいて，混変調ひずみ率の測定は，7 000 Hz の正弦波と，その 4 倍の振幅を持つ 60 Hz の正弦波を同時に再生し，出力信号中の 7 000 Hz の信号の実効値に対する，混変調ひずみの総和の実効値の比率を求めるものとされている[1]．

7.4.4 その他の非線形ひずみ

非線形なシステムでは，高調波ひずみや混変調ひずみ以外にもひずみが観測される場合がある．電気-音響変換器に単一の正弦波信号が入力され，入力レベルがシステムの最大許容レベル付近を超えると，入力信号の周波数の整数倍以外にも，さまざまな周波数のひずみ成分が発生することがある．

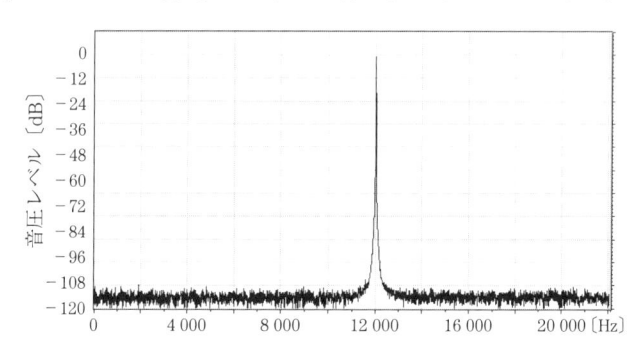

サンプリング周波数 44 100 Hz，量子化ビット数 16 で作成された 12 000 Hz の正弦波信号のスペクトル．

図 7.10 12 000 Hz 正弦波のスペクトル

図 **7.10** に示す 12 000 Hz の正弦波を再生し，スピーカの前方 1 m の位置で観測したパワースペクトルを図 **7.11**（右）に示す．左図は，同じ位置で録音された暗騒音のパワースペクトルである．録音位置での純音の音圧は 90 dB であ

7.4 トランスデューサの線形性

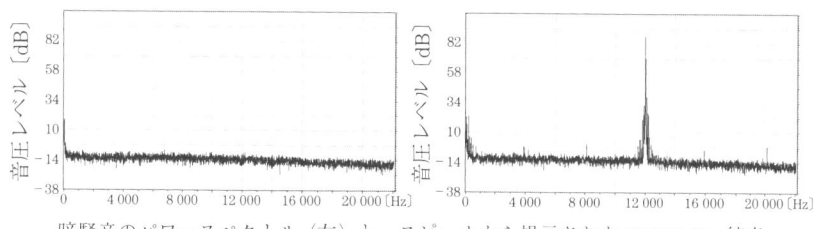

暗騒音のパワースペクトル（左）と，スピーカから提示された 12 000 Hz 純音のパワースペクトル（右）。純音のパワースペクトルは，スピーカの前方 1 m で観測されたものであり，録音位置での音圧は 90 dB であった。4 000 Hz, 8 000 Hz, 16 000 Hz, 20 000 Hz 付近に 0 dB 程度の信号が生じている。

図 **7.11** 12 000 Hz 純音のパワースペクトル

る。スピーカから 12 000 Hz 純音が提示されたとき，入力信号には含まれていない 4 000 Hz, 8 000 Hz, 16 000 Hz および 20 000 Hz 付近にひずみ成分が生じているように見える。

256 回の同期加算平均を行って得られたパワースペクトルを図 **7.12** に示す。同じ純音を 256 回繰り返し提示し，毎回の位相をそろえて加算平均したものである。左は純音を提示せずに加算平均だけを行ったもの。右図は音圧レベル 90 dB の純音を提示して同期加算平均したものである。暗騒音は毎回ランダムな波形なので，加算平均により低減される。図 7.10, 図 7.11 と比較すると，ノイズフロアは量子化雑音レベル付近まで低下していることがわかる。

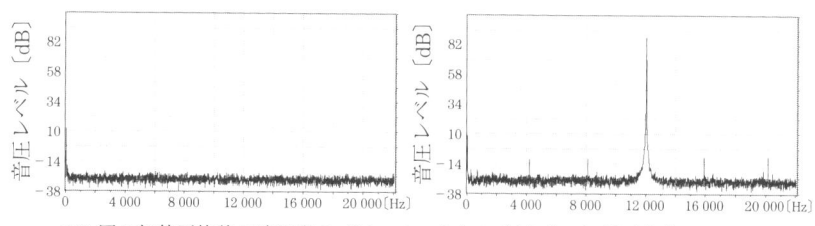

256 回の加算平均後の暗騒音のパワースペクトル（左）と，加算平均後の 12 000 Hz 純音のパワースペクトル（右）。4 000 Hz, 8 000 Hz, 16 000 Hz, 20 000 Hz 付近のひずみ成分がはっきりと認められる。

図 **7.12** 加算平均された 12 000 Hz 純音のパワースペクトル

ノイズフロアが低下したことにより，4 000 Hz, 8 000 Hz, 16 000 Hz および 20 000 Hz の成分がはっきりと観測できる。これらの成分は，信号と同期し

たものであり，再生システムの非線形性によって生じたひずみだと考えられる。原信号である 12 000 Hz よりも周波数が低い 4 000 Hz や 8 000 Hz の成分は，しばしば低調波ひずみと呼ばれる。一方，16 000 Hz や 20 000 Hz の成分は，高調波ひずみ，混変調ひずみ，低調波ひずみのいずれにも相当しない非線形ひずみである[4]。

7.4.5 帯域通過フィルタを用いた非線形ひずみの抽出

正弦波信号を入力したときに発生する高調波ひずみや低調波ひずみは，周波数分析によって計測可能である。しかし，大半のオーディオ信号は，純音ではなく，広帯域の複合音である。広帯域の複合音を再生するときには，高調波ひずみ，低調波ひずみのほかに，あらゆる周波数の組合せによる混変調ひずみがさまざまな周波数に生じている可能性がある。

オーディオ用スピーカやヘッドホンの線形性を評価するには，純音を用いた高調波ひずみの測定だけではなく，広帯域の複合音を再生したときに生じるすべての非線形ひずみを計測する必要がある。

広帯域信号を使って非線形ひずみを計測する方法として，帯域除去フィルタを用いる技術が提案されている。これは二階堂[5]により提案された手法であり，これを同期加算法と併用することによってハイファイスピーカやヘッドホンの非線形ひずみが測定できることが示されている[6],[7]。

この手法を模式的に説明したのが図 **7.13** である。周波数特性が平たんな広帯域信号を用意する（図 ①）。これを帯域幅の狭い帯域除去フィルタにとおし（図 ②），測定対象である電気 - 音響変換器に入力する。フィルタによって除去された帯域には信号が含まれていないが，電気 - 音響変換器からの出力信号（図 ③）には，信号が除去された帯域内にも非線形ひずみが含まれている。しかし，測定システムの雑音も含まれているので，雑音成分を低減するため，② の信号を繰り返し再生し，同期加算平均を行う。雑音が十分に低減されれば，信号の除去された帯域内には電気 - 音響変換器の非線形性によるひずみ成分だけが残されている（図 ④）。これを帯域通過フィルタで抽出することができる（図 ⑤）。

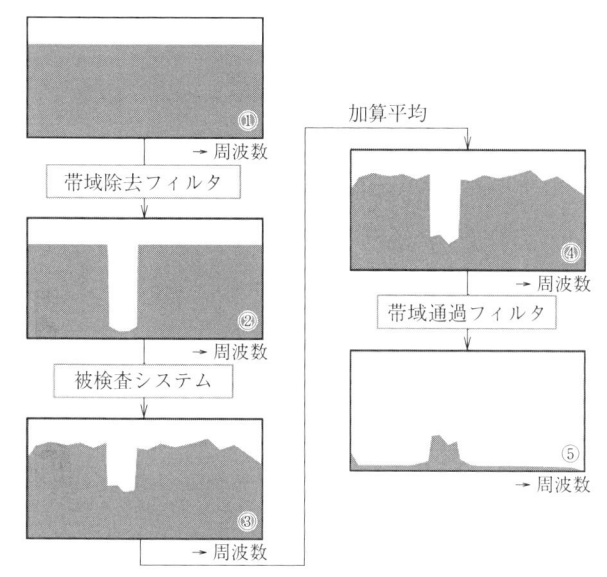

帯域除去フィルタと加算平均を用いた非線形ひずみ計測方法の模式図。広帯域信号 ① を帯域除去フィルタに通し (図②)，被検査システムに入力する。被検査システムからの出力 ③ を同期加算平均し (図④)，帯域通過フィルタに通して観測帯域内のひずみ成分を抽出する (図⑤)。

図 7.13　非線形ひずみ測定方法

上述の方法で抽出できるのは，特定の狭帯域内のひずみだが，同様の測定をフィルタの中心周波数をずらしながら行えば，すべての周波数帯域からのひずみ成分を得ることができる。蘆原と桐生[6]は，時間とともに中心周波数が掃引するフィルタを用いることにより，一度の測定で全周波数帯域にわたるひずみ測定を行う手法を提案している。

中心周波数が掃引する帯域除去フィルタの模式図が**図 7.14**である。破線で囲まれた観測領域内のひずみが周波数掃引帯域通過フィルタで抽出される。帯域通過フィルタの中心周波数は帯域除去フィルタの中心周波数と同じで，帯域通過フィルタの幅は，帯域除去フィルタの幅より狭い。この図からわかるように，抽出されたすべての周波数成分について，N 回の加算平均を行うために，全体では $N \times 11$ 回の同期加算を行う。

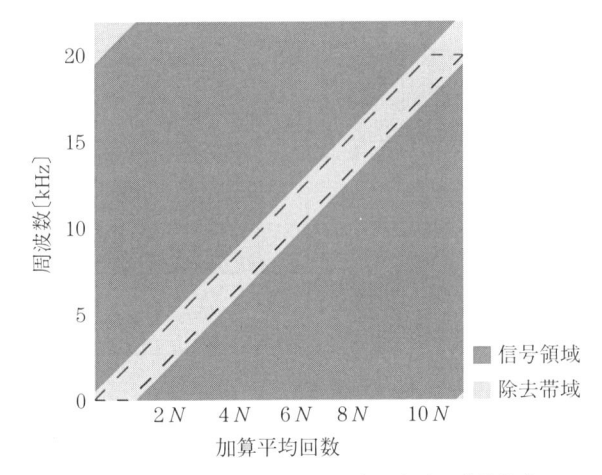

134   7. オーディオ信号の劣化およびその計測

周波数掃引帯域除去フィルタの模式図。淡灰色の部分は帯域除去フィルタで除去されるので，濃灰色の部分にのみ信号が含まれる。帯域除去フィルタの中心周波数は時間とともに掃引する。破線で囲まれた観測領域内のひずみが帯域通過フィルタで抽出される。周波数成分ごとに N 回の加算平均効果を得るため，$N \times 11$ 回の同期加算が行われる。

図 **7.14** 周波数掃引帯域除去フィルタ

つぎに，蘆原と桐生[7]がこの手法により，実際にスピーカの非線形ひずみを抽出した例について述べる。図 **7.15** は使用された広帯域の疑似ランダム雑音波形である。周波数特性が平たんな白色雑音だが，加算平均を可能にするため，8 192 サンプルからなる同一の波形が繰り返されている。図に示すのはその 2 周期分の波形である。

この原信号 $N \times 11$ 回分を周波数掃引帯域除去フィルタに通して図 **7.16** に示す信号を得る。図の左はサウンドスペクトログラム，右はフィルタの中心周波数が 10 000 Hz 付近の瞬間のパワースペクトルである。同期加算回数 N は 1 500，帯域除去フィルタの帯域幅は 3 000 Hz である。

この信号が D-A 変換され，スピーカ（DIATONE DS-205）で提示された。スピーカからの出力信号は，マイクロホン（Brüel & Kjær type 4133）で録音された。スピーカへの入力電力は 1W，録音位置はスピーカの軸上 1m であっ

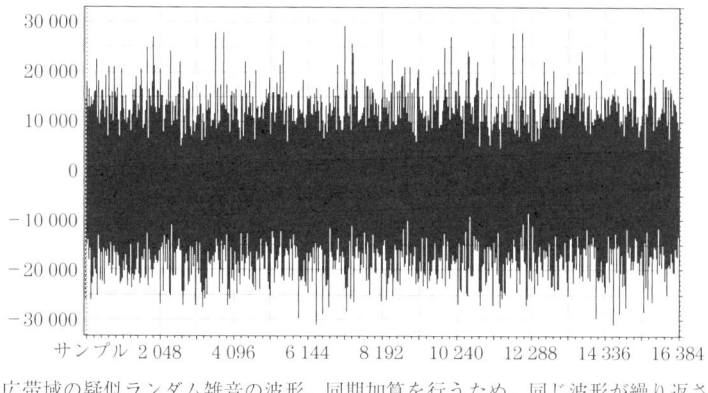

7.4 トランスデューサの線形性   135

広帯域の疑似ランダム雑音の波形。同期加算を行うため，同じ波形が繰り返される。図は，2 周期分の波形を示す。

図 7.15 原信号の波形

図 7.15 の原信号を周波数掃引帯域除去フィルタに通して得られた信号のサウンドスペクトログラム（上）と，フィルタの中心周波数が 10 000 Hz 付近のときのパワースペクトル（下）。

図 7.16 帯域除去フィルタ通過後の信号

た。図 **7.17**（上）は，録音された信号を 16 500 回加算平均して得られた 2 周期分の波形である。

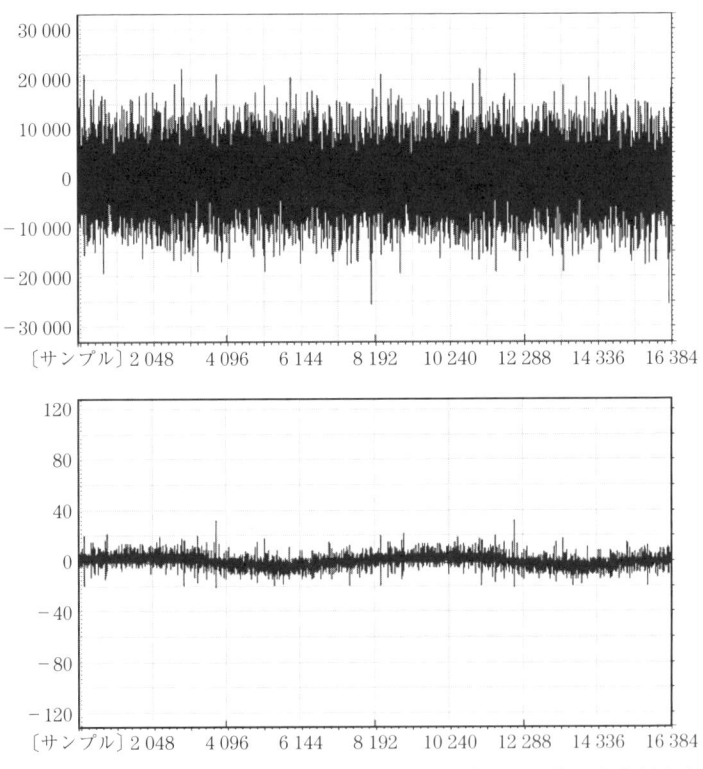

スピーカ（DIATONE DS-205）で再生され，加算平均された後の波形（上）と帯域通過フィルタで抽出された観測領域内のひずみ（下）。

図 7.17 再生信号とひずみ波形

　録音された信号を周波数掃引帯域通過フィルタを通して，観測領域内の成分だけが抽出された。帯域通過フィルタ（観測領域）の帯域幅は 2 000 Hz であった。抽出された信号も 16 500 回加算平均することにより，観測領域内の周波数成分は 1 500 回同期加算されたことになる。ただし，振幅が実際の $\frac{1}{11}$ になってしまうので，その分振幅を補償するため，加算平均の前に振幅を 11 倍に増幅しておく必要がある。増幅後，加算平均して得られた 2 周期分の波形が図 7.17

（下）である．図 7.17 の上図と下図の波形は，見やすいように縦軸の縮尺を変えてある．

図 7.17（下）の波形は，8 192 サンプルでよく似た波形が繰り返されていることから，信号に同期して生じたひずみ成分だということがわかる．**図 7.18** にスピーカから再生された広帯域信号と抽出された非線形ひずみ成分のパワースペクトルを示す．図 7.17 の上図と下図の波形をそれぞれ FFT 分析したものである．併せて録音位置での暗騒音を 1 500 回加算平均した後のパワースペクトルも示している．

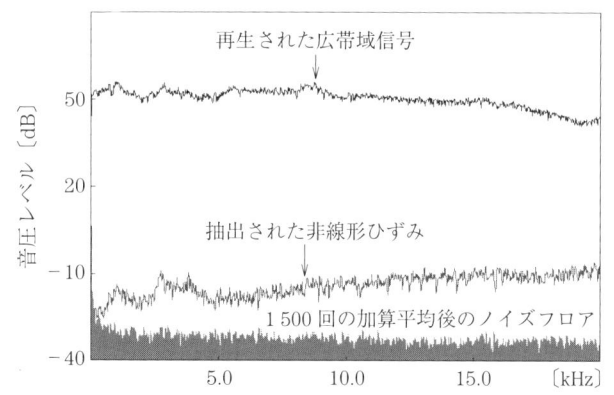

スピーカ（DIATONE DS-205）で再生された広帯域信号と帯域通過フィルタで抽出された非線形ひずみ成分のパワースペクトル．1 500 回加算平均した後の暗騒音レベルも併せて表示している．

図 7.18　広帯域再生信号と非線形ひずみ

図 7.18 から，加算平均後も 200 Hz 付近以下の低域では十分な信号対雑音比が得られていなかったことがわかる．そこで，図 7.17 の両波形から 200 Hz 以下を除去し，振幅の実効値の比を 200 Hz〜20 000 Hz における全非線形ひずみ率として求めたところ，− 63.55 dB であった．このスピーカには，1W の白色雑音で駆動したとき，64 dB 程度の線形性があったといえる．

図 **7.19** は，ブックシェルフ型スピーカ（SONY SS-AL5mkII）での測定結果である．マイクロホンは，スピーカの正面前方 0.5 m に設置された．200 Hz 〜20 000 Hz における全非線形ひずみ率は，− 56.09 dB であった．

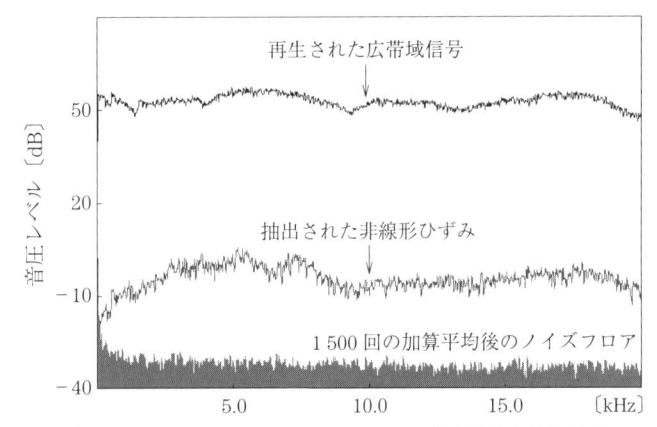

138   7. オーディオ信号の劣化およびその計測

スピーカ（SONY SS-AL5mkII）で再生された広帯域信号と帯域通過フィルタで抽出された非線形ひずみ成分のパワースペクトル。測定位置はスピーカの正面前方 0.5 m。1 500 回加算平均した後の暗騒音レベルも併せて表示している。

図 7.19　ブックシェルフ型スピーカにおけると非線形ひずみ例

　同じスピーカの全高調波ひずみについても測定が行われた。100 Hz〜10 100 Hz まで直線的に周波数が上昇する周波数掃引音を無響室内で再生し，スピーカの正面前方 0.5 m の位置に設置したマイクロホン（Brüel & Kjær type 4133）で録音された。スピーカへの入力レベルは 1W，十分な信号対雑音比を得るため，32 回の同期加算処理が施された。

　図 7.20（上）は，同期加算処理後のサウンドスペクトログラム，下図はそこから周波数掃引帯域除去フィルタで基本波を除去したものである。再生信号全体の実効値に対する基本波を除いた後の実効値の比を THD+N とすると，入力レベル 1W 時のこのスピーカの THD+N は，−55.6 dB であった。

　蘆原と桐生[8]は，上述の方法で，民生用のスピーカ 8 機種について全非線形ひずみ率と THD+N の比較を行っている。入力レベルを 1W としたとき，全非線形ひずみ率は，−64 dB〜−38 dB，THD+N は，−58 dB〜−36 dB であった。

　正弦波や周波数掃引信号といった純音性の信号を用いて測定する THD が，広帯域複合音を用いて測定する全非線形ひずみ率と比例関係にあれば，THD の測

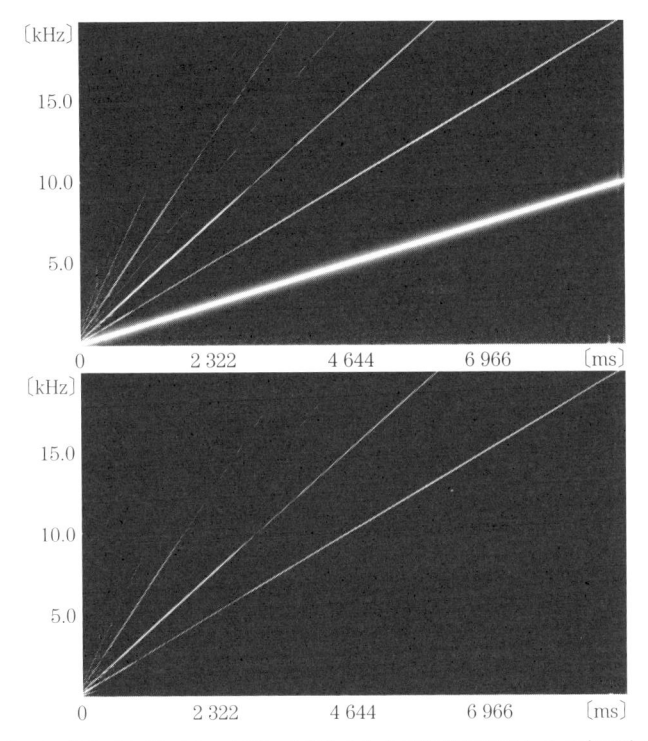

スピーカ（SONY SS-AL5mkII）で再生された周波数掃引音とその高調波ひずみのサウンドスペクトログラム（上図）とそこから基本波を除去したもの（下図）。測定位置はスピーカの正面前方 0.5 m。加算平均回数 32。

図 **7.20** 周波数掃引音とその高調波

定だけでも複合音再生時のスピーカの線形性を評価することが可能だと考えられる。しかし，蘆原と桐生の測定では，スピーカの全非線形ひずみ率とTHD+Nが比例関係になるとは限らないことが示されており，純音性の信号を用いたTHDの測定だけでは，複合音再生時のスピーカの線形性を十分には評価できないことが示唆されている。

さらに蘆原と桐生は，ヘッドホン 7 機種についても線形性評価を行っている。ヘッドホンを **HATS**（Brüel & Kjær type 4128）に装着し，HATS 内蔵の $\frac{1}{2}$ インチマイクロホンでヘッドホンの出力音が測定された。全非線形ひずみ率は，スピーカの場合と同じように周波数掃引帯域除去フィルタと同期加算法を

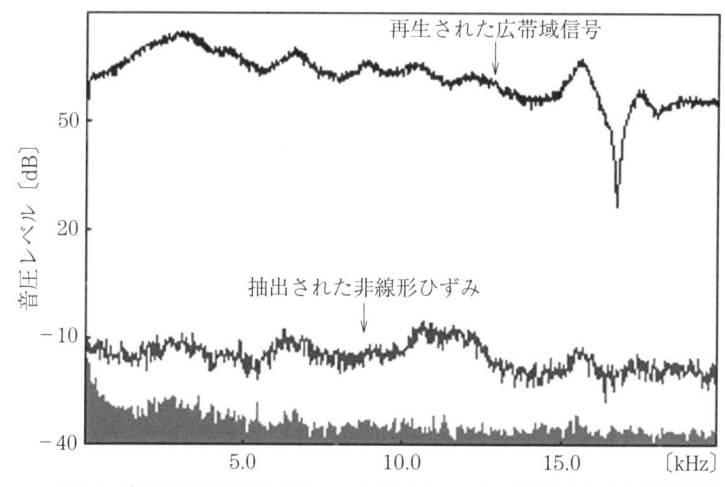

140   7. オーディオ信号の劣化およびその計測

図中ラベル:
- 再生された広帯域信号
- 抽出された非線形ひずみ
- 音圧レベル [dB]
- [kHz]

ヘッドホン（SENNHEISER HD580 PRECISION）で再生された広帯域信号と，周波数掃引帯域通過フィルタで抽出された非線形ひずみのパワースペクトル。ヘッドホンへの入力レベルは 1 mW，加算平均回数は 1 500。灰色部分は加算平均後のノイズフロア（暗騒音）である。

図 **7.21** ヘッドホンの非線形ひずみの一例

用いて求められた。図 **7.21** は，観測された非線形ひずみの一例である。また，THD+N は周波数掃引音を用いて求められた。

入力レベルを 1 mW，加算平均回数を 1 500 として，非線形ひずみのパワースペクトルを求めたところ，100 Hz 付近以下では十分な信号対雑音比が得られなかったため，全非線形ひずみ率は 100 Hz～20 000 Hz の範囲で算出された。測定されたヘッドホン 7 機種における全非線形ひずみ率は，-80 dB～-60 dB で，THD+N は，-70 dB～-56 dB であった。

これらの測定結果から，スピーカから 1 m の位置で 90 dB 程度の音圧で複合音が再生されているとき，少なくとも音圧が 25 dB 程度の非線形ひずみが含まれていること，スピーカによっては，50 dB を超えるひずみが含まれていること，また，ヘッドホンで複合音が再生され，外耳道内の音圧が 90 dB 程度のとき，音圧が少なくとも 10 dB 程度の非線形ひずみが含まれていることが推測される。CD-DA フォーマットの理論上のダイナミックレンジがおよそ 98 dB で

あること（4.1.1 項）を考えると，民生用電気 - 音響変換器の線形性では，オーディオ CD の信号を忠実に再生するのは難しいといえる。

また，通常，全高調波ひずみ率が電気 - 音響変換器の線形性評価の指標とされているが，広帯域複合音を再生したときの実際の線形性を評価するには，純音性の信号を用いた高調波ひずみの測定だけで十分とはいえないことがわかる。

7.4.6　スピーカの時間ゆらぎ（ドップラひずみ）

振動板が前後に動くことによって空中に疎密波を生み出すスピーカが，単一周波数の正弦波で駆動された場合，振動板が入力波形どおりの理想的な振動をすれば単一周波数の純音が再生されるだろう。しかし，複数の周波数成分が混ざり合った複合音の場合，振動板が入力波形どおり忠実に振動していてもドップラ効果によってひずみが生じる。

1 000 Hz の純音を発生している音源が，秒速 68 m で右から左に移動している。音源の左にある観測点 A では，音源の右にある観測点 B より波長の短い音が観測される。

図 **7.22**　ドップラ効果

図 **7.22** に示すように，右から左に毎秒 68 m の速度で移動している音源から 1 000 Hz の純音が発生しているとする。音速を 340 m/s とすると，1 000 Hz の音波の波長は 340 mm である。しかし，音源は 1 ms に 68 mm 移動しているので，音源の左にある点 A で観測される音波の波長は 272 mm となる。つ

まり周波数が 1 250 Hz の音が観測される。このとき音源の右側にある点 B で観測される音波は，波長が 408 mm，周波数はおよそ 833 Hz となる。

音源が観測点に近づいてくる場合，音源の振動数よりも高い周波数の音が観測され，音源が観測点から遠ざかっていく場合，音源の振動数よりも低い周波数の音が観測されるのである。

平面振動板を持つスピーカから 100 Hz の純音が再生されているとき，聴取者から見ると，振動板は 10 ms の周期で近づいたり離れたりしている。振動板が初期位置を挟んで ±5mm の幅で正弦波的に動いているとすると，その変位〔mm〕は時間の関数として図 **7.23** のようになる。時間を t として，変位 y は

$$y = 5\sin\left(\frac{2\pi t}{10}\right) = 5\sin\left(\frac{\pi t}{5}\right) \tag{7.3}$$

である。変位速度の最大値は，y の零交差位置での傾きである。y の導関数

$$y' = \pi\cos\left(\frac{\pi t}{5}\right) \tag{7.4}$$

から，$t = 0$ のとき，傾きは π である。この振動板は，瞬間最大速度 3.14 m/s で近づいたり遠ざかったりを繰り返していることになる。

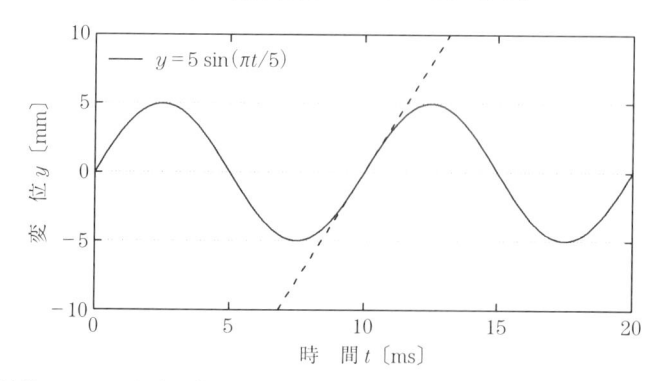

周波数 100 Hz，最大変位 5 mm で正弦波状に振動する振動板の変位。破線の傾きは変位の最大速度を表す。

図 **7.23** 振動板の変位と最大速度

このスピーカから，100 Hz の純音と同時に 5 000 Hz の純音が提示されるとき，5 000 Hz の純音は，最大速度 3.14 m/s で動いている音源から提示される

のである．振動板が聴取者に向かって近づくとき，そこから提示される 5 000 Hz の純音の周波数は，聴取位置において瞬間的におよそ 5 484 Hz に上昇する．逆に，振動板が聴取者から遠ざかるとき，5 000 Hz の純音の周波数は，聴取位置で瞬間的におよそ 4 595 Hz に低下する．これを毎秒 100 回繰り返すことになる．5 000 Hz の信号は周波数変調を受けるのである．

また，振動板は 100 Hz の周波数で前後に ±5 mm 変位している．したがって，聴取位置に最も近づいたときと，聴取位置から最も離れたときとで 10 mm の距離差が生じることになる．音源からの距離が 10 mm 変われば，29.4 μs の到達時間差が生じる．このため，100 Hz 純音と同時に再生される 5 000 Hz の純音には，聴取位置で最大約 29 μs の時間差が伴う．つまり毎秒 100 回の周期的な時間ゆらぎが生じるのである．

音楽信号には，100 Hz 以下の低音から 10 000 Hz を超える高周波まで，さまざまな周波数成分が含まれている．1 個のスピーカから複合音が提示されるとき，高周波成分は低周波成分による周波数変調を受けることになる．これがドップラひずみである．

振動板の口径が大きなスピーカユニットでは，振動の幅が小さくても低音を鳴らせるが，口径の小さいユニットの場合，振動の幅を大きくしないと低音を鳴らすことができない[9]．振動の幅が大きくなるということはドップラひずみが生じやすくなるということである．ドップラひずみは，広い周波数帯域をカバーするフルレンジスピーカで，なおかつ振動板の面積ではなく，振動の幅で低音を鳴らすタイプの製品において深刻になると予想される．

引用・参考文献

1) 電子情報技術産業協会規格，"CD プレーヤの測定方法，" JEITA CP-2402A（2002）
2) 日本電子機械工業会規格，"ディジタルオーディオ機器の測定方法，" 日本電子機械工業会，EIAJ CP-2150（2000）
3) 小川博司，田中伸一（監修），"図解 ブルーレイディスク読本，" オーム社（2006）
4) Z. Hanzelka, A. Bien, "Harmonics Interharmonics," in "Leonardo Power

Quality Initiative," Copper Development Association（2004）
5） 二階堂誠也，"非直線歪の検知限ならびに測定法に関する考察，"日本音響学会誌，**28**, 485-495（1972）
6） 蘆原　郁，桐生昭吾，"周波数掃引帯域除去フィルタと同期加算法を用いたスピーカの非線形歪測定法，"日本音響学会誌，**56**, 69-77（2000）
7） 蘆原　郁，桐生昭吾，"スピーカおよびヘッドホンの線形性評価，"日本音響学会誌，**56**, 713-720（2000）
8） 蘆原　郁，桐生昭吾，"スピーカおよびヘッドホンの線形性評価，"音響学会誌，**56**, 713-720（2000）
9） 加銅鉄平，"上級に進むためのオーディオ再生技術，"誠文堂新光社（2007）

8 タイムジッタ

ディジタルオーディオにおけるクロックに生じる時間ゆらぎ（タイムジッタ）については，ディジタルデータ転送やディジタル記録/再生に悪影響を及ぼすことが，従来から知られている。なかでも，A-D/D-A 変換時のサンプリングクロックに生じる時間ゆらぎ（サンプリングジッタ）は，録音や再生される音に直接ひずみをもたらす原因の一つである。

ディジタルオーディオにおけるジッタについては，Audio Precision 社の技術報告である，Jitter Theory[1] が詳しい。ここでは，そこで用いられている，ジッタの生じている場所による分類に従い，インタフェースジッタとサンプリングジッタに分けて説明する。また，ディジタルオーディオメディアにおける理論上のジッタ許容量，および音楽信号聴取時のジッタの主観的な検知限に関する近年の研究を紹介する。

8.1 ディジタルインタフェースジッタ

ディジタル伝送系において生じるクロックのゆらぎが，ディジタルインタフェースジッタである。ディジタル伝送系として古くから用いられている **AES/EBU** インタフェース（AES3-1992 規格）および **S/PDIF** インタフェース（JEITA CP-1201 規格）信号において，ディジタルデータとその時間軸であるクロックは，バイフェーズマーク方式と呼ばれるアナログ電位変化によって伝送されている。この方式では，データシンボルの変わり目では必ず電位変化が生じる構造となっており，ビット値「1」の場合は，シンボルの時間中央でも電位変化

8. タイムジッタ

が起こり，ビット値「0」の場合は，この電位変化が生じないルールとなる．図 8.1 の上の線は，ビット値「0」の電位変化であり，中央の線は，ビット値「1」の電位変化の例である．この電位ゼロをクロスする時刻が，クロックのタイミングとなる．

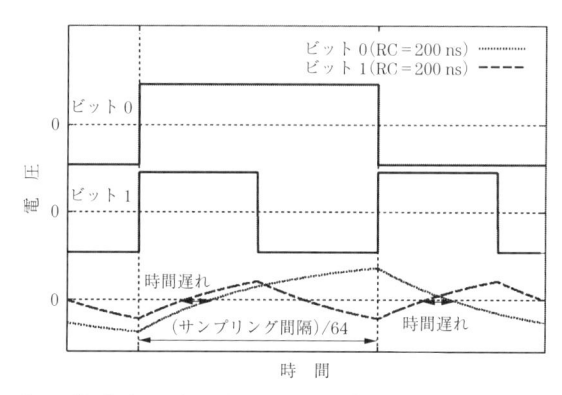

上の線はビット値「0」，中央の線はビット値「1」をそれぞれ示す．下の線は，時定数 200 ns のローパスフィルタによりケーブル損失を模擬した場合のそれぞれのビット値波形である．ローパスフィルタによって，ゼロクロス時刻がずれていることがわかる．

図 8.1 AES3-1992 あるいは CP-1201 インタフェース規格におけるディジタル信号のアナログ領域での表現

このようなアナログ領域において，クロックの基準である電位のゼロクロス時刻が本来のタイミングよりずれる現象が，インタフェースジッタである．これが生じる原因は，波形の高周波減衰，ノイズ混入や相互干渉，インピーダンス不適合による終端反射などである．図 8.1 の下の線は，ディジタルケーブルの高域損失として，極端な例ではあるが，200 ns の時定数を持つローパスフィルタが与えられた場合の，それぞれのビット値波形を示している．これらの例から，信号の高域減衰によって，ビット 0 のゼロクロス時刻はビット 1 のそれより遅れることがわかる．なお，**HDMI (high-definition multimedia interface)** 信号では，クロックとデータは別ラインで送られることになっているため，この種の伝送データに依存するインタフェースジッタは原理的に生じえない．

このジッタは，伝送路を経るたびに累積されていくが，ディジタルデータの伝送に支障をきたすほど大きくなる場合は一般に少ない．しかし，ここでのクロックのゆらぎは，8.2 節に示すサンプリングジッタの原因にもなる．また，**PLL** (**phase-locked loop**) などを用いたクロック回復回路によるディジタルインタフェースジッタ低減の有効性が広く知られている[2]．さらに，8.4 節のサンプリングジッタ測定結果からも明らかになることであるが，光ディジタルケーブルや同軸ケーブルによるディジタル信号伝送においても，その送信器や受信器を経ることによって，ジッタ量やジッタスペクトルが変化することが示されている．インタフェースジッタは，ディジタルインタフェース信号を入力できるオーディオアナライザの一部において，測定することが可能である．

8.2 サンプリングジッタ

D-A あるいは A-D 変換器（DAC/ADC）において，個々のディジタルデータを電圧に変換する際の，あるいは電圧をディジタルデータに変換する際の，サンプル間隔のゆらぎが，サンプリングジッタである．図 **8.2** の上には，例として極端ではあるが，$\frac{1}{2}$ サンプル分の振幅のジッタを含んだ波形を示しており，下の波形は正確なサンプリング時刻からの偏差として表されるジッタ波形を示している．実際のジッタ振幅は，8.3 節の測定でも示すが，16 ビット量子化データを扱う一般的なオーディオ用 DAC/ADC においては，10 ns～10 ps 程度である．

DAC/ADC に機器の内部クロックを用いる場合には，そのクロック固有のジッタがサンプリングジッタとなる．DAC が，外部から入力される AES/EBU 信号などのディジタルデータストリームに含まれるクロックをサンプリングクロックとして用いる場合は，そのサンプリングクロックは前述のディジタルインタフェースジッタの影響を受ける．また，DAC/ADC が他の DAC/ADC との同期を目的に外部クロック信号を用いる場合も，同様である．いずれにしても，有効なクロック回復回路を用いれば，サンプリングジッタの低減は可能で

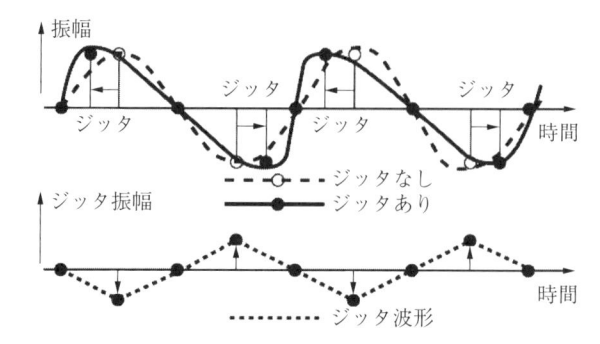

図 **8.2** ジッタを含んだ波形（上）と上の波形から導かれるジッタ波形（下）

ある[3]。

ここでは，サンプリングジッタをモデル化し，ジッタの影響を定量的に示す。そのため，角周波数 ω_c の正弦波をジッタのある DAC より再生し，すぐさまジッタのない理想的な ADC を行う系，あるいはジッタのない DAC より正弦波を再生し，すぐさまジッタのある ADC で録音する系を考える。このとき角周波数 ω_m，振幅 A である正弦波のジッタ波形を式 (8.1) に示す。

$$J(t) = A\sin(\omega_m t + \psi) \tag{8.1}$$

ここで，t は，サンプリング周波数 f_s〔Hz〕で標本化された離散時刻であり，ψ は初期位相とする。ただし，f_s は，**可聴周波数上限**とされる 20 000 Hz の 2 倍を超えるものとする。このジッタ波形 $J(t)$ によって，信号の時間（位相）項が変調されることが，ジッタが生じている状態である。角周波数 ω_c の正弦波に対してジッタが与えられた観測信号の時間波形 $x(t)$ を式 (8.2) に示す。

$$\begin{aligned}
x(t) &= \sin(\omega_c(t + J(t))) \\
&= \sin(\omega_c(t + A\sin(\omega_m t + \psi))) \\
&= \sin(\omega_c t)\cos(\omega_c A\sin(\omega_m t + \psi)) \\
&\quad + \cos(\omega_c t)\sin(\omega_c A\sin(\omega_m t + \psi))
\end{aligned} \tag{8.2}$$

ジッタ振幅 A は，一般的な DAC/ADC においては，多く見積もっても 100 ns

以下である。これは，ω_c に対してはるかに小さいため，式 (8.3), (8.4) に示す三角関数における微小角の近似を用いて，式 (8.2) を書き直したものが，式 (8.5) である。

$$\sin(\omega_c A \sin(\omega_m t + \psi)) \approx \omega_c A \sin(\omega_m t + \psi) \tag{8.3}$$

$$\cos(\omega_c A \sin(\omega_m t + \psi)) \approx 1 \tag{8.4}$$

$$x(t) = \sin(\omega_c t) + \frac{A\omega_c}{2}\left(\sin((\omega_c + \omega_m)t + \psi) - \sin((\omega_c - \omega_m)t - \psi)\right) \tag{8.5}$$

式 (8.5) からわかることは，ジッタの影響は，本来あるべき測定信号に対して，その角周波数よりジッタ角周波数分だけ両側に離れた角周波数（$\omega_c \pm \omega_m$）を持つ側波成分として，測定信号の振幅に対して $\frac{A\omega_c}{2}$ となる振幅で現れることである。

つまり，ジッタ振幅が同じであっても，測定信号の角周波数が高くなるほど，側波のレベルは高くなる。オーディオ信号についていえば，より高い周波数の信号を A-D/D-A 変換する際には，サンプリングジッタによるひずみ成分は強くなる，といえる。なお，ここでの ω_m の上限は，ω_c がナイキスト角周波数の $\frac{1}{2}$ のとき，$\frac{\pi f_s}{2}$ としている。

8.3　サンプリングジッタ計測法

サンプリングジッタは，リスナーの耳に届くアナログ信号を記録/生成する際にひずみを生むため，その物理的な測定は，ディジタルオーディオの品質を検討する際に重要になってくる。サンプリングジッタ計測においては，ジッタ振幅およびジッタ周波数の測定が目的となる。これは先に述べたように，ジッタ振幅はひずみ成分の強さに比例するからである。また，周波数の高いジッタ成分は，オーディオ信号成分周波数から，より離れた周波数に生じるため，一般的に信号成分によるマスキングを受けにくく聴感上目立ちやすい，という理由からである。

150   8. タイムジッタ

ここでは，角周波数 ω_c の正弦波をジッタのある DAC より再生し，すぐさまジッタのない理想的な ADC を行う測定系において，D-A 変換される信号を測定信号，ADC の信号を観測信号とする．まず，8.2 節で行ったサンプリングジッタのモデル式をもとに，観測信号の周波数領域においてジッタを計測する方法を説明し，つぎに観測信号を**解析信号**に変換して時間領域においてジッタを計測する方法を説明する．これらの測定法に共通する特徴は，D-A 変換されたアナログ信号をすぐさま A-D 変換したディジタル信号を測定対象とするため，一般的なディジタルオーディオ機器のみを用いて測定が可能で，特殊な測定機器を必要としない点である．

8.3.1 周波数領域での測定

まず，式 (8.5) をもとに，観測信号のパワースペクトルから，周波数領域においてジッタ振幅を計測する方法を説明する．測定信号のパワーレベルを基準とした，側帯波のパワーレベル R_j〔dB〕は式 (8.6) で表されるので，式 (8.7) によってジッタ振幅が得られる．

$$R_j = 20\log_{10}\frac{A\omega_c}{2} \tag{8.6}$$

$$A = \frac{2\times 10^{R_j/20}}{\omega_c} \tag{8.7}$$

つまり，周波数領域でのジッタ測定は，観測信号のパワースペクトルから測定信号成分のレベルに対する側波の相対レベルを測定してジッタ振幅を計算する．また，測定信号の周波数と側波の周波数との差がジッタ周波数である．この方法の利点は，DFT や FFT を用いた周波数分析さえ行えば簡単にジッタ振幅と周波数を測定できる点である．一方，不利な点は，周波数分析を行うためには一定の時間幅の時間窓が必要であり，ジッタ振幅とその周波数の測定において時間分解能が悪くなることである．

また，一部の DAC/ADC においては，時間（位相）変調だけでなく，振幅変調が現れる場合があり，位相変調による側波成分と振幅変調による側波成分

が観測信号のパワースペクトル上に混在する場合がある．側波成分の位相を調べれば，これらを分離することは可能ではあるが，双方の成分周波数が近接する場合には，分離は困難である．

8.3.2 時間領域での測定

次に，解析信号を用いた時間領域でのサンプリングジッタ測定[4]を紹介する．解析信号を用いた測定の特徴は，位相変調と振幅変調が混在した観測信号から，それらの変調波形を独立して抽出できる点である．ここで，変調度 M，角周波数 ω_a，初期位相 θ の振幅変調波形 $AM(t)$ を式 (8.8) のようにおき，観測信号 $x(t)$ は，式 (8.9) のように拡張しておく．

$$AM(t) = 1 + M\sin(\omega_a t + \theta) \tag{8.8}$$

$$x(t) = AM(t)\sin(\omega_c(t + J(t))) \tag{8.9}$$

式 (8.9) に対する解析信号 $y(t)$ は，$x(t)$ をヒルベルト変換して得られる信号を $H[x(t)]$ として

$$y(t) = x(t) + jH[x(t)] \tag{8.10}$$

と表される．ヒルベルト変換が90度位相変換であり，ここで扱う三角関数を時間項に含む波形 $G(t)$ に対して，$H[\sin(G(t))] \approx -\cos(G(t))$, $H[\cos(G(t))] \approx \sin(G(t))$ という近似ができる[4]ことを利用して，$y(t)$ の絶対値を求めると，振幅変動波形 $AM(t)$ と一致する．

$$\begin{aligned}|y(t)| &= \sqrt{x(t)^2 + H[x(t)]^2} \\ &= \sqrt{AM(t)^2 \sin(\omega_c(t+J(t)))^2 + AM(t)^2 \sin(\omega_c(t+J(t)))^2} \\ &= AM(t)\sqrt{\cos(\omega_c(t+J(t)))^2 + \sin(\omega_c(t+J(t)))^2} \\ &= AM(t) \end{aligned} \tag{8.11}$$

さらに，ジッタ波形 $J(t)$ は，式 (8.12), (8.13) のように，$y(t)$ の位相角を求めることによって導かれる．

$$\arg(y(t)) = \tan^{-1} \frac{H[x(t)]}{x(t)}$$

$$= -\tan^{-1} \frac{\cos(\omega_c(t + J(t)))}{\sin(\omega_c(t + J(t)))}$$

$$= \omega_c(t + J(t)) \tag{8.12}$$

$$J(t) = \frac{\arg(y(t))}{\omega_c} - t \tag{8.13}$$

解析信号は DFT によって求めることができる[5]。その際には,観測信号波形の不連続性を避けるため,窓かけが必要となる。この窓かけと DFT は,サンプリング周波数の $\frac{1}{16}$ 程度の長さであればよいことが,シミュレーションによって明らかになっている[4]。

ここでは,単純化のためにジッタ波形や振幅変調波形を正弦波で表したが,これらを任意の位相を持つ任意の数の正弦波の合成として表現した場合も,式 (8.12) および式 (8.13) により求めることができる。これらの詳しい導出の過程は,文献4) を参照されたい。

この解析信号を用いた時間領域での測定手法の特徴は,直接ジッタ波形が得られるため,時間分解能が非常に高い点である。得られたジッタ波形を用いて,ジッタスペクトルを算出するなど,さらなる分析が可能である。また,観測信号に含まれる振幅変動成分とジッタ成分を分離して測定可能なことも特徴である。

8.3.3 実際の測定

ここまで,周波数領域での測定,および解析信号を用いた時間領域での測定のいずれも D-A 変換器のジッタのみを測定対象としていた。そして,A-D 変換器は D-A 変換器の名目上のサンプリング周波数と一致したジッタのないサンプリングを行うことを前提として議論してきた。しかし実際の測定では,A-D/D-A 変換器のサンプリング周波数のわずかな不一致により,測定信号の角周波数 ω_c の値は,観測信号のものとは異なる。この不一致を解消するため,時間領域の測定では観測信号の瞬時角周波数を時間平均した値を,周波数領域での測定では観測信号に現れる信号角周波数を,ω_c とおいて計算を行う。また,実際には

A-D 変換器に存在するジッタも観測信号に影響を与え，測定されるジッタ特性には，D-A および A-D 変換器の双方のジッタが含まれることになる。これは，D-A あるいは A-D 変換器を交換して測定した結果を比較することにより，D-A あるいは A-D 変換器単体のジッタ特性を推定できるため，回避可能である。この実例を，8.4 節の図 8.14 に示す。

さらに，双方の測定法とも，測定系に存在するひずみや量子化雑音などの雑音成分の影響を受ける。そこで，測定信号をサンプリング周波数の $\frac{1}{4}$ である純音を用いた測定と，それに近い他の信号周波数を用いた測定を行い，得られたジッタスペクトルを比較し，共通するスペクトル成分を抽出することによって，ひずみやノイズの影響を少なくすることもできる。ノイズの影響を少なくするためには，信号音のレベルは非線形ひずみを生じない程度に十分大きい必要があり，−6 dBFS（FS はフルスケール）程度が適切であろう。

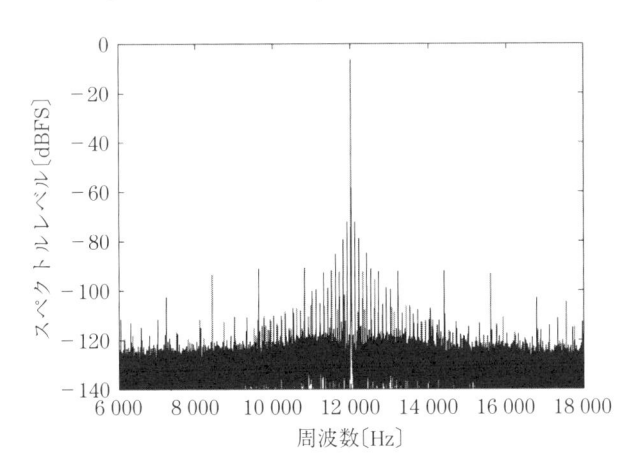

図 8.3 12 000 Hz の測定信号を D-A 変換後，A-D 変換した観測信号のパワースペクトル

周波数領域での測定の例を図 8.3 に示す。縦軸は量子化された最大振幅純音のレベルを 0 dB とおいた dBFS スケールのスペクトルレベルを表している。12 000 Hz / −6 dBFS の純音を記録した CD-R メディアを CD プレーヤから再生して，光ディジタル接続された AV アンプ内蔵の DAC より再生された音

154　　8. タイムジッタ

を，44 100 Hz / 16 ビット の条件で，ADC によって記録した観測信号を周波数分析したものである。この周波数分析の結果から，信号周波数より 100 Hz 離れた側波が最も顕著で，信号レベルに対して，–65.7 dB の強さであることがわかる。したがって，ジッタ周波数は 100 Hz，13.7 ns のジッタ振幅ということになる。

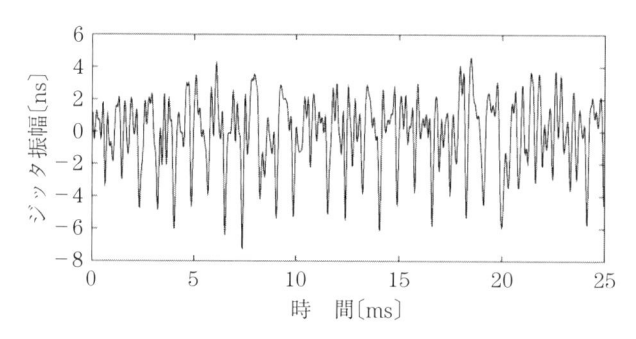

図 **8.4**　図 8.3 と同じ観測信号を用いた時間領域のジッタ計測の結果得られたジッタ波形に，6 000 Hz のローパスフィルタを通した波形

一方，同じ観測信号に対して，解析信号を用いた時間領域のジッタ測定を行って得られたジッタ波形が図 **8.4** である。およそ 0.8 ms 周期のジッタ成分が見える。そのジッタ波形を周波数分析したものが，図 **8.5** である。また，時間領域のジッタ測定の結果得られる振幅変調波形を図 **8.6** に示している。ほぼ矩形の，100 Hz の振幅変調が生じていることから，周波数領域での測定の結果である図 8.3 に見られた顕著な側波は，D-A 変換の際に生じた振幅変調によるものであることがわかる。

純音信号を用いた時間領域でのジッタ測定は，一定時間ごとの観測信号と測定信号の波形に対して処理を繰り返し行う，いわゆる時間フレーム処理によって，リアルタイムに実施することが可能である。この場合の 1 回の時間フレームあたりの処理の流れを図 **8.7** に示した。さらに，この処理を MatlabR2009a と，その Signal Processing ToolBox および Data AcquisitionToolBox を用いて実装した画面を，図 **8.8** に示す[6]）。

8.3 サンプリングジッタ計測法

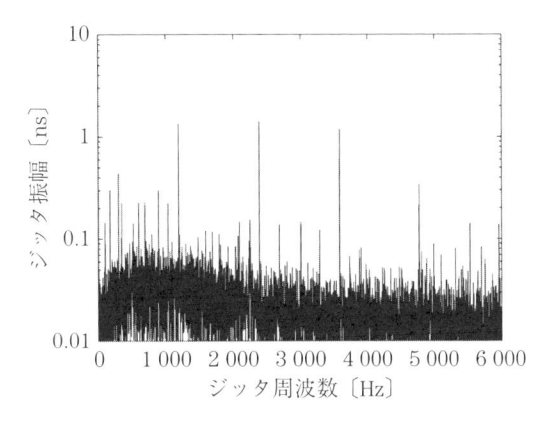

図 8.5 1秒のジッタ波形から得られたジッタスペクトル (顕著なジッタ成分は 1 193 Hz である)

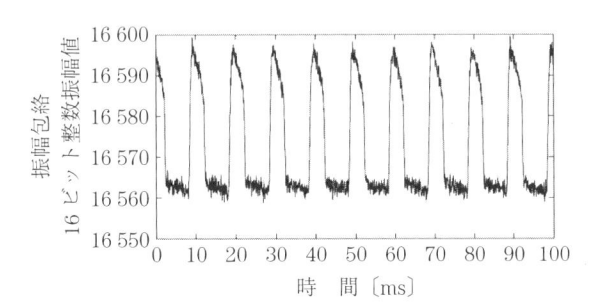

図 8.6 時間領域のジッタ計測で得られた振幅変調波形に，6 000 Hz のローパスフィルタを通した波形 (ほぼ矩形となる 100 Hz の振幅変調が見られる)

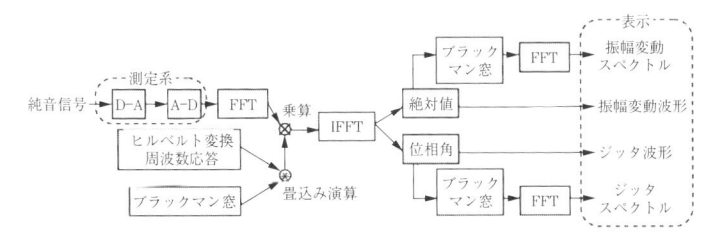

図 8.7 リアルタイムにジッタ測定を行う場合の 1 時間フレームあたりの処理

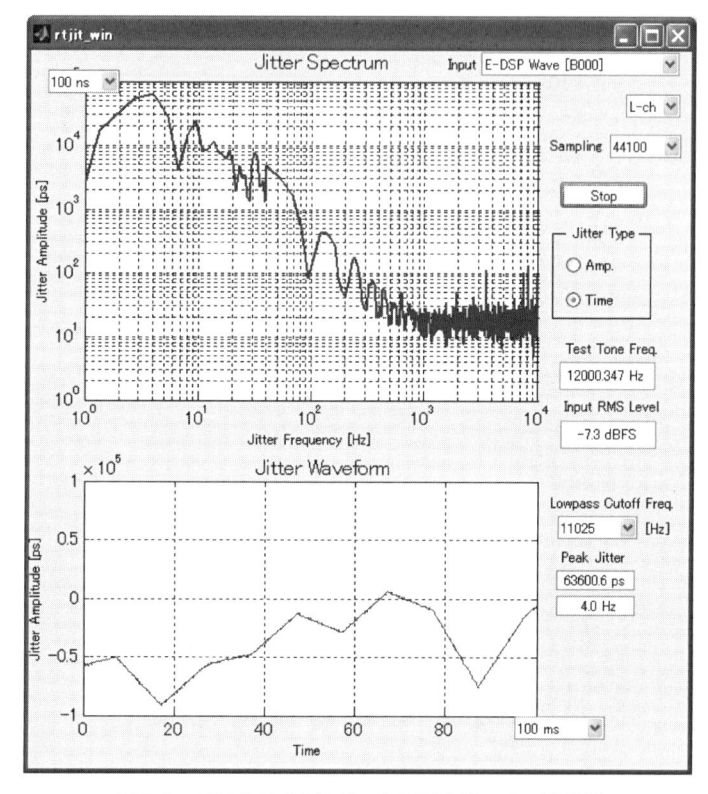

図 **8.8** リアルタイムにジッタ測定を行っている画面

8.3.4 音楽信号を用いたジッタ測定

ここまでは純音を測定信号として用いる測定方法について述べたが，実際の再生環境でのジッタを測定するためには，さらに検討が必要である．それは，オーディオ CD プレーヤのように回転系と電子系が混在するオーディオ機器では，CD 盤からの信号読取とその制御，さらに音響信号の復元や再生の過程において，CD 盤に記録されている音楽信号と何らかの相関のあるジッタが生じている，という推測である．そして，その推測をもとに，そのような音楽信号と相関のあるジッタは純音のような単純な測定信号を用いる限り測定できないのではないか，という主張も考えられる．実際にジッタが音質に悪影響を及ぼすことが問題になるのは，一般的に音楽信号の録音あるいは再生時である．こ

こでの音楽信号とは，音楽をディジタル記録した信号のことであり，複雑なスペクトルが時間的に変化する特徴を持ったものと見なしている。

音楽信号を測定信号とする場合，ジッタによって生じる信号音の側波成分は，他の音楽信号スペクトルに埋もれてしまうため，周波数領域でのジッタ測定は不可能である。しかし，時間領域のジッタ測定方法を拡張すれば，音楽信号を測定信号としたジッタ測定もある程度は可能である[7]。

簡単にいうと，音楽信号の前後に挿入した短音の位相情報を用いて，観測信号と測定信号とのサンプリング周波数ずれおよび位相ずれを高精度に測定および補正し，分析時に双方の信号に帯域制限を行った後で，それらの帯域通過信号の瞬時位相の比較を行う。

測定信号に音楽信号を用いる場合は，式 (8.2) において，ω_c を時間の関数である瞬時角周波数 $\omega_c(t)$ とおくことに等しい。測定信号の解析信号における瞬時位相角を $\phi_1(t)$ とすると，$\omega_c(t) = \dfrac{d}{dt}\phi_1(t)$ である。そして，観測信号の解析信号における瞬時位相角を $\phi_2(t)$ とすると，理論的に，測定系に生じるジッタ波は，$\phi_1(t)$ を式 (8.13) の右辺 $\arg(y(t))$ に代入して得られる測定信号の位相ゆらぎと，同じく $\phi_2(t)$ を式 (8.13) に代入して得られる観測信号の位相ゆらぎの差分

$$J(t) = \frac{\phi_2(t) - \phi_1(t)}{\omega_c(t)} \tag{8.14}$$

として求まる。しかし，実際には複数音の混合した音楽信号の位相は不連続であるため，$\omega_c(t)$ は $-\pi f_s \sim \pi f_s$ の範囲をとり，その除算によって正しいジッタ波形は得られない。このため，測定信号と観測信号を同一の直線位相帯域通過フィルタに通した後，それぞれの $\phi_1(t)$ と $\phi_2(t)$ を求め，$\omega_c(t)$ のかわりに帯域周波数を代表する中心角周波数 (c_f) で除算することによって，ジッタ波形を推定する。

このバンドパスフィルタの帯域幅を狭くするほど，帯域中心周波数と，帯域内に存在する成分音周波数は近くなるため，除算におけるジッタ振幅値の推定精度は高くなる。しかし，信号音成分と，ジッタによって信号音の両側に現れる

二つの側波が一つの帯域通過フィルタ内に存在しないと，ジッタ振幅を過小評価してしまうことになる．そして，帯域幅を超える周波数のジッタ成分を測定することはできない．したがって，帯域幅を狭くすることは，測定できるジッタ周波数範囲が狭くなることにつながる．

また，帯域の上限や下限付近に存在する成分の側波は，帯域外に漏れることになり，そのような成分に生じるジッタを見積もることはできない．加えて，位相差を帯域の中心周波数によって除算することによってジッタ振幅が求められるため，帯域内の低域に強い信号音成分がある場合，その側波成分が帯域内に入っていたとしても，ジッタ振幅は過小評価されてしまう．その逆に，帯域内の高域に強い信号音成分がある場合は，過大評価されてしまう．したがって，帯域制限を行ったとしても，一般的に帯域内スペクトル分布が目まぐるしく変化する音楽信号を用いた場合は，ジッタ振幅の過大評価や過小評価は避けられず，それは分析対象となる音楽信号のスペクトルに依存していることがわかる．つまり，この手法によって得られるジッタ振幅はあくまで推定値である．

しかしながら，その推定範囲の予測はある程度つき，例えば，2 000 Hz～6 000 Hz の帯域において，2 000 Hz 信号音に生じるジッタ波振幅の評価量は最小でも本来の値の $\frac{1}{2}$ 倍である．6 000 Hz 信号音の場合は，過大でも本来の振幅値の 1.5 倍となり，実際のジッタ振幅に対してこの範囲に推定値は収まることがわかる．

実際の測定では，D-A と A-D 変換器のサンプリングクロック間に定常的なずれ（著者らの実測によると，約 0.03％以下）が存在し，かつサンプリング間隔にも位相ずれが生じる．これらのずれは，測定音と観測音との正確な位相比較を不可能にする．このため，測定音の前後に $\frac{f_s}{4}$〔Hz〕の純音信号を挿入しておく．ここでは，その純音信号長は 20 周期 80 サンプルとした．そして，観測音において得られる音楽信号の前後にある純音信号の時間間隔と位相角の差を用いて，時間長差とサンプリング位相ずれを精密に測定する．

そして，その位相ずれを補正する直線位相遅延フィルタと，サンプリング周波数変換による時間長補正によって，測定音と観測音との時間軸を高精度に一

致させる前処理を行う．図 **8.9** に，サンプリング位相ずれとサンプリング周波数ずれの模式図を示す．また，図 **8.10** に測定全体の流れを示す．

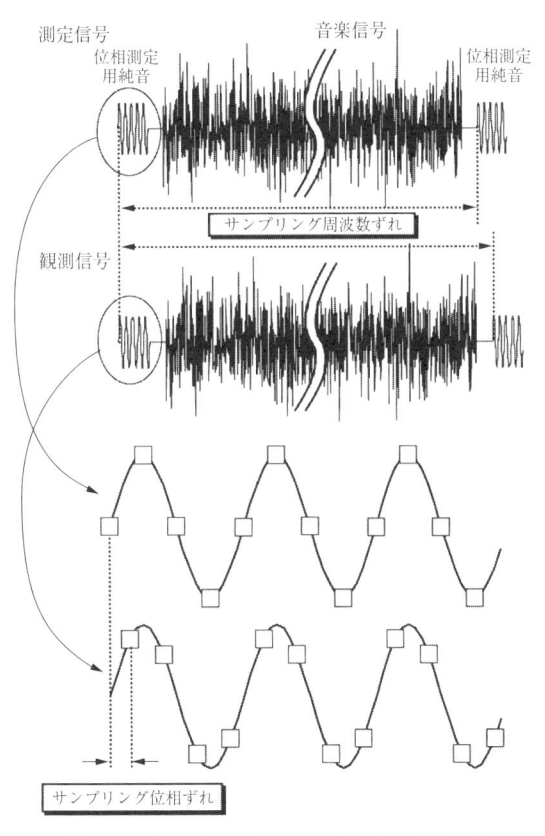

図 **8.9** サンプリング位相ずれとサンプリング周波数ずれの概念図

遅れ時間 D サンプル（D は実数）の直線位相遅延 FIR フィルタ係数 $h(t)$ は，k を整数，T をサンプリング周期として，$t = kT$ とおき，式 (8.15) のように表される[8]．

$$h(t) = \frac{\sin(\pi(k - \frac{D}{T}))}{\pi(k - \frac{D}{T})} w(t) \tag{8.15}$$

160   8. タイムジッタ

```
┌─────────────┐      ┌─────┐      ┌─────────┐
│測定用音楽信号│─────→│測定系│─────→│ 観測信号 │
└─────────────┘      └─────┘      └─────────┘
                           ↓            ↓
                     ┌──────────────────┐
                     │ 純音信号の位相測定 │←──┐
                     └──────────────────┘   │
                        ↓                   │
        ┌──────────────┐  ┌──────────────────┐
        │観測信号時間長算出│  │サンプリング周期ずれ算出│
        └──────────────┘  └──────────────────┘
                ↓                  ↓
              ┌──────────────────────┐
              │ サンプリング周期ずれ補正 │
              │    （FIR フィルタ）    │
              └──────────────────────┘
                         ↓
              ┌──────────────────────┐
              │ サンプリング周波数変換 │
              │        (DCT)         │
              └──────────────────────┘
                ↓                    ↓
        ┌──────────────┐      ┌──────────────┐
        │  帯域分割    │      │  帯域分割    │
        │ （4 kHz ごと）│      │ （4 kHz ごと）│
        └──────────────┘      └──────────────┘
           ↓↓↓ ...              ↓↓↓ ...
        ┌──────────────┐      ┌──────────────┐
        │  瞬時位相算出 │      │  瞬時位相算出 │
        │    φ₁(t)     │ ...  │    φ₂(t)     │ ...
        └──────────────┘      └──────────────┘
                 ↓                    ↓
              ┌──────────────────────┐
              │     ジッタ波推定     │
              │ (φ₁(t) − φ₂(t))/c_f  │
              └──────────────────────┘
                         ... 
```

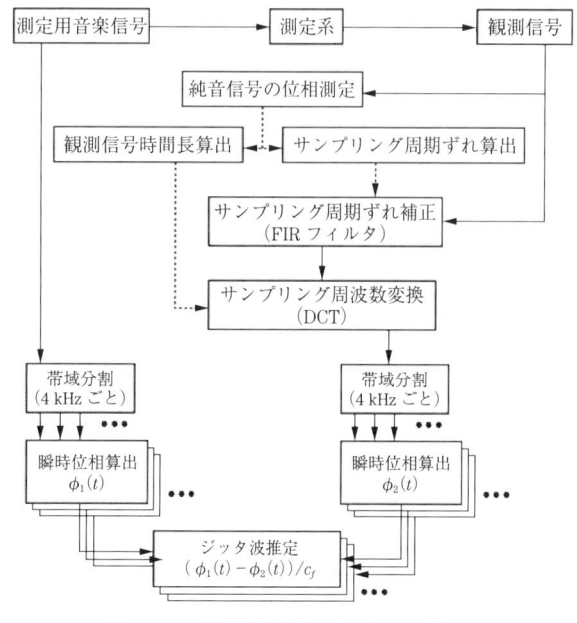

図 **8.10** 音楽信号を用いたジッタ測定の
ブロックダイヤグラム

$w(t)$ は，窓関数である．$h(t)$ は $t = 0$ 以前にも値を持ち，D の値が小さい場合には $t = 0$ 以前の切捨て誤差が大きくなる．このため，D に固定遅延量 D_0（係数長の半分）を付加して $D = D_0 + d(0 < d < 1)$ という形にする．係数長は 2 048 点として，無限のインパルス応答を打ち切ることによる誤差を防ぐための窓関数には，位相ひずみの小さくなる Hanning 窓を用いた．こうして作成した遅延フィルタの位相ひずみは，実際の機器の位相ひずみより 5 桁以上低い（12 000 Hz 以下の帯域でほぼ 10 ps 以下）ので，測定の誤差としては無視できる程度である．

サンプリング周波数変換には **DCT**（**離散コサイン変換**）を用いた．測定信号時間長を n（n は自然数），観測信号時間長を a（a は正の実数）とするとき，サンプリング周波数比 n/a の値に最も近い整数比 n_1/m_1（$a \leq m_1 \leq 2n$）を求める．そして，観測信号に対して，m_1 点 DCT 後，n_1 点逆 DCT を行って

サンプリング周波数変換された時間波形を求める．このとき，$m_1 < n_1$ の場合は，DCT 後のスペクトルに，長さ $n_1 - m_1$ のゼロ点を加えたスペクトルについて，逆 DCT を行った．

実際の音楽信号に対して，0.01%未満のサンプリング周波数変換を行い，再び同じ率だけサンプリング周波数を戻すことによって得られる時間波形と，もとの時間波形との残差は -270 dB 以下であることから，このサンプリング周波数変換によって生じる誤差は無視できるといえる．

実際の測定系を用いて，音楽信号に含まれるジッタ波が測定できるかどうかの実測を行った．あらかじめ既知の振幅（20, 55, 100, 210, 410, 810, 1 010 Hz の 7 成分 3.16 ns 等振幅）のジッタ波を付加した[9] 音楽信号を CD-R にオーディオトラックとして記録し，再生して実測を行った結果を示す．測定用信号は，RWC 研究用音楽データベース（ポピュラー音楽）RWC-MDB-P-2001 No.2[10] の冒頭約 9.6 秒から 15.5 秒までの 5.9 秒間の左チャネル信号のみ，右チャネルは無音とした．この信号は高域のエネルギーが比較的強いため，小さいジッタ振幅の推定が可能であると見込まれる．図 **8.11** にその平均スペクトルを示す．

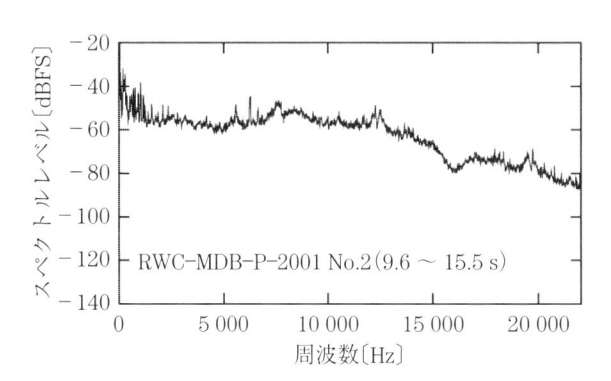

図 **8.11**　RWC-MDB-P-2001 No.2 の平均スペクトル

2 000 Hz〜6 000 Hz の帯域で得られたジッタ波形を周波数分析したジッタスペクトル（図 **8.12**）からは，付加した成分あたりの振幅 3.16 ns のジッタがやや過大評価されていることがわかる．したがって，成分あたり振幅 3 ns 程度の

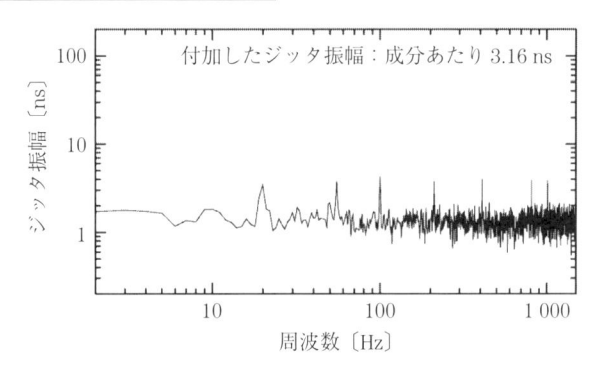

図 8.12 成分あたり振幅 3.16 ns のジッタ波を付加した音楽信号からのジッタ検出結果（実測）

ジッタがもし測定系に含まれていれば検出できることを，実際の測定系においても確認できた．

8.4 計測からわかるサンプリングジッタの諸様相

8.4.1 計 測 条 件

ここでは，合計 20 あまりのディジタルオーディオ機器を組み合わせて行った時間領域でのジッタ測定の結果得られたジッタスペクトルのなかから，特徴的な結果が得られたものを示す．ここで取り上げた機器については，表 8.1 に特徴と略号を示す．

測定は，CD あるいは DVD プレーヤで CD-R に記録した測定信号を読み取り，プレーヤ内蔵 DAC あるいはディジタル接続した DAC から再生したアナログ信号を，ADC で変換した後のディジタル信号である観測信号に対して行った．ここでは特に触れない限り，プレーヤと DAC の接続は，光ケーブルを用いた．パソコン用サウンドカードの場合は，測定用ディジタル信号を再生用ソフトウェアを用いて再生したものを ADC でディジタル信号に変換したものを観測信号とした．プレーヤ測定時の接続を図 8.13 に示す．

8.4 計測からわかるサンプリングジッタの諸様相

表 8.1 測定に使用したオーディオ機器の仕様（カタログ等に記されていたもののみ）とラベル．

ラベル	仕様	備考
CDP1	—	DAC1 を内蔵するプレーヤ
CDP2	Digital Servo Ratio Locked Loop	—
CDP3	1 ビット $\Delta\Sigma$	—
CDP4	1 ビット MASH	ポータブル
DVDA1	—	—
DAC1	22 ビット D.R.I.V.E. 32× オーバーサンプリング	CDP1 の内蔵 DAC
DAC2	20 ビット× 16/チャネル MMB 8× オーバーサンプリング	—
DAC3	24 ビット 64× オーバーサンプリング	PCI オーディオカード
ADC1	24 ビット 64× オーバーサンプリング	PCI オーディオカード
ADC2	16 ビット, $\Delta\Sigma$, 64× オーバーサンプリング	SCSI 接続
PCA1	AC97 Codec	PCI サウンドカード

（備考）CDP は CD プレーヤを，DVDA は DVD オーディオプレーヤを意味する．

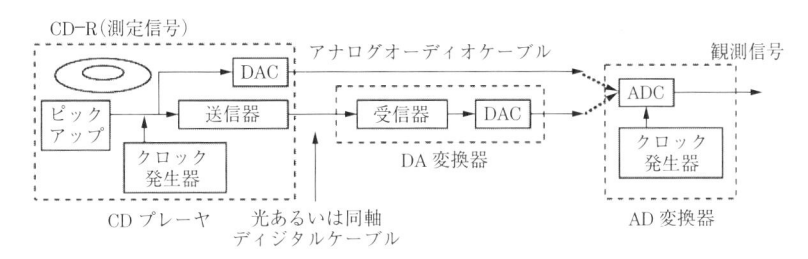

図 8.13 測定系の接続図とジッタに影響を与えるかもしれない各部分

測定系において想定されるジッタの発生部所は，図 8.13 内においては，メディア読み取り部，クロック発振回路，ディジタル信号伝送経路，ADC, DAC である．それぞれの部位で発生するジッタは，部位を経るごとに積算されていく．観測信号はいったんアナログ信号となったものを A-D 変換した後に得られるため，特定の部位だけで生じるジッタを直接測定することは不可能である．

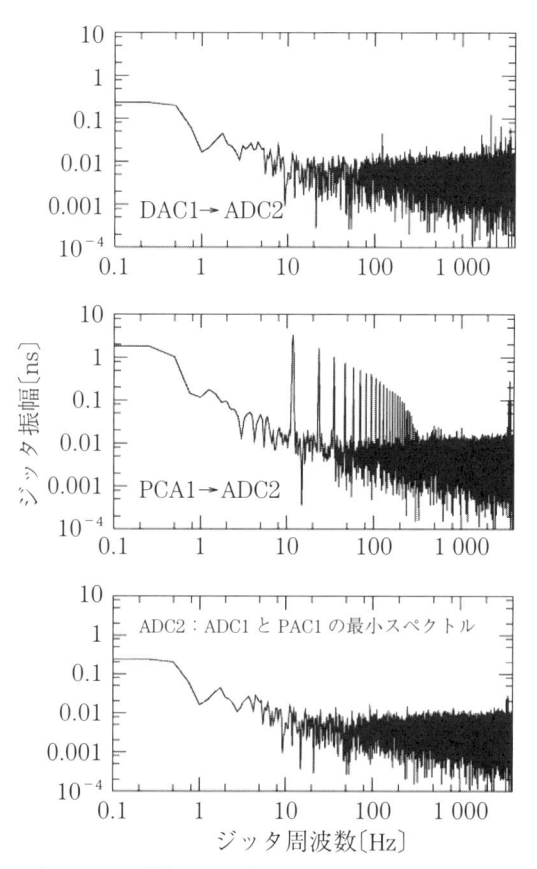

上図: DAC1 を ADC2 に接続した場合。中図: PCA1 を ADC2 に接続した場合（サンプリング周波数 44 100 Hz）。下図: 上図と中図のスペクトルから，周波数ごとに小さいほうのスペクトルを選んでプロットした場合であり，ADC2 固有のジッタスペクトルは，これを超えないと推定される。

図 **8.14** 解析信号を用いた時間領域のジッタ測定から得られたジッタスペクトル

したがって，注目したい部位のメディアあるいは機器を複数入れ替えて測定を行い，結果を比較することによって，その部位で生成されているであろうジッタの様相を調べることとなる．

測定の結果得られるジッタ波形について，1秒間のHanning窓かけ後にFFTを行い，これを0.5秒ずつずらして5秒間の平均スペクトルを求めた．ノイズレベルが -130 dBFS / Hz 以下である A-D/D-A 変換器の場合，純音信号を用いたジッタ振幅の測定限界は数 ps～数十 ps 程度である．測定用音楽信号は RWC-MDB-2001 No.2[10] を用いた．この音楽信号を用いた場合のジッタ振幅の測定限界は 8.3 節で示したようにジッタ成分あたり約 3 ns[7] であるが，それを超えるジッタは，音楽，純音いずれでも観測されなかったため，純音による測定結果のみ示す．すべての測定結果の再現性は高かった．

まず，ADC2 のジッタ特性を確認するため，異なる二つの DAC より再生したアナログ信号を ADC2 で変換した観測信号に対して，そのジッタスペクトルを図 8.14 の上図および中図に示した．これらのスペクトルのうち，小さいスペクトル成分を周波数毎に選びプロットしたのが，下図のスペクトルである．このスペクトルは，上図および中図のジッタに共通する成分を表しており，ADC2 のジッタスペクトルは，これを超えないことがわかる．よって，ADC2 のジッタは十分少ないことがわかる．同様にして，ADC1 のジッタも十分少ないことを確認している．

8.4.2 CD プレーヤ

図 8.15 には CDP1 内蔵 DAC 再生時のジッタスペクトルを示す．CDP1 内蔵 DAC（DAC1）は外部ディジタル入力の再生も可能であり，図 8.16 には，CDP2 で読み取ったディジタル信号を DAC1 で再生したときのジッタスペクトルを示す．図 8.17 は，CDP3 で読み取ったディジタル信号を DAC1 に入力して再生した結果である．これらを比較すると，同じ DAC を用いてもクロック源となるプレーヤが異なるとジッタ特性に明らかな違いが存在することがわかる．内蔵 DAC と外部 DAC を比較するため，図 8.18 には DVD オーディオプ

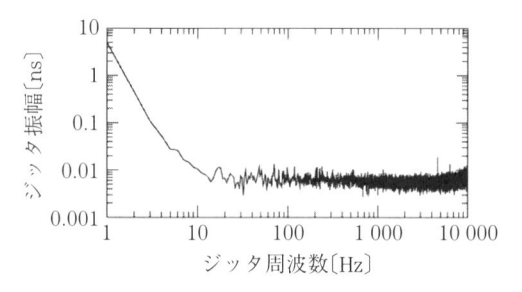

図 8.15 CDP1（内蔵 DAC1）のジッタスペクトル

図 8.16 CDP2 を DAC1 に光接続したときのジッタスペクトル

図 8.17 CDP3 を DAC1 に光接続したときのジッタスペクトル

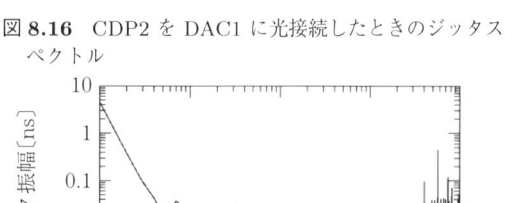

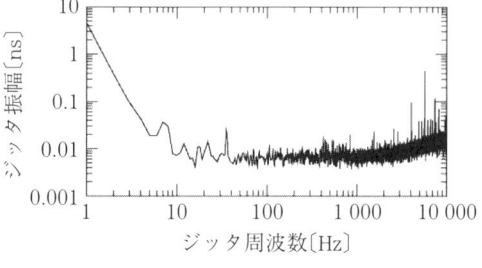

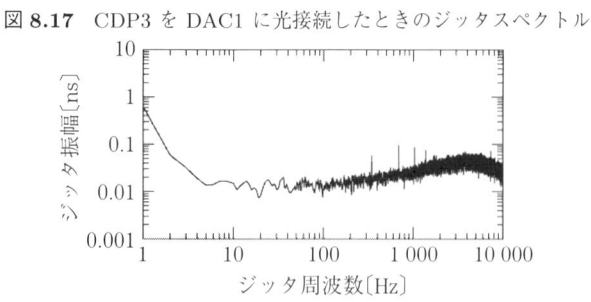

図 8.18 DVDA1 の内蔵 DAC を用いた時のジッタスペクトル

レーヤ（DVDA1）で内蔵 DAC から再生した結果を，図 **8.19** には DVDA1 のディジタル出力を，DAC2 で再生した結果を示す．これらの比較より，DAC2 とディジタル伝送系は，約 200 Hz 以下のジッタ成分を増幅し，それ以上のジッタ成分を抑圧しているものと考えられる．

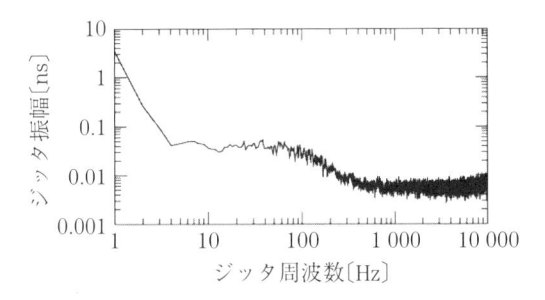

図 8.19 DVDA1 を DAC2 に光接続し再生した時のジッタスペクトル図 8.18 と比べると，200 Hz 以下のジッタ成分は増幅され，それ以上は抑圧されている．

図 **8.20** には，CDP2 内蔵 DAC を使用して直接 ADC1 で記録した場合のジッタスペクトルを示す．CDP2 については，直接アナログ出力する場合（図 8.20）より，外部の DAC1 にディジタル接続を行った場合（図 8.16）のほうが，ジッタ量は多いことがわかる．

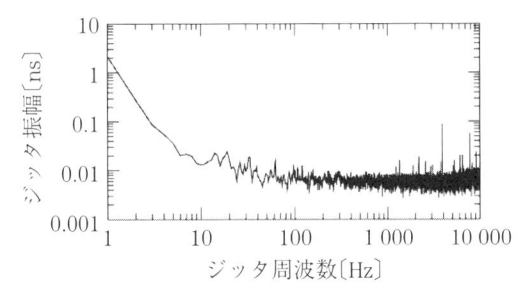

図 8.20 CDP2 のジッタスペクトル

一方，図 **8.21** には，CDP3 内蔵 DAC を使用して，直接 ADC1 で記録した場合のジッタスペクトルを示す．こちらの場合は，さきほどの例とは逆で，外部の DAC1 にディジタル接続を行った場合（図 8.17）のほうが，全体的なジッ

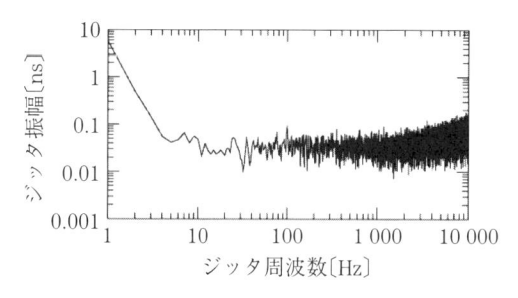

図 8.21 CDP3 のジッタスペクトル

タノイズが少ないように見える。ただし，これは CDP3 内蔵 DAC のほうが，アナログ出力信号における信号対雑音比が悪いことから，アナログ信号でのノイズフロアがジッタスペクトルに反映された結果である。

これらのように，同じ DAC を用いても接続するプレーヤが異なるとジッタスペクトルも異なること（図 8.15〜図 8.17）から，プレーヤのクロックジッタ特性と DAC のジッタ特性は重畳される関係にあることが確認できる。

CD プレーヤと DAC との接続において，コンシューマ市場では同軸ケーブル（S/PDIF）と光ケーブル接続（TOSLINK）が一般的である。先に示した図 8.16 は CDP2 と DAC1 を光ケーブルで接続した場合の測定結果であり，それを同軸ケーブルで接続した場合の測定結果である図 **8.22** と比較すると，ジッタスペクトルにはかなり違いが見られる。これは測定結果のなかでも極端な例ではあるが，接続方式によってジッタスペクトルはしばしば変化した。

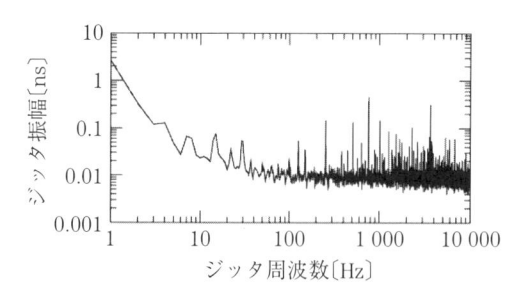

図 8.22 CDP2 を DAC1 に同軸ケーブルで接続したときのジッタスペクトル

いわゆるオーディオマニアの一部には，AC電源の質にこだわる傾向が見られる。ただし，その科学的根拠は乏しく，電源プラグやケーブルを高品質なものに交換したことによる計測可能な電気的影響や音響的影響は，いまだ明らかになっていない。また，AC電源からの悪影響を逃れるために，DC電源（直流バッテリ駆動）を，特にCDプレーヤに求めるマニアも存在する。携帯CDプレーヤは，充電池による駆動と，AC-DC変換器を使用したAC電源駆動の両方が可能なため，電源によるジッタへの影響を調べるために，双方の電源状態において測定を行った。表8.1のCDP4が，その携帯プレーヤである。

結果としては，電池駆動と，AC-DC変換器を通したAC電源駆動では，内蔵DAC，外部DACを使用した場合のいずれも，得られたジッタスペクトルにほとんど差異は無かった。このため，それらの結果はここには示していない。内蔵DACと外部DACの違いを見るために，図 **8.23** にCDP4のアナログライン出力をADC1で記録したときのジッタスペクトルを，図 **8.24** にCDP4の光ディジタル出力をDAC1に入力し，ADC1で記録したときのジッタスペクトルを示す。これらの結果を比較すると，プレーヤ内蔵DACを使用したほうが，外部DACを経由した場合に比べて，明らかにジッタが少ないことがわかる。これは，CDP2の内蔵DACを用いた場合（図8.20）とCDP2のディジタル出力をDAC1に入力した場合（図8.16）の比較において，前者のジッタ量が少なかったことと同じ傾向である。

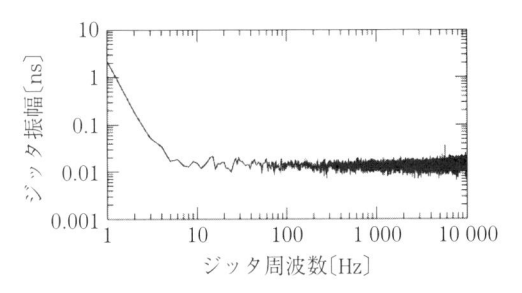

図 **8.23** CDP4のアナログ出力のジッタスペクトル

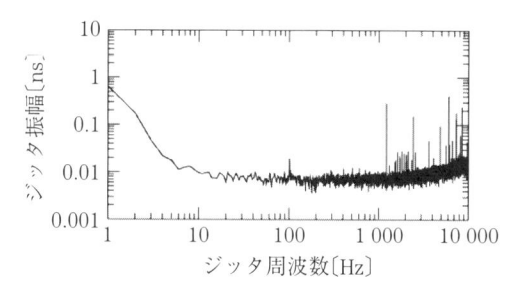

図 8.24 CDP4 と DAC1 を光ディジタル接続した場合のジッタスペクトル (プレーヤ内蔵 DAC を利用した図 8.23 より，ジッタ量が多い)

8.4.3 DVD プレーヤ

DVDA1 において，音声トラック (24 ビット，96 000 Hz，2 チャネル) に純音信号が記録された DVD-Video ディスクを再生して得られた測定結果を図 8.25 に示す。また，同じプレーヤにおいて，DVD オーディオフォーマット (24 ビット，96 000 Hz，2 チャネル) で記録を行った DVD-R ディスクを再生して得られた測定結果を図 8.26 に示す。これらと，図 8.18 に示した CD-R 再生時の測定結果を比較すると，三者で明らかにジッタスペクトルが異なることがわかる。この違いの原因が，メディア，記録フォーマット，プレーヤの DAC を駆動するサンプリングクロックのいずれであるか，現時点では明らかでない。

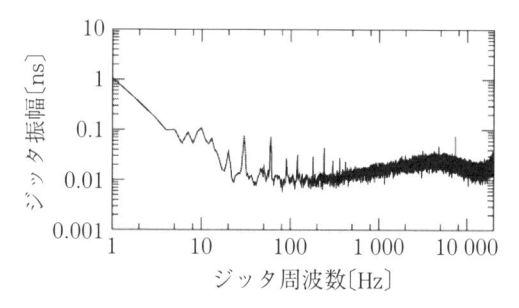

図 8.25 DVDA1 において DVD-Video (24 ビット/96 000 Hz) メディアを再生したときのジッタスペクトル (CD の場合 (図 8.18) とはスペクトルが異なる)

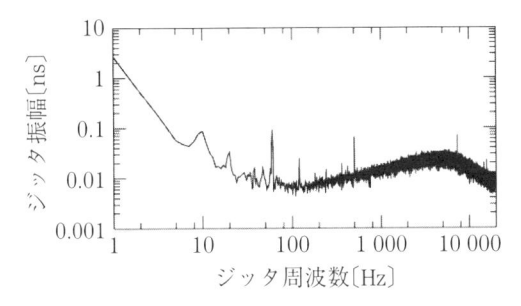

図 **8.26** DVDA1 において DVD オーディオ（24 ビット/96 000 Hz）メディアを再生したときのジッタスペクトル (DVD-Video の場合 (図 8.25)，CD の場合 (図 8.18) ともスペクトルが異なる。)

8.4.4 パソコン用オーディオ機器

パソコン用サウンドカードの中には，DAC/ADC チップに高級オーディオ用と同じものを採用したものもある．今回の測定で主に使用した ADC1 は，アナログ信号入出力部を PCI カード外に持つパソコン用オーディオカードであり，その DAC 部には DAC3 とラベリングした．図 **8.27** には，2 台のパソコンにそれぞれ 1 枚ずつこのオーディオカードをインストールし，一方の DAC3 出力を，もう一方の ADC1 で録音したときのジッタスペクトルを示す．

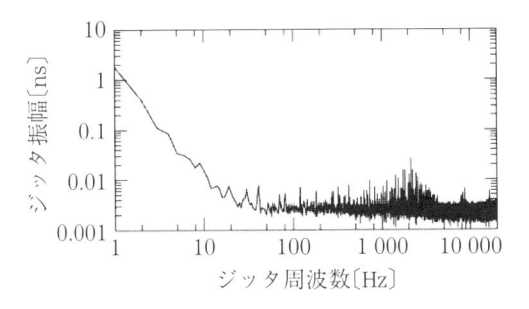

図 **8.27** DAC3 のジッタスペクトル
(サンプリング周波数は 96 000 Hz)

なお，測定はサンプリング周波数 48 000 Hz と 96 000 Hz で行ったが，結果に大きな違いはなかった．図 8.27 には 2 000 Hz 付近に 30 ps 程度のピークが見

られるが，他の測定において，ADC1 を使用した測定結果（図 8.15〜図 8.26，図 8.28〜図 8.32）には，そのようなピークは見られないことから，これは DAC3 におけるジッタ特性であることがわかる．

8.4.5　信号に依存するジッタ：J-test 信号

Dunn ら[1),11)] は，信号のビットパターンに周期性のある特殊な信号（**J-test 信号**）をディジタル伝送する際にインタフェースジッタが生じ，サンプリングジッタとして DAC 出力に現れることを指摘している．J-test 信号は，AES3 規格のディジタル信号において，24 ビット精度の最大振幅の $\frac{1}{2}$ と最小振幅の $\frac{1}{2}$ を 4 サンプル周期で繰り返す信号（搬送波）に，192 サンプル周期で振幅ゼロと −1 LSB を繰り返す信号（変調波）を足し合わせた信号である．AES3 規格ではディジタル信号は 2 の補数で表現されるため，この信号を 16 進数表現すると

0xC00000 0xC00000 0x400000 0x400000 （ 24 回繰返し ）
0xBFFFFF 0xBFFFFF 0x3FFFFF 0x3FFFFF （ 24 回繰返し ）

という繰返しとなる．左右チャネルにこの同じ信号が用いられる場合，AES3 規格において，192 サブフレーム（=1 ブロック）は，ほとんど 0 ビット値のみ，つぎの 1 ブロックはほとんど 1 ビット値のみ，の信号が繰り返されることになる．ディジタル伝送系にアナログローパス特性が加わったとすると，伝送されてくるディジタル信号波形は，図 8.1 の下の点線のようにそれぞれ変化し，0 ビット値信号のほうが 1 ビット値信号よりゼロクロス時刻が遅れてしまう．したがって，変調波の周波数と等しい矩形ジッタ波が生じる．

J-test 信号の周期は 192 サンプル以外でも，変調周波数が異なるだけで，大きな違いはない．そして，このようなビットパターンを持つ信号は AES3 規格信号のうち最もサンプリングジッタが発生しやすい極端な例である．AES3 規格は JEITA CP-1201 と同じであり，付加ビット情報以外は，コンシューマ用の S/PDIF と同じビット表現を行う．今回の測定では，AES3 規格での 24 ビット信号を伝送し受信するオーディオ機器がなかったため，16 ビット信号により

8.4 計測からわかるサンプリングジッタの諸様相

生成した J-test 信号を測定用信号として用いた．1 周期を 200 サンプルとしたとき，データ領域に Auxiliary 領域を含めた 24 ビット分の 16 進数表現は

```
0x00C000 0x00C000 0x004000 0x004000 （ 25 回繰返し ）
0x00BFFF 0x00BFFF 0x003FFF 0x003FFF （ 25 回繰返し ）
```

となるが，依然としてビットパターンのアンバランスは保たれる．変調波の周期は 100 サンプルと 200 サンプルの 2 種類で測定を行ったが，周期の逆数となる周波数に現れるジッタ成分振幅に大きな違いはなかった．そこで，以降は 100 サンプル周期の結果のみを示す．

　プレーヤとその内蔵 DAC を用いるとき，441 Hz（周期 100 サンプル）にジッタ成分のノイズフロアより強いジッタ成分を検出できたのは CDP1 だけであった．CDP1 において，J-test 信号を再生したときのジッタスペクトルを図 8.28 に示す．この CD プレーヤは，内蔵 DAC へ至るまでのディジタル信号伝送系において，インタフェースジッタが生じて，それがサンプリングジッタの原因になっているものと考えられる．

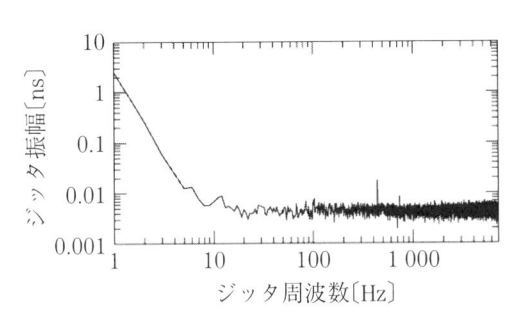

図 8.28　J-test 信号再生時の CDP1 のジッタスペクトル

　ディジタル同軸接続用ケーブルとして，中級品（長さ 3 m）のディジタルオーディオ用ケーブル，アナログ音声信号用オーディオケーブル（長さ 7 m）を利用した場合を比較した．純音信号を用いた測定結果に違いはほとんど見られなかったが，J-test 信号を用いた測定では，変調波の周波数に現れるジッタ振幅がアナログ音声信号用オーディオケーブルを用いた場合に 2 倍ほど大きくなる

ことがわかった。図 **8.29** には，ディジタルオーディオ用ケーブルを用いたときの測定結果を，図 **8.30** には，アナログオーディオケーブルを用いたときの測定結果を示す。

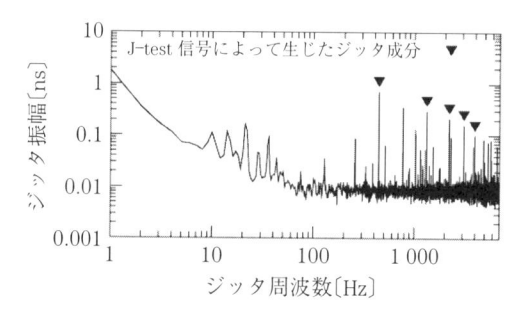

図 **8.29** CDP2 を DAC1 に同軸ディジタルケーブルでディジタル接続した際のジッタスペクトル (測定信号は 441 Hz の矩形波で変調された J-test 信号)

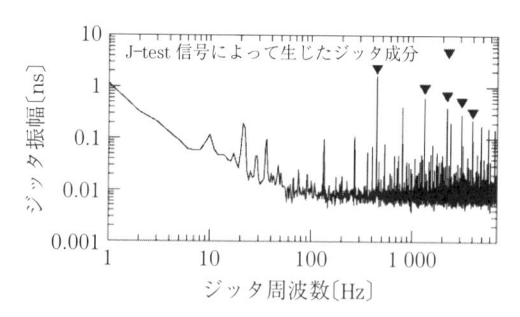

測定信号は 441 Hz の矩形波で変調された J-test 信号。ディジタルケーブルを用いた場合の図 8.29 と比べて約 2 倍のジッタ振幅が見られる。

図 **8.30** CDP2 を DAC1 に同軸アナログケーブルでディジタル接続した際のジッタスペクトル

このアナログケーブル使用時にジッタが増える原因としては，アナログケーブルでは考慮されていない 2.8 MHz を超える帯域でディジタル信号の減衰が起きること (図 8.1 参照)，またディジタルケーブルの特性インピーダンスは 75Ω，アナログ音声信号用オーディオケーブルの特性インピーダンスが 110Ω 程度であり，ディジタルインタフェース間のインピーダンス不整合が起きてディジタ

ル信号波形が変形していることが考えられる。J-test 信号は，そのような伝送経路の状態を，測定結果に反映しやすい信号だといえる。

8.4.6 CD-R メディアによる影響

CD プレーヤの場合，メディア要因およびデータ読み取り部においてジッタが生じやすいと通説的には唱えられている。そして，インターネット上では，メディア上のピットを読んだ際の RF 信号におけるアイパターンに含まれるジッタの様相が，メディアによって変化するデータも公開されている。もっとも実際には，読み取られたデータは CIRC デコード後にバッファメモリに蓄えられ，アイパターンの読み取りを制御するクロックとは別の水晶精度のクロックを分周したサンプリングクロックを用いてアナログ波形に変換されるため，原理的にはデータ読み取り時のジッタは，アナログ再生音に影響を与えないと考えられる。しかし，データ読み取り時の制御回路やエラー訂正回路の働きが，それ以外のディジタル回路の動作にも電気的な影響を与え，サンプリングクロックにジッタを生じさせるという考えもある。

プレーヤにおいて，C1/C2 エラー（訂正可能な読み取りエラー）が生じる条件で，ジッタ特性が変化するかを調べるために，CD-R メディアの記録面に，中心で 90 度に交わるカッタナイフによる 4 本の傷を与えたものを用いて測定を行った。再生音には，傷によって原データに回復不能であったときに生じるパルス状のノイズが部分的に混入する。したがって，そのようなノイズが混入していない部分では，エラー訂正が成功裏に行われていることは明らかである。ノイズが混入しなかった 5 秒間の観測信号について測定を行ったが，いずれの機器条件でも傷のないメディアで得られた測定結果と同じ結果が得られた。今回の測定対象機器では，エラー訂正によってジッタは生じなかったといえる。

CD-R メディア要因としては，記録面材質，記録速度，記録位置，メディア製造メーカーなどさまざまな要因があげられ，それらが測定対象機器の組合せに依存することも考えられるため，測定条件の組合せは膨大な数にのぼる。ここでは，同じパソコン用 CD-R ドライブを用いて記録したシアニン色素 CD-R

について，等倍と6倍速の記録速度の違いと，メディア銘柄の違い（製品を供給しているOEM元のメーカーは同じであるが，ディスク銘柄と販売メーカーはS社，T社と異なる）を比較した。

記録速度の違いによってジッタ特性は影響を受けなかった。しかし，販売メーカーが異なる2種のメディアについては，CDP2をDAC1あるいはDAC2に対して同軸あるいは光接続した場合のみ，ジッタスペクトルに明らかな違いが生じた。図8.31の上に，CDP2をDAC2に光接続した測定系において，等倍速で記録したS社メディアを用いた測定結果を，了解性のためにジッタ振幅を10倍して示した。図8.31の下には，同じ測定系において，T社メディアを用いた測定結果を示した。約50 Hz以下の帯域で，双方のジッタスペクトルは異なり，全体的にS社メディアのほうがジッタ成分が多い。このCDP2とDAC2の組合せにおいて，メディアによるジッタスペクトルの違いが現れた原因は，DAC2が低域のジッタスペクトルを強調する特性を持っているためではないかと考えられる。

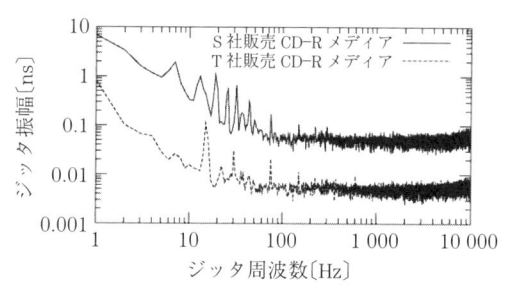

上側: S社販売CD-Rメディアを使用した場合。了解性を高めるため10倍している。下側: T社販売CD-Rメディアを使用した場合。

図 8.31 CDP2をDAC2に光ディジタルケーブルで接続した際のジッタスペクトル

その他のメディア要因としては，CD-Rのラベル面へのガムテープ添付による偏重量や，中心穴をカッタで1方向のみ削って広げる偏心，信号の記録位置（メディアの外周と内周）といった要因をテストしたが，明らかなジッタ特性の変化は得られなかった。

8.4.7 経年変化

同じ測定機器について，同じメディアを再生して測定を行った場合，測定の時間間隔が1時間以内程度であれば，測定の再現性は非常に高い．しかし，それ以上の時間スケールで，測定時間間隔があいた場合，ジッタ振幅はほとんど変化しないが，ジッタ周波数がわずかに異なってくることがある．さらに，それ以上，数か月測定時間間隔が開いた場合，ジッタの振幅と周波数いずれも変化する場合がある．図 8.32 には，CDP2 を DAC2 に光接続した測定系において，前述の T 社の同じメディアを使用して，6ヵ月後にどのようにジッタスペクトルが変化したかを示す．

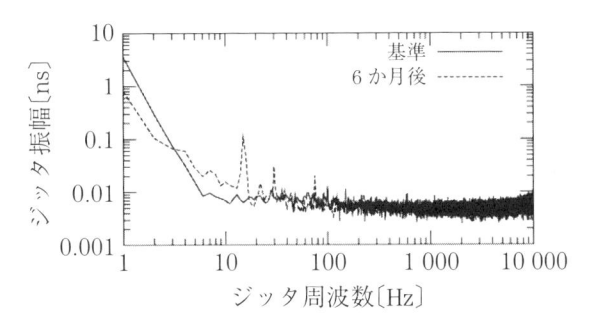

図 8.32 CDP2 を DAC2 に接続した時の 6 か月間でのジッタスペクトルの変化

6か月後には，当初なかった 15 Hz に 113 ps のジッタ成分が現れている．このジッタ成分は DAC や ADC, CD-R メディア固有のものではないことが，同時期に行った他機器の測定結果より明らかなため，CDP2 とそのディジタル伝送系の経年変化と考えられる．このような明らかな経年変化は，ほかの測定対象機器には見られなかった．

8.5 タイムジッタの許容量

8.5.1 理論上のタイムジッタ許容量

タイムジッタに起因するひずみの大きさは，信号波形の傾きに比例する。タイムジッタは時間方向のずれなので，タイムジッタの大きさと，そのサンプル位置での信号波形の傾きを乗算することで振幅方向のずれ，すなわち，ひずみの大きさが決まる。信号波形の振幅が同じなら，周波数の低い信号よりも周波数の高い信号のほうが波形の最大傾斜が大きくなる。このため，高周波成分がより多く含まれるハイサンプリングオーディオにおいては，タイムジッタによる影響がより大きくなくことが懸念されている[9),12)]。高周波ほどタイムジッタの影響を受けやすいことは，周波数が高いほど波長が短いため，同じ大きさの時間のずれが，より大きな位相のずれになるということからも容易に想像できるだろう。

リニアPCM信号なら，波形の傾斜とタイムジッタのサイズからひずみの大きさを算出することができる。ひずみの大きさが $\frac{1}{2}LSB$ 以下ならば，そのタイムジッタによる音質変化は量子化雑音レベル以下なので，品質劣化はないといえる。上述のとおり，周波数の高い信号ほど，タイムジッタによって大きなひずみを生じる。したがって，与えられたフォーマットで再生できる最も高い周波数の信号を再生したときに生じるひずみが $\frac{1}{2}LSB$ になるとき，そのタイムジッタのサイズが，与えられたフォーマットにおけるタイムジッタ許容量と考えられる[13)]。

つまり，CD-DA なら 22 000 Hz の正弦波を再生して，16 ビットにおける $\frac{1}{2}LSB$ の大きさのひずみを生じるタイムジッタの大きさをタイムジッタ許容量と見なせばよい。t を時間とすると，周波数が 22 000 Hz で 16 ビットフルスケールの正弦波は

$$y = 32\,767\sin(2\pi t \times 22\,000) \tag{8.16}$$

である。図 8.33 の実線にこの正弦波を示す。t について微分すると

$$y' = 32\,767 \times 44\,000\pi \cos 44\,000\pi t \tag{8.17}$$

である。正弦波の傾斜は零交差部で最大となるので，t を 0 とし，最大傾斜 $S = 32\,767 LSB \times 44\,000\pi$ が求まる。図 8.33 の破線の傾きが正弦波の最大傾斜を表している。タイムジッタ許容量を j とすると

$$jS < \frac{1}{2}LSB \tag{8.18}$$

を満たすには，$j <$ 110.4ps である。つまり CD-DA フォーマットの理論上のタイムジッタ許容量は，110.4 ps と見なせる。言い換えると，タイムジッタのサイズが 110.4 ps 以下なら，22 000 Hz の正弦波を 16 ビットの精度で再生するのに支障はないということである。

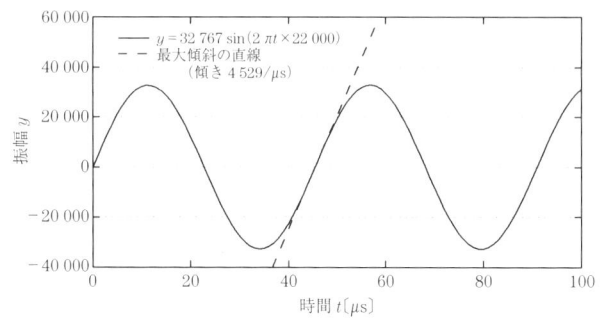

実線は，周波数が 22 000 Hz で 16 ビットフルスケールの正弦波信号。破線の傾斜は，正弦波の最大傾斜と等しい。

図 8.33 CD-DA における波形の最大傾斜

24 ビットの精度で 22 000 Hz の正弦波を再生するには，タイムジッタはさらに 256 分の 1 のサイズに抑えなくてはならないため，タイムジッタ許容量は 0.43 ps である。サンプリング周波数の最大値が 192 kHz となる DVD オーディオフォーマットの時間ゆらぎ許容値は，0.1 ps 程度となる。つまり，時間ゆらぎが 0.1 ps 以下なら，90 000 Hz を超える純音を 24 ビットの精度で再生することが可能なのである。高周波まで再生できるハイサンプリングや量子化

雑音レベルの低いハイビットオーディオでは，タイムジッタの許容量が小さくなり，再生機器には，より精密なクロック精度が求められるのである。

CD-DA では，理論上 22 050 Hz まで再生できるが，現実には，オーディオ機器で 22 000 Hz の純音を聞こうとする人は少ないだろう。音楽信号を再生する場合のタイムジッタの許容量を求められないだろうか。蘆原と桐生[13]は，さまざまなオーディオ CD や DVD に収録される音楽信号波形の瞬時的な最大傾斜を調べて，音楽信号におけるタイムジッタの許容量を求めている。

表 8.2 は，蘆原と桐生が CD-DA や DAT（digital audio tape），DVD に収録されていた 13 の楽曲について，波形の最大傾斜を観測して，それをもとに算出したタイムジッタ許容量である。例えば，曲目 1 なら，タイムジッタのサイズが 408 ps を超えなければ，タイムジッタによって 16 ビットの量子化雑音レベルを超えるひずみは生じないということである。曲目 9 と 10 は，2003 年当時市販されていたハイサンプリングの DAT に収録されていた曲，曲目 11〜13 は，サンプリング周波数 96 000 Hz，量子化ビット数 24 のハイサンプリング，ハイビット仕様の DVD 収録曲である。

表 8.2 音楽信号におけるタイムジッタ許容量

曲目番号	ジャンル	メディア	サンプリング周波数〔Hz〕	ビット数	タイムジッタ許容量〔ps〕
1	Rock	CD	44 100	16	408
2	Violin	CD	44 100	16	1 213
3	Fusion	CD	44 100	16	596
4	Orchestra	CD	44 100	16	2 567
5	Pop	CD	44 100	16	959
6	Pop	CD	44 100	16	511
7	Music box	CD	44 100	16	182
8	Jazz	CD	44 100	16	408
9	Violin	DAT	96 000	16	2 543
10	Jazz	DAT	96 000	16	959
11	Guitar	DVD	96 000	24	15.4
12	Rock	DVD	96 000	24	2.7
13	Jazz	DVD	96 000	24	1.7

メディアが同じ CD-DA であっても，曲目によってタイムジッタ許容量は大きく異なり，分析された曲目のなかでも，タイムジッタ許容量の最大（2 567 ps）

と最小（182 ps）では1桁を超える差がある。打楽器音のような急しゅんな波形や高周波成分が豊富に含まれる信号では，波形の傾斜が大きくなるため，タイムジッタ許容量が小さくなる。曲目7の時間ゆらぎ許容値は182 psとかなり小さい。この値は，約13 300 Hzの純音を16ビットの精度で再生するための許容値に匹敵する。この曲は，アンティークオルゴールによる演奏が録音されたものであり，FFT分析では，高周波成分がかなり豊富に観察されている。この例から，音楽信号でも，瞬時的にはかなり急しゅんな波形になることがわかる。

ハイビット，ハイサンプリングのDVDでは，CD-DAに比べてタイムジッタ許容量が小さかったことがわかる。最小は1.7 psである。蘆原と桐生による分析は，曲数の限られたものだが，音楽でも16ビットの分解能で再生するには，10 000 Hzを超える純音を再生するのに匹敵する時間精度が求められることや，2 ps程度の時間ゆらぎが存在すると，音楽信号でも24ビットの分解能が得られなくなる場合のあることを示している。

上記のとおり，音楽信号でも瞬時的な波形は非常に急峻になることがある。このため，わずか数百 psのタイムジッタがCD-DAの再生音質に影響を及ぼし，DVDやDVDオーディオでは，数 psのタイムジッタが音質に影響を及ぼしうる。この程度のタイムジッタは，データ伝送系でのノイズやひずみが原因で生じることも考えられるため，記録メディアの材質や色，ディジタルケーブルの違いが音質に影響を及ぼすこともありうる。しかし，それはタイムジッタ以外の条件がすべて16ビット（あるいは24ビット）の品質を保証していると仮定したうえでの推論である。実際には，電気回路内の熱雑音や熱起電力のゆらぎの影響を考えると，24ビット精度の実現は容易ではない[14]。また，民生用スピーカやヘッドホンで16ビットの品質を確保するのは至難の業である[8]。タイムジッタとディジタルオーディオにおける主観的な音質変化の因果関係を明確にするには，実際に信号を再生系に通して，人が聴取したときに，どの程度のタイムジッタが検知できるのかを明らかにする必要がある。

8.5.2 タイムジッタの検知域

タイムジッタの検知閾を実験的に調べるには，タイムジッタの大きさを何らかの方法で計測し，さらにそれを人為的に制御しなくてはならない。Benjamin と Gannon[12] の実験では，オーディオ再生信号が 2 系統に分岐され，その一方にだけジッタモジュレータが挿入された。ジッタモジュレータは，ファンクションジェネレータからの信号をタイムジッタとしてオーディオ信号に付加させるものである。2 系統の再生音は，切替え器で自由に切り替えられた。彼らは，聴取者に自分でタイムジッタの大きさを変化させて，音質の違いがちょうど聞き分けられるタイムジッタ検知閾を申告させる，いわゆる**調整法**を採用している。彼らの実験で得られたタイムジッタ検知閾は，30 ns～300 ns であった。

この実験のようにオーディオ再生系にハード的な細工を施すことでタイムジッタ量を制御する場合，聴取者ごとに，その聴取者が日頃愛用しているオーディオ再生系を使用して実験を行うのは困難である。また，信号経路にジッタモジュレータという回路を挿入することによって，雑音の増加など，タイムジッタ以外の変化も生じてしまう可能性がある。

そこで，Kiryu と Ashihara[15] は，タイムジッタによって発生する波形のひずみを信号処理によって模擬するタイムジッタシミュレータを考案している。シミュレーションの方法を模式的に表したのが図 **8.34** である。

タイムジッタシミュレータでは，離散的な PCM データから，補間により，もとのすべてのサンプル点（白丸）を通る連続的な m 次曲線（実線）が求められる。つぎにもとのサンプルが時間軸上で任意の方向に任意の大きさだけ移動させられる（黒三角）。これにより m 次曲線が変形する。変形した曲線（破線）の本来のサンプル位置（縦のグリッド）における振幅値を求めることにより，任意のタイムジッタが加わった後の PCM データ（ひし形）が得られる。

タイムジッタによってひずんだ波形（破線）には，ナイキスト周波数を超える成分が含まれている可能性があるので，アンチエリアシングフィルタでナイキスト周波数以上の成分を除去してから本来のサンプル位置の振幅値が求められる。このようにして得られたデータは，もとのデータとサンプリング周波数が

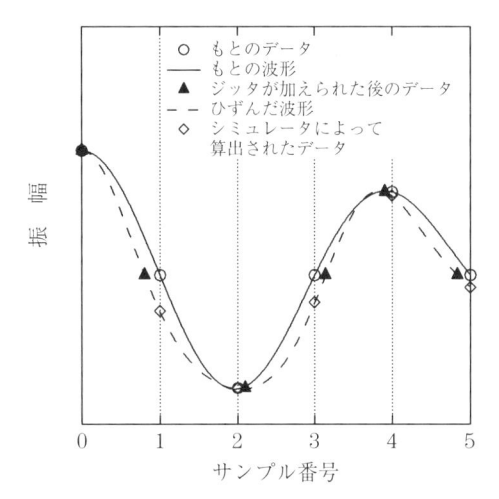

8.5 タイムジッタの許容量   183

凡例:
○ もとのデータ
— もとの波形
▲ ジッタが加えられた後のデータ
-- ひずんだ波形
◇ シミュレータによって算出されたデータ

縦軸:振幅　横軸:サンプル番号

ソフトウェアによるタイムジッタのシミュレーション手法。もとの波形（実線）から一定のサンプリング間隔でサンプリングされたもとのデータ（白丸）とタイムジッタが付加されたデータ（黒三角）とそれを補間した波形（破線）。得られた波形から本来のサンプリング時刻の値を算出して求められたデータ（ひし形）。縦の格子は，正規のサンプリング時刻を表す。

図 **8.34** タイムジッタのシミュレーション

同じなので，同じ D-A 変換器で同じように再生できる。

このタイムジッタシミュレータを用いることにより，再生系にまったく細工を施すことなく，任意の大きさおよび任意の周波数特性を持つタイムジッタをオーディオ信号に付加することができる。蘆原と桐生[9]は，このタイムジッタシミュレータの動作を理論値と比較することにより評価している。周波数が f〔Hz〕の正弦波信号に周波数 f_j〔Hz〕の正弦波状のタイムジッタが加わると，もとの正弦波信号を挟んで，$f \pm f_j$〔Hz〕に側帯波が発生する。側帯波の大きさは，信号の周波数とタイムジッタの振幅により理論的に求められる。評価の結果，m 次曲線の次数を 6 とするシミュレーションの結果，得られた側帯波は，理論的に求められる側帯波とほぼ同じであることが確認された。

Ashihara ら[16]は，このタイムジッタシミュレータを用いて，音楽聴取時のタイムジッタの検知閾について調べている。彼らの実験には，オーディオ技術者，オーディオ評論家，録音技術者，アマチュア音楽家などからなる 23 人が

聴取者として参加した。実験は，聴取者ごとに，聴取者が日頃から使用している聴取環境で実施された。聴取者が日頃から愛聴しているオーディオコンテンツが事前に実験者に提供され，それに上述のタイムジッタシミュレータにより，さまざまな大きさのランダムなタイムジッタを付加したオーディオデータが作成された。コンテンツはいずれも2分～4分程度のものであった。

さまざまな大きさのタイムジッタが付加されたデータとタイムジッタが付加されていないオリジナルのデータがノートパソコンに保存された。このノートパソコンを実験者が聴取者の聴取環境に持ち込んで実験が行われた。聴取環境は，聴取者が使い慣れているスタジオや試聴室であった。実験システムのブロック図を図 **8.35** に示す。再生されるオーディオデータは，ディジタル信号のまま，聴取者自身が用意した D-A 変換器に送られ，聴取者が愛用している再生機器（アンプ，スピーカあるいはヘッドホン）を介して提示された。

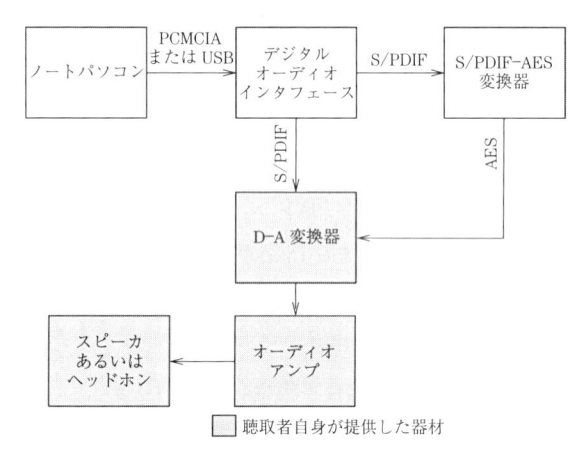

さまざまなサイズのタイムジッタが人工的に加えられた音源データがノートパソコンに蓄えられ，オーディオインタフェースを介して再生された。D-A 変換器，アンプ，スピーカないしヘッドホンは，聴取者が用意したものが使用された。

図 8.35 再生系のブロック図

実験では，タイムジッタの有無による音質の違いが弁別できるかどうか，スイッチングによる **ABX 法**で調べられた。1 回の試行で一つのオーディオコンテンツが1回再生提示された。このとき，タイムジッタのないオリジナルのデー

8.5 タイムジッタの許容量

タ(参照信号)とタイムジッタが付加されたデータ(比較信号)が同期して再生された。ただし，このうち片方だけが音として提示され，他方は無音化されている。参照信号と比較信号のどちらが音として提示されるかは，以下に示すようにスイッチングで切替え可能であった。

聴取者の前方に配置されたディスプレイの画面に，A，B，X とラベリングされた3個のボタンが表示されており，聴取者はコンテンツの再生時間内に何度でも，これらのボタンをマウスでクリックすることができた。ボタン X が押されているときは，参照信号が音として提示された。ボタン A，B のいずれかはボタン X とまったく同じだが，他方が押されているときには比較信号が音として提示された。聴取者には以下の教示が与えられた。

「オーディオ信号が A，B，X という3種類のモードで再生されます。一度に聞けるのはこのうち1種類だけですが，画面上のボタンをクリックすることで自由に切り替えることができます。3種類のモードのうち，X はひずみのないオリジナルの信号です。残りの A，B のどちらかは X とまったく同じですが，他方はひずみが加えられた信号です。コンテンツの再生中にこれらのモードを聞き比べてください。再生が終了したら，A，B のうち，どちらが X と同じであったかを判断し，回答してください。」

参照信号と比較信号が切り替わるときにクリック音が発生しないように，両者は 100 ms かけてスムーズにクロスフェードされた。信号の切替えは，電気的なスイッチを用いるのではなく，ディジタル信号処理で行われた。

実験は，比較的弁別が容易な条件，すなわちランダムタイムジッタの実効値が数 μs 程度の条件から始められ，聴取者には，同一の条件で9回の試行が課せられた。二肢強制選択課題なので，正答率が75%以上だった場合のみ，弁別できたと見なされ，ジッタサイズを小さくした条件に進むことができた。つまり，9回の試行中に3回誤った回答をした時点でタイムジッタによる音質の違いが弁別できなかったものと見なされ，実験が終了した。

タイムジッタのサイズ(実効値)と弁別できた(正答率75%以上だった)聴取者の数を**表 8.3** に示す。ランダムタイムジッタの実効値が 2 μs のときには，

23人全員がタイムジッタによる音質の違いを弁別できたが，$1\,\mu$s で弁別できた聴取者は約半数に減少した。500 ns ではさらに半減し，250 ns で弁別できた聴取者はいなかった。

表 **8.3** タイムジッタのサイズ〔r.m.s.〕と音質差を弁別できた聴取者の数

ランダムタイムジッタのサイズ〔r.m.s.〕	音質差を弁別できた聴取者の数〔人〕
$2\,\mu$s	23
$1\,\mu$s	11
500 ns	6
250 ns	0

この結果から，オーディオコンテンツにおけるランダムタイムジッタの影響は，タイムジッタのサイズが数百 ns くらいで検知可能になると考えられる。この値は，前述の Benjamin と Gannon[12] の実験結果に比べて少し大きいが，Benjamin と Gannon の実験が，聴取者自身が閾値を判断する自己申告による調整法であったのに対し，Ashihara らの実験では，より客観的な二肢**強制選択法**が採用されていたためと考えられる。

8.6 ま　と　め

解析信号を用いたジッタ測定法は，一般のディジタルオーディオ機器を用いて，直接われわれの耳に届くアナログ信号に現れるジッタを高精度に測定できることが特徴である。本章で示したジッタの大きさは大きくても数 ns 程度だが，機器やその他の要因によってジッタ特性に計測可能な違いが生じるという興味深いデータを紹介した。

ジッタが主観的な音質に影響を与えているという主張や実験結果を確認するためには，このような高精度なジッタ測定を併用することが必須であろう。また，世間にはジッタを低減するとうたわれているさまざまな工夫，技術や機器などがあるが，実際にどの程度のジッタがどれだけ低減されるのか，という検

証はまず行われていなかった。本当にジッタ特性に違いが生じているのかを明らかにするには，ここで示した測定手法の活用が望ましい。

ジッタの許容量に関しては，CD-DA において，16 ビットの精度を保証するために，ジッタは理論上 110.4 ps 以下にする必要があることを示した。一方，音楽信号聴取時のジッタの主観的な検知域が数百 ns 程度であるとする近年の研究結果も紹介した。

本章を通して，ジッタはディジタルオーディオにおける音質劣化要因となりうるが，音質劣化が主観的に検知可能かどうかは別問題だといえる。

引用・参考文献

1) Julian Dunn, "Jitter Theory," Audio Precision TECHNOTE, **23**, 1–17 (2000)
2) Julian Dunn, Barry McKibben, Roger Taylor, and Chris Travis, "Towards Common Specifications for Digital Audio Interface Jitter," in Proceedings of the 95th AES Convention, No. 3705, (1993)
3) Julian Dunn, "Jitter: Specification and Assessment in Digital Audio Equipment," in Proceedings of the 93rd AES Convention, No. 3361, 1–23, (1992)
4) Akira Nishimura and Nobuo Koizumi, "Measurement of sampling jitter in analog-to-digital and digital-to-analog converters using analytic signals," Acoustical Science and Technology **31**, 2, 172–180 (2010)
5) Hideo Suzuki, Furong Ma, Hideaki Izumi, Osamu Yamazaki, Shigeki Okawa, and Ken'iti Kido, "Instantaneous frequencies of signals obtained by the analytic signal method," Acoustical Science and Technology, **27**, 163–170 (2006)
6) Akira Nishimura, "Software for real-time measurement of sampling jitter," in Proceedings of the 14th regional convention, Tokyo, No. AS-1, 1–7 (2009)
7) 西村 明, 小泉宣夫, "音楽信号を用いたサンプリング・ジッターの測定手法," 電子情報通信学会技術研究報告, HDA2002-1, 1–7 (2002)
8) 大賀寿郎, 山崎芳男, 金田 豊, "音響システムとディジタル処理," 電子情報通信学会, 東京 (1995)
9) 蘆原 郁, 桐生昭吾, "ディジタルオーディオの時間ゆらぎによる音質変化シミュ

レーション," 日本音響学会誌, **58**, 232–238 (2002)

10) 後藤真孝, 橋口博樹, 西村拓一, 岡 隆一, "RWC 研究用音楽データベース: ポピュラー音楽データベースと著作権切れ音楽データベース," 日本音響学会講演論文集, **March**, 705–706 (2002)

11) Julian Dunn and Ian Dennis, "The Diagnosis and Solution of Jitter-related Problems in Digital Audio Systems," in Proceedings of the 96th AES Convention, No. 3868, 1–16 (1994)

12) E. Benjamin, B. Gannon, "Theoretical and audible effects of jitter on digital audio quality," Preprint of the 105th AES Convention, #4826 (1998)

13) 蘆原 郁, 桐生昭吾, "ディジタルオーディオにおける時間ゆらぎ許容値および検知閾," 日本音響学会誌, **59**, 241-249 (2003)

14) 柴崎 功, "ハイビット／ハイサンプリングの問題点と最新ジッター対策," 無線と実験, **86**(4), 107-113 (1999)

15) S. Kiryu, K. Ashihara, "A jitter simulator on digital data," Preprint of the 110th AES Convention, #5390 (2001)

16) K. Ashihara, S. Kiryu, N. Koizumi, A. Nishimura, J. Ohga, M. Sawaguchi, S. Yoshikawa, "Detection threshold for distortions due to jitter on digital audio," Acoust. Sci. & Tech., **26**, 50-54 (2005)

9 聴覚からみたオーディオ周波数帯域

9.1 可聴域と周波数帯域

　音波をあくまで忠実に記録し，再生することをオーディオの究極の目的とするなら，ディジタルオーディオフォーマットの周波数帯域は広いほうがよいだろう。しかし，3.3節でみたように，帯域が広がれば，アンプやスピーカへの負荷が増えるだけでなく，不要な雑音が混入する危険が増え，特に可聴周波数帯域外での品質管理が困難になる。非可聴帯域の信号まで記録すれば，可聴帯域の信号に割り振るビット数が制限される。高周波成分が増えればタイムジッタの影響が増えるだけでなく，混変調ひずみが増えることによる可聴帯域の音質劣化を招く可能性もある。

　したがって，人に知覚される音（可聴音）の音質にこだわるなら，オーディオパッケージメディアの周波数帯域は広ければ広いほどよいとはいえない。まったく聞こえない音のために貴重な量子化ビット数を消費したり，アンプやスピーカへの負荷を増やすのは本末転倒といえる。

　重要なのは，人の可聴域を把握したうえで最適な周波数帯域を検討することである。では，人の可聴周波数帯域はどの程度解明されているのだろうか。

9.2 純音の可聴域

　可聴周波数帯域内の音波が十分な強さで繰り返し提示されるとき，その音波

は聴取者にほぼ確実に，つまり100%に近い確率で検知される．この音波の音圧を徐々に下げていくと音は主観的に小さくなっていき，やがてはまったく聞こえなくなる．つまり検知される確率が0%近くまで低下する．検知される確率がほぼ100%となる音圧と検知される確率がほぼ0%となる音圧の間には，検知される確率がほぼ50%となる音圧があると考えられる．音が50%の確率で検知されるとき，その音圧を**聴覚閾値**（**threshold of hearing**）あるいは最小可聴値という[1]．

スピーカから検査音を提示して閾値を測定する場合，閾値は**最小可聴音場**（**minimum audible field: MAF**）と呼ばれる．これに対し，ヘッドホンから検査音を提示して測定される閾値は**最小可聴音圧**（**minimum audible pressure: MAP**）と呼ばれる．

健常者の平均的な最小可聴音場が国際標準 ISO 389-7 として公表されている．**図 9.1** は ISO 389-7 に示されている最小可聴音場を周波数の関数として表したものである．縦軸は音圧レベル（sound pressure level），横軸は周波数である．周波数ごとに純音に対する聴覚閾値が示されている．例えば，1 000 Hz の純音なら，十分に静かな環境において，平均的な健常者には，音圧レベルで 2 dB～3 dB 付近が検知限だということがわかる．

図 9.1 に示す最小可聴値よりも音圧の高い音波が人に聞こえる音，すなわち可聴音である．図に見られるとおり，健常者であれば通常 3 000 Hz～4 000 Hz あたりの聴覚感度がよく，音圧レベル 0 dB 以下の弱い音波でも検知できる．しかし，100 Hz 付近以下の低域では周波数が低くなるほど聴覚の感度は悪くなり，20 Hz での閾値は 80 dB 近くに達している．高域側は，周波数が 14 000 Hz 付近を超えると急激に聴覚閾値が上昇し，20 000 Hz では 70 dB を超えている．

周波数が高すぎて聞こえない音波は超音波（ultrasound），周波数が低すぎて聞こえない音波は超低周波音（infrasound）と呼ばれ，可聴音と区別される．20 000 Hz 以上の音が超音波，20 Hz 以下の音が超低周波音と呼ばれることも多く，一般に 20 Hz 付近から 20 000 Hz 付近までを可聴周波数帯域という．

9.2 純音の可聴域　191

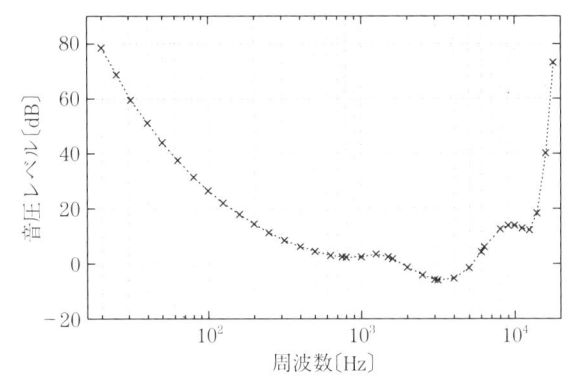

20 Hz〜16 000 Hz における 18 歳〜25 歳の健常者の聴覚閾値を示す。100 Hz 付近以下の低域では周波数が低くなるほど，14 000 Hz 付近以上の高域では周波数が高くなるほど聴覚の感度は悪くなることがわかる。

図 **9.1**　標準最小可聴値

9.2.1　低周波聴覚閾値測定

20 Hz 以下の超低周波でも音圧が十分高ければ聞こえることが示されている。Yeowart と Evans[2)] は，ヘッドホンを用いた実験で 5 Hz〜100 Hz における聴覚閾値を測定し，さらに特別に設計された低周波実験室を用いた実験では，2 Hz〜20 Hz における閾値測定を試みている。彼らは，10 Hz における 29 耳の閾値の平均は音圧で 104 dB，5 Hz では 115 dB であったこと，2 Hz における 12 耳の閾値の平均は 131 dB であったことを報告している。つまり，音圧さえ十分に高ければ 5 Hz 以下の音波でも検知できるということである。この実験で用いられた低周波実験室は高音圧の低周波音を提示するために設計されたもので，最大 143 dB の音圧提示が可能であったと報告されている。

（**1**）**MAF の測定**　聴取者の耳からある程度離れた位置にある音源（スピーカ）から，純音を提示して測定した聴取閾値は MAF である。測定する閾値のレベルが低ければ，提示する純音のレベルも低くてよいが，周波数が 20 Hz 以下になると，閾値を測定するために，80 dB 以上，場合によっては 100 dB を超える音圧レベルで純音を提示する必要がある。低周波音を高いレベルで提示するのは容易ではない。

9. 聴覚からみたオーディオ周波数帯域

通常，スピーカは振動板を駆動して，空中に疎密波を生じるものである。振動板の動きが速ければ，図 9.2 に示すように押された空気は押された方向にのみ変位するので，振動板の前方に効率よく音が生み出される。しかし，振動板の動きが遅くなると振動板の外縁付近の空気は押された方向ではなく，図 9.3 のように，より外側へ逃げてしまい，効率よく疎密波が生まれなくなる。これはスピーカの空振り現象と呼ばれる現象である。したがって，周波数の低い音を発生させるには，周波数の高い音を発生させる場合より振動の幅（振幅）を大きくするか振動板の面積を広くする必要がある[3]。このことは，周波数が低くなるほど振動板の有効面積が小さくなることを意味する。

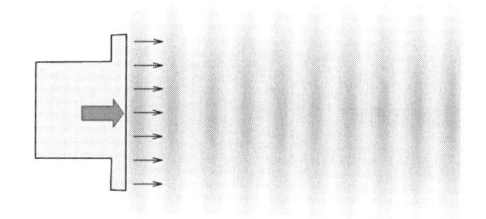

振動板が前後に高速に振動する場合，振動板に押された空気は押された方向にのみ変位する。このため振動板の前方に効率よく疎密波が発生する。

図 9.2 物体の高速な振動による音波の発生

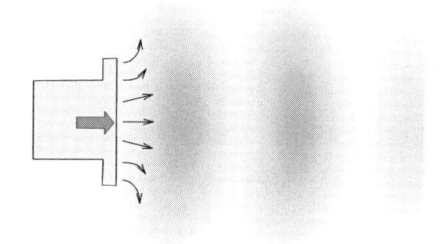

振動板が前後にゆっくり振動する場合，振動板の周辺部に押された空気は外方向へ逃げてしまう。このため振動板の前方に効率よく疎密波を作れない。

図 9.3 物体の遅い振動による音波の発生

このため，超低周波における MAF の測定には特別に設計された低周波実験室が用いられている。例えば，デンマークにあるオールボー大学の低周波実験

室は，容積が 17.6 m^3 の室内に平面波を発生させるため壁の一つに 20 個のスピーカが埋め込まれている[4]。この実験室の聴取エリア内では，2 Hz～250 Hz において ±1.5 dB 内の平たんな周波数特性が実現されている。

産業技術総合研究所には，容積が約 22.75 m^3 の低周波実験室がある。この実験室では，壁の一つに 16 個のスピーカが埋め込まれており，これらを同位相で駆動することによって室内に平面波を発生させる。口絵 5 は，スピーカが埋め込まれた壁の写真である。

図 9.4 は，この低周波実験室内で発生させ，室内に設置したマイクロホンで収音した 32 Hz 純音のパワースペクトルである。音圧はおよそ 70 dB だが，高調波ひずみはほとんど発生していないことがわかる。

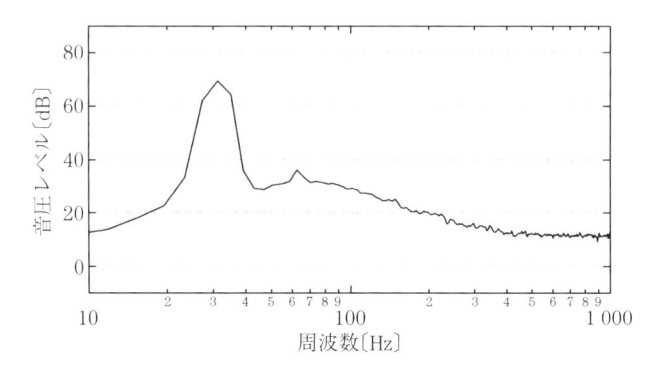

産業技術総合研究所の低周波実験室内部で発生させた 32 Hz 純音のパワースペクトル。音圧は約 70 dB である。

図 **9.4** 32 Hz 純音のパワースペクトル

このような低周波実験室で MAF を測定する場合，通常，聴取者をスピーカが埋め込まれた壁に対面するようにして椅子に座らせ，検査音が提示される。検査音の音圧は，聴取者がいない状態で，聴取者の左右外耳道入り口を結ぶ線分の中心に相当する位置を基準位置とし，基準位置にマイクロホンを置いて校正される。このとき，室内に定在波が生じていると，マイクロホンの位置と，実際の耳の位置の音圧に大きな差が生まれる恐れがあるので注意が必要である。

（2）MAPの測定　ヘッドホンから純音を提示して測定した閾値はMAPである。ヘッドホンを用いる場合，低周波実験室のような特殊な施設を必要としないという利点がある。しかし，MAFの測定に比べて音圧校正が困難になる。正確な閾値を得るには，ヘッドホンから提示されている純音の音圧を測定しなくてはならない。

ヘッドホンから提示される音を計測するには，音響カプラを用いる方法やHATS（**head and torso simulator**）を用いる方法がある。ヘッドホン用の音響カプラは，6 ccや2 ccといった小容量の容積を持ち，人の耳のインピーダンスを近似したものである[5]。この容積を挟んでヘッドホンとマイクロホンを結合させてヘッドホンからの音を測定するのである。HATSは，人の上半身を模擬したマネキンで，外耳道内にマイクロホンが内蔵されている。図 9.5 はHATS (Brüel & Kjær type 4128) の写真である。このHATSは，鼓膜に相当する位置にマイクロホンが内蔵されている。このHATSにヘッドホンを装着すれば，ヘッドホンから提示される音をHATSの外耳道内，鼓膜位置で測定することができる。

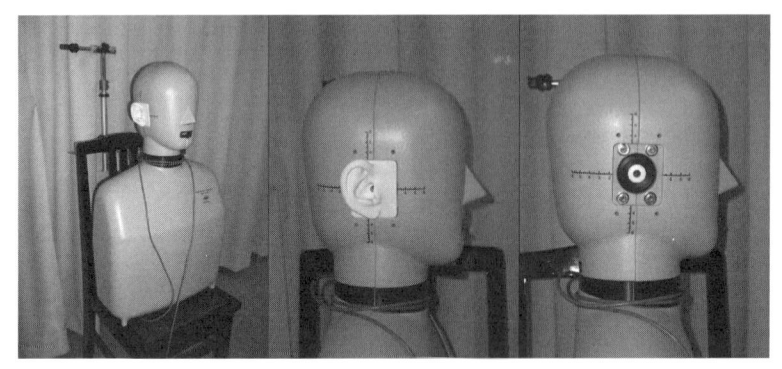

HATS(Brüel & Kjær type 4128) の外観（左），頭部側面（中），および耳介シミュレータを外した側面（右）。

図 9.5　HATS

さらに，人の外耳道内にプローブマイクロホンを挿入することによって，ヘッドホンから提示されている音を実際の外耳道内で計測することも可能である。

例えば，ETYMOTIC RESEARCH ER7C は，マイクロホンの先に外径が 0.95 mm のシリコン製のフレキシブルなチューブが取り付けられたプローブマイクロホンである。

同じヘッドホンの周波数レスポンスを音響カプラ，HATS，実耳で測定すると，特性は必ずしも一致しないことが知られている[6]。音響カプラや HATS での特性は，特に高域や低域において実耳での特性と大きく異なる。

このため，100 Hz 以下の低域における MAP を厳密に求めるには，聴取者ごとに実耳での音圧を測定する必要がある。蘆原[7] はプローブマイクロホンを用いて，20 Hz〜100 Hz の MAP 測定を行っている。プローブマイクロホンが挿入された耳にヘッドホンを被せると，閾値測定中もプローブマイクロホンを通して，ヘッドホンから提示される検査音を録音することができる。録音された信号から音圧を求めるには，プローブマイクロホンの周波数-感度特性が既知でなくてはならない。蘆原の測定では，計測用マイクロホン Brüel & Kjær type 4133 との比較によってプローブマイクロホンの周波数-感度特性が事前に求められた。

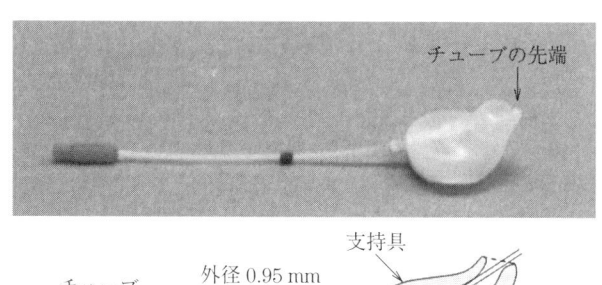

プローブマイクロホン（ETYMOTIC RESEARCH ER7C）のチューブと，それを外耳道内に支持する支持具の外観（上）と断面図（下）。支持具は空洞なので，外耳道は閉鎖されない。

図 9.6　プローブチューブと支持具

9. 聴覚からみたオーディオ周波数帯域

プローブマイクロホンを用いる場合，チューブの先端を外耳道内に支持しておく必要があるが，ETYMOTIC RESEARCH ER7C のチューブは非常に軟らかいため，チューブ先端の位置を固定するのは困難である．そこで，図 **9.6** に示す専用の支持具が用いられた．支持具は挿入型イヤホンのように外耳道に挿入されるが，外耳道を閉鎖するものではなく，図 9.6 の断面図に示すように空洞があるため，外部からの音はほとんど損失なく外耳道内に伝搬する．

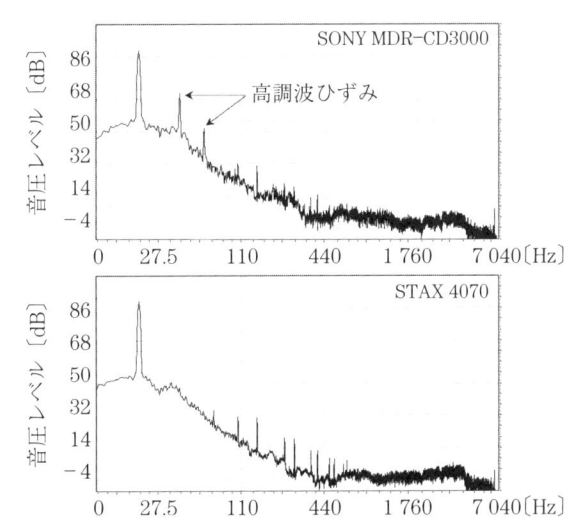

ヘッドホンから 20 Hz 純音を外耳道内での音圧レベルが 90 dB になるようにして提示したとき外耳道内で観測されたパワースペクトル．ヘッドホンは SONY MDR-CD3000（上）と STAX 4070（下）．

図 **9.7** ヘッドホンの高調波ひずみ例

低周波の聴覚閾値を測定する場合，ヘッドホンに十分な線形性がないと高調波ひずみが発生し，信頼できる閾値検査が行えない．そこで，蘆原は，市販されている複数の密閉型ヘッドホンについて，低周波域での線形性について検討している．ヘッドホンから純音を提示し，聴取者の外耳道内での音圧が 90 dB になるように出力レベルを調整したときに観測されたパワースペクトルの例が図 **9.7** である．純音の周波数は 20 Hz である．上図に示すヘッドホンでは，第 2 高調波，第 3 高調波が出現しているが，下図のヘッドホン（STAX 4070）で

は高調波ひずみがはるかに小さかったことがわかる．そこで，STAX 4070 を用いて MAP の測定が行われた．

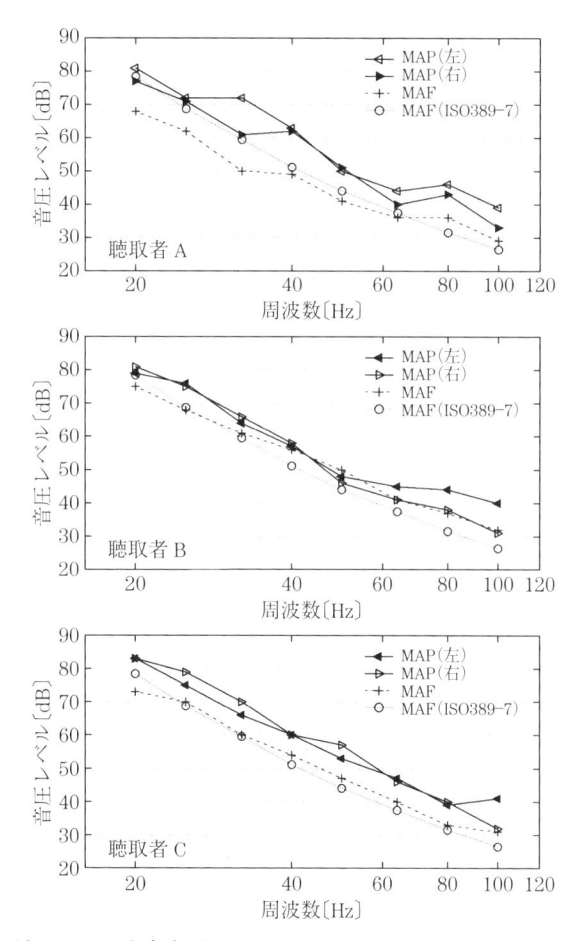

聴取者ごとの MAF と左右耳の MAP，および ISO389-7 に示された MAF．

図 9.8 MAP と MAF の比較

健常者 3 人，6 耳の MAP が防音室で測定された．比較のため，同じ聴取者の MAF が前述の産業技術総合研究所内の低周波実験室で測定された．結果を図 **9.8** に示す．ISO389-7[1)] に示されている健常者の MAF 標準値も示されている．MAP，MAF とも，周波数が低くなるのに伴ってほぼ単調に上昇してい

る。100 Hz における MAF は 3 人ともに音圧レベルで約 30 dB, MAP は 30 dB〜40 dB 付近である。20 Hz において, MAP は 80 dB に達している。測定された MAP の値は MAF に比べて高くなる傾向が認められる。特に聴取者 A (上図) においては, MAP の値が低い側の耳と比較しても MAF のほうが 10 dB 以上低い場合があった。

MAF と MAP に差が生じる要因としては, まず**両耳加算**が考えられる。両耳で音が聴取されるとき, 単耳で聴取されるのに比べて閾値は数 dB 低くなることが知られている[8]。MAF 測定ではスピーカから提示される検査音が両耳で聴取されるために両耳加算効果が生じるのに対し, MAP 測定では検査音をヘッドホンから片耳ごとに提示するため加算効果は生じない。しかし, 両耳加算効果は大きくても 4 dB 程度[8], 100 Hz 以下の低域においても 3 dB 程度と報告されており[2], 両耳加算だけでは聴取者 A の測定結果に見られる 10 dB 以上の差は説明できない。

両耳加算効果以外の要因として蘆原は, **頭部伝達関数 (head-related transfer function: HRTF)** や生体雑音の影響を指摘している。MAP の測定では外耳道内の音圧を直接測定しているが, MAF の測定では聴取者がいない状態で基準位置で音圧が校正されている。スピーカから提示される音は, 頭部や耳介による影響を受けるため, 基準位置の音圧と外耳道内の音圧が異なることが予想される。しかし, 蘆原の実験では 6 耳について HRTF の測定も行われており, 基準位置と外耳道内の音圧差が ±2 dB 以内であったことが確認されている。

さらに, MAP の測定では, 生体雑音の影響が考えられる。**図 9.9** は, 実耳と HATS (Brüel & Kjær type 4128) の右外耳道内で観測された暗騒音のパワースペクトルである。測定は防音室で, 前述のプローブマイクロホンを使用して行われた。実線はヘッドホンを装着していないとき, 破線はヘッドホン (STAX 4070) を装着したときである。聴取者 C (上図) の外耳道では, ヘッドホン装着によって特に 50 Hz 付近より低域における雑音レベルが最大 20 dB ほど増加していることがわかる。HATS の外耳道ではこのようなレベル変化は見られな

9.2 純音の可聴域　199

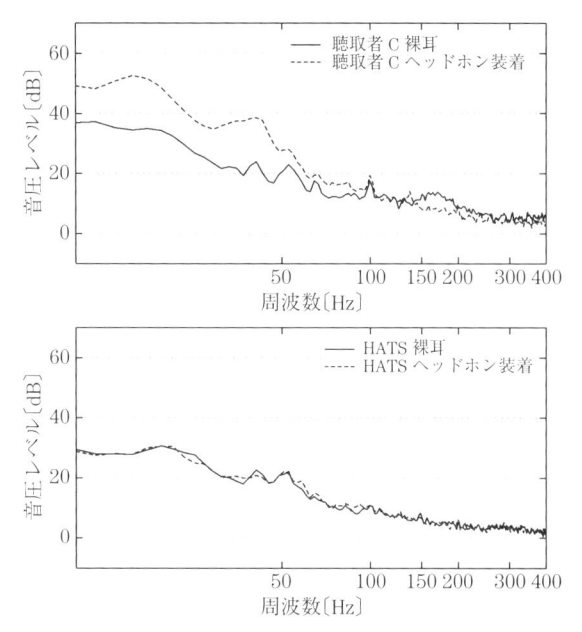

ヘッドホン未装着時（実線）と装着時（破線）の外耳道内暗騒音の比較。人の外耳道ではヘッドホン（STAX 4070）装着によって特に 50 Hz 付近以下の雑音レベルが上昇している（上図）。HATS の外耳道ではこのようなレベル上昇は観測されない（下図）。

図 **9.9**　生体雑音の測定例

いため（下段），人の耳の近傍で生じるわずかな生体雑音がヘッドホンによって閉鎖された空間内で共振したものと考えられる。しかし，図に示す例ではヘッドホン装着時の 30 Hz 付近での音圧レベルは 40 dB 程度であり，生体雑音が MAP に大きな影響を及ぼしていたとは考えにくい。

図 9.8 に示す閾値測定結果から，100 Hz 付近では 40 dB，40 Hz 付近では 60 dB 程度の音圧があれば純音を検知できること，音圧が 80 dB を超える場合，20 Hz 付近でも聞こえることがわかる。観察されたような MAP と MAF の差については，古くから知られており，しばしば "missing 6 dB" と呼ばれている[9]）。

9.2.2 高周波聴覚閾値測定

CD-DA のサンプリング周波数は 44 100 Hz であり，ナイキスト周波数である 22 050 Hz 以上の周波数成分を記録することはできない。このため，CD-DA の製作過程では，アンチエリアシングフィルタで 22 050 Hz 以上の周波数成分は除去されている。しかし，音楽信号に含まれている超音波成分を除去してしまうことが主観的な音質劣化を招いているとする議論は根強い。

そこで，CD-DA で除去されていた超音波を記録できるようにしたのがハイサンプリングオーディオである。しかし，第3章で述べたとおり周波数帯域の拡張は，メリットだけではなくデメリットも伴う。オーディオの周波数帯域はやみくもに広げればいいというものではなく，人の聴覚の特性，再生機器の能力，品質管理の問題などを十分に検討したうえで決定するべきである。では，人は，どのくらい高い周波数まで音を知覚することができるのだろうか。

純音に対する聴覚閾値に関しては，繰り返し研究が行われてきた[10]～[18]。これらの研究により，健常者の**純音聴覚閾値**が 15 000 Hz 付近から急激に上昇し，20 000 Hz では音圧レベル 80 dB 近くに達することが確認されている。しかし，20 000 Hz を超える超音波帯域の聴覚閾値に関する研究は少ない。元来，周波数が高すぎて聞こえない音を超音波と呼ぶので，超音波の聴覚閾値というのはことばのうえでは矛盾している。そこで，本章では，周波数が 20 000 Hz を超える音を超高周波音と記述する。

従来の知見から，超高周波音の聴覚閾値が音圧レベル 80 dB 付近，あるいはそれ以上となることは容易に想像される。したがって，超高周波音の閾値を測定するには 80 dB を超える音圧レベルの純音を十分に高い精度で聴取者に提示しなくてはならない。提示される音の精度は，D-A 変換器やアンプ，スピーカの性能に左右され，特にスピーカの線形性が問題となる[19],[20]。

Henry and Fast[14] は，最大提示音圧が 124 dB という独自の刺激音提示装置を用いて，24 000 Hz までの聴覚閾値を測定しており，大半の聴取者が 24 000 Hz の純音を検知できたこと，聴覚閾値が 14 000 Hz～20 000 Hz までは急激に上昇するが，20 000 Hz を超えると上昇が緩やかになることを報告している。

9.2 純音の可聴域

しかし，この報告では検査音の精度について十分に調べられていない。純音を提示した際にどの程度の高調波ひずみが発生するかについては検討しているが，低調波ひずみについては記載がないのである。通常，純音を 120 dB もの音圧で提示すると，電気-音響変換器の非線形性によって高調波ひずみだけではなく低調波ひずみも発生する。したがって，Henry and Fast の実験において，聴取者が超高周波音を提示したときに可聴周波数帯域に発生する低調波ひずみを聞いていた可能性は否定できない。

Ashihara[21] は，16 000 Hz～30 000 Hz における純音の聴覚閾値を測定しているが，ピンクノイズによるマスキングを施すことで低調波ひずみの影響を除去している。

この実験は，産業技術総合研究所の大無響室で実施された。実験では検査音となる純音とマスカーとなるピンクノイズの 2 種類の刺激音が提示された。検査音はサンプリング周波数 96 000 Hz，量子化ビット数 16 の正弦波に 2 Hz の AM 変調が施されたものであった。これは図 **9.10** に示すように聴取者の真横方向，外耳道入り口から 50 cm に配置されたスーパーツィータ（PIONEER PT-R100）から提示された。マスカーはピンクノイズから低域通過フィルタで 15 000 Hz 以上を遮断したものであり，聴取者の正面前方 120 cm に配置されたスピーカ（DENON SC-A33）から提示された。

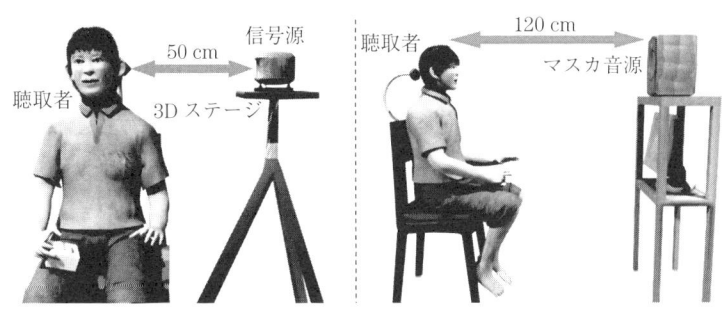

検査音は聴取者の横方向，外耳道入り口から 50 cm に配置されたスーパーツィータ（PIONEER PT-R100）から，ピンクノイズは聴取者の正面前方 120 cm に配置されたスピーカ（DENON SC-A33）から，それぞれ提示された。

図 **9.10** 聴取者と音源の配置

202   9. 聴覚からみたオーディオ周波数帯域

図 **9.11** にスーパーツィータの前方 50 cm で観測された検査音のパワースペクトル例を示す。このとき観測位置での検査音の音圧レベルは 110 dB である。純音の周波数が 20 000 Hz の場合（上図），40 000 Hz に高調波ひずみが発生していたことがわかる。これらの例では，12 000 Hz 付近にわずかな低調波ひずみが観察されるが，実験条件において，可聴周波数帯域内に音圧レベルが 20 dB を超える低調波ひずみは発生していないことが事前に確認された。

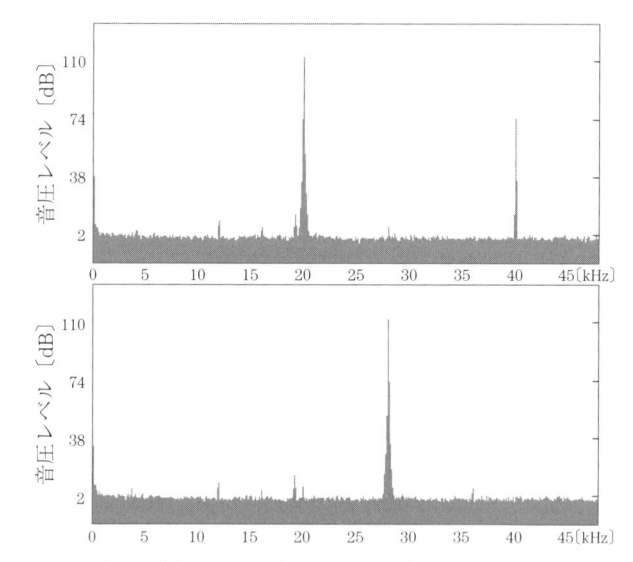

スーパーツィータの前方 50 cm で観測された検査音のパワースペクトル。純音の周波数は 20 000 Hz（上図）および 28 000 Hz（下図），音圧は 110 dB である。12 000 Hz 付近にわずかな低調波ひずみが観察された。

図 **9.11**　検査音のパワースペクトル

実験では，スーパーツィータから発生するこのようなわずかな低調波ひずみが聴取者に検知されることを防ぐため，聴取者の前方のスピーカからピンクノイズがマスカーとして提示された。スピーカの前方 120 cm で観測されたピンクノイズのパワースペクトルが図 **9.12** である。

純音の聴取閾値は，16 000 Hz から 2 000 Hz おきに 30 000 Hz まで測定された。また比較のため，250 Hz，1 000 Hz，4 000 Hz，12 000 Hz の閾値も測

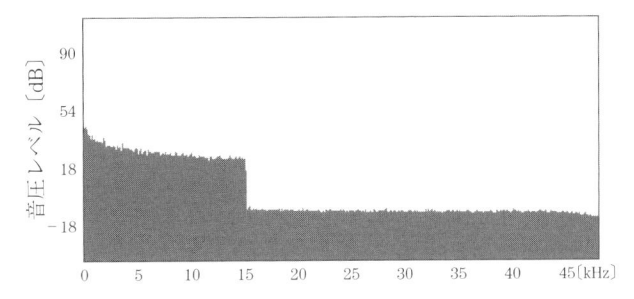

スピーカの前方 120 cm で観測されたピンクノイズのパワースペクトル。ピンクノイズの音圧レベルは 60 dB であった。

図 **9.12** ピンクノイズのパワースペクトル

定された。12 000 Hz 以下の閾値測定にはスーパーツィータのかわりにスピーカ（DENON SC-A33）が使用され，ピンクノイズは提示されなかった。

純音聴覚閾値は二区間二肢強制選択による**変形上下法（transformed up-down method）**[22]で求められた。聴取者は 19 歳～25 歳の健常者 16 人であり，男女それぞれ 8 人であった。左右耳の閾値がそれぞれ測定されたので，合計 32 耳の閾値が求められた。図 **9.13** に得られた閾値の周波数ごとの最小値，中央値，最大値を示す。

18 000 Hz 以下の周波数では測定した 32 耳のすべてから閾値が測定可能であったが，20 000 Hz では 32 耳中 3 耳の閾値が最大提示レベルを超え，測定不能であった。得られた閾値の最小値は 20 000 Hz で音圧レベル 66 dB，22 000 Hz では 88 dB であった。24 000 Hz では半数の 16 耳の閾値が測定不能となったが，最小値は 92 dB であった。26 000 Hz では 10 耳，28 000 Hz では 3 耳のみ閾値が測定可能であった。26 000 Hz，28 000 Hz の最小値は，それぞれ音圧レベル 95 dB，101 dB であった。30 000 Hz ではすべての耳の閾値が測定不能であった。

4 000 Hz では閾値の最小値と最大値の差が 21 dB しかなく，個人差が小さかったことがわかるが，16 000 Hz では 20 dB 程度の音圧で純音を検知できる聴取者もいた反面 80 dB でも検知できない聴取者もいるなど，閾値の個人差が非常に大きかった。18 000 Hz でも最小値と最大値の差が 70 dB を超えてい

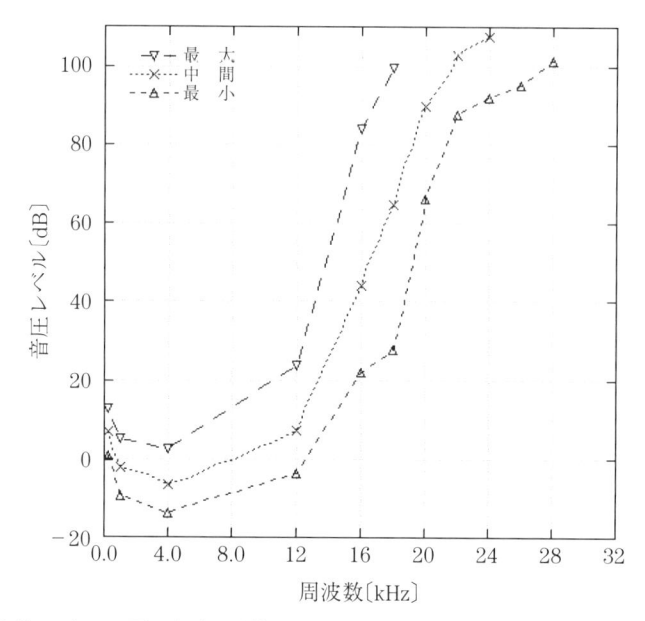

図9.13の説明：
聴取者16人，32耳における閾値の最小値，中央値，最大値。周波数20 000 Hz以上では，閾値が最大提示レベルを超えて測定不能になる場合があったので最大値は表示されていない。また，26 000 Hz以上では半数以上の閾値が最大提示レベルを超えたため中央値も表示されていない。30 000 Hzではすべての聴取者の閾値が最大提示音圧レベル（110 dB）を超えた。

図 9.13 純音聴覚閾値

た。16 000 Hzにおける閾値の最小値は音圧レベル22 dBであったが，このレベルでは，検査音自体がピンクノイズによるマスキングの影響を受けていた可能性があるため，実際の値はさらに低かったかもしれない。

この測定結果からも，Henry and Fast[14]が報告しているように閾値の上昇が20 000 Hz付近までは急激だが，20 000 Hzを超える超高周波帯域では比較的緩やかになることがわかる。また，音圧が十分に高ければ，少なくとも28 000 Hzまでは音を検知できる聴取者がいるということがわかる。

9.3 複合音中の超高周波音

純音聴覚閾値に関する多くの研究結果から,音圧が 80 dB くらいまでなら,従来から言われているとおり,20 Hz 付近から 20 000 Hz 付近までを可聴周波数と考えて問題ないようである。音圧がさらに高くなると,超低周波音や超高周波音も音として知覚できる場合があるといえる。しかし,これはあくまで純音に対する聴覚特性であり,それがそのまま音楽のような複雑な複合音にも当てはめられるのかどうかは不明である。

複合音を聴取するときに,どのくらい高い周波数までが知覚される音質に影響を及ぼしているのかについても実験が行われている。本節ではそのような実験のいくつかを紹介する。

9.3.1 調波複合音における超高周波音の検知閾

Ashihara[20] は,複合音中の超高周波成分の有無が弁別可能かどうか,さらに,超高周波成分の音圧がどのくらいになれば主観的な音質に影響を及ぼすのかについて実験を行っている。この実験で使用された刺激音は,図 **9.14** に示すように基本周波数が 2 000 Hz で,基本波と第 19 倍音までの奇数倍音だけで構成された調波複合音である。構成成分中,22 000 Hz 以上の 5 個の成分をターゲット成分とし,このターゲット成分の有無による音質の違いが弁別できるかどうか調べられた。

図 9.14 の左はターゲット成分が含まれていないとき,右はターゲット成分が含まれたときの刺激音のサウンドスペクトログラムである。刺激音の持続時間は 2 秒だが,弁別を容易にするため,ターゲット成分にのみ 2 Hz の振幅変調が施されている。

実験は防音室で行われた。ヘッドレスト付きの椅子に座った聴取者の頭部中心位置を聴取位置とし,図 **9.15** に示すように聴取者の正面前方,聴取位置から 150 cm の距離に 6 台のスピーカ(VICTOR SX-V05)が,3 列 ×2 段に配

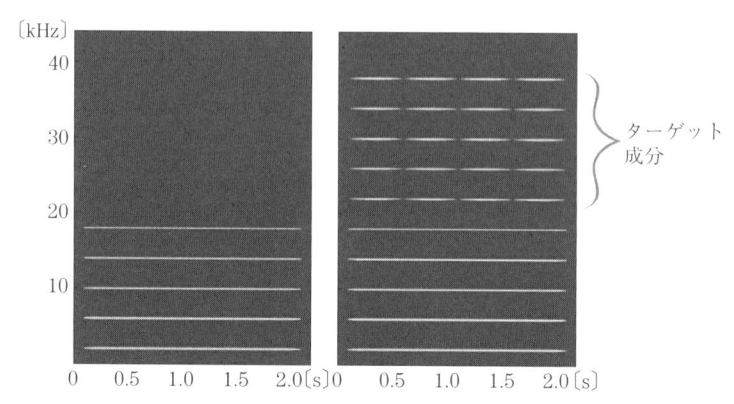

刺激音のサウンドスペクトログラム。奇数倍音のみからなる調波複合音であり，基本周波数は 2 000 Hz である。左はターゲット成分（22 000 Hz 以上の超高周波成分）を含まない場合。右はターゲット成分を含む場合。ターゲット成分のみ 2 Hz の振幅変調を施してある。刺激音の持続時間は 2 秒であった。

図 **9.14** 調波複合音

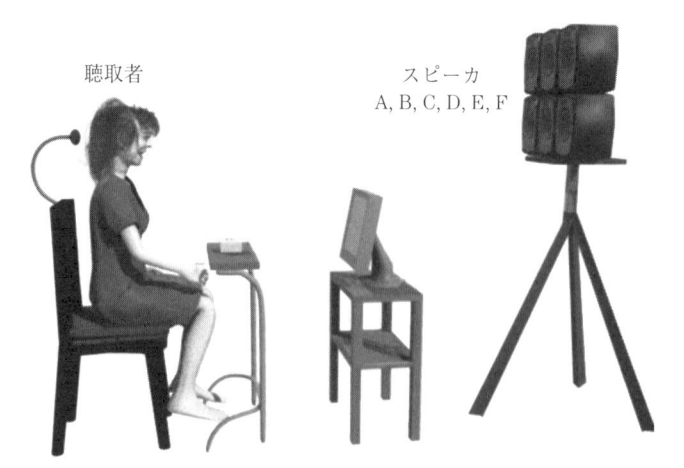

6 台のスピーカは，聴取者の正面前方に，3 列 ×2 段にして配された。単一スピーカ条件では，このうち 1 台だけから刺激音が提示された。

図 **9.15** スピーカの配置

置された。6台のスピーカが用いられたのは，スピーカの非線形性による混変調ひずみの影響について検討するためである。弁別実験は，単一スピーカ条件とマルチスピーカ条件という2条件で実施された。

図 **9.16** に示すように，単一スピーカ条件では，ターゲット成分も含めてすべての成分がミックスされ，1台のスピーカから提示されたのに対し，マルチスピーカ条件では，18 000 Hz 以下の非ターゲット音はスピーカ A から，22 000 Hz 以上の5個のターゲット成分は，ほかの成分とミックスされることなく，スピーカ B〜F からそれぞれ提示された。

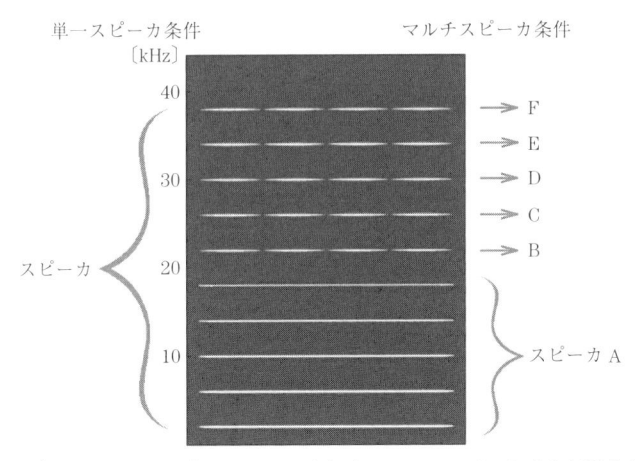

単一スピーカ条件では，非ターゲット音とすべてのターゲット成分が混合され，1台のスピーカから提示された。マルチスピーカ条件では，非ターゲット音はスピーカ A から，個々のターゲット成分がそれぞれスピーカ B〜F から提示された。

図 **9.16**　刺激音提示条件

聴取位置における非ターゲット音の音圧は，図 **9.17** に示すとおり，成分あたり 60 dB であった。ターゲット成分の音圧は適応的に変化し，弁別閾値が変形上下法[22]で求められた。ただし聴取位置におけるターゲット成分の音圧レベルが成分あたり 85 dB を超えても弁別できない場合は測定不能とされた。19 歳から 26 歳の健常者 13 人（女性 3 人，男性 10 人）が聴取者として実験に参加した。

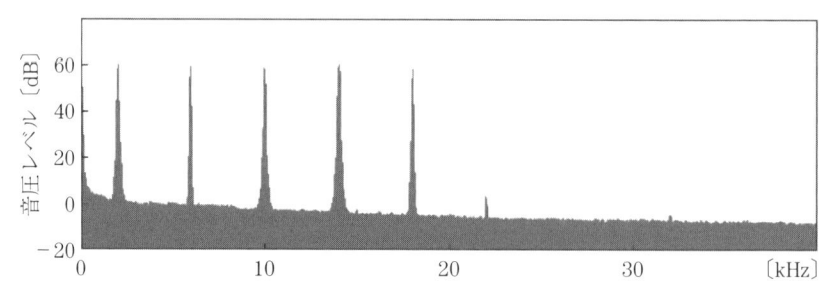

聴取位置における非ターゲット音のパワースペクトル。個々の倍音成分の聴取位置での音圧は約 60 dB であった。

図 9.17 非ターゲット音のパワースペクトル

実験の結果，単一スピーカ条件では，聴取者によってはターゲット成分の音圧レベルが 62 dB でも音質の違いが弁別でき，70 dB では，聴取者全員が音の違いを弁別できた。しかし，マルチスピーカ条件では，13 人全員の弁別閾値が測定不能であった。つまり，単一スピーカ条件では，超高周波成分の音圧が 70 dB でも音の違いが聞き分けられたのに，マルチスピーカ条件では，超高周波成分の音圧が 85 dB に達しても，音の違いは聞き分けられなかったのである。

同じ刺激音を提示していたにもかかわらず，単一スピーカ条件とマルチスピーカ条件で明らかに異なる結果が得られたのである。この原因を調べるため，聴取位置での刺激音のパワースペクトルが観測された。ターゲット成分が含まれないときの刺激音は図 9.17 に示したとおりである。ターゲット成分の成分ごとの音圧レベルを 65 dB とした場合，単一スピーカ条件では**図 9.18** の上図に示すパワースペクトルが観測された。図 9.17 と比較すると，ターゲット成分が加わったときに，4 000 Hz や 8 000 Hz，12 000 Hz など，原信号に含まれていないはずの偶数倍音成分が発生していたことがわかる。図 9.18 の上図では，このうち，4 000 Hz の成分を矢印で示している。

図 9.18 の下図は，刺激音が 6 台のスピーカに分けて提示されたマルチスピーカ条件において観測されたパワースペクトルである。ターゲット成分のレベルは上図と同じ 65 dB である。ここでは，上図に見られるような偶数倍音は生じていない。

9.3 複合音中の超高周波音

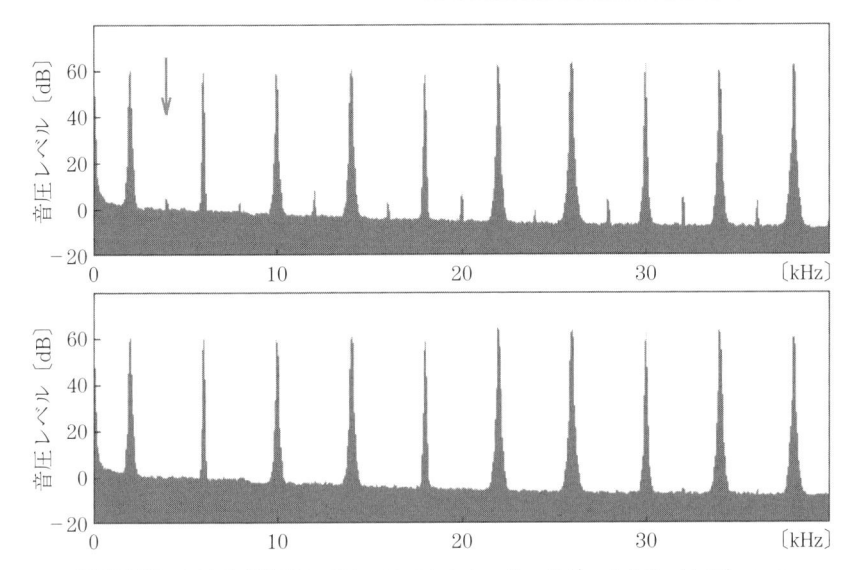

聴取位置における刺激音のパワースペクトル。単一スピーカ条件（上図）とマルチスピーカ条件（下図）。単一スピーカ条件では，偶数倍音成分が発生していたことがわかる。矢印は第 2 高調波に相当する 4 000 Hz である。

図 9.18 提示条件によるパワースペクトルの違い

単一スピーカ条件でのみ発生した偶数倍音成分は，スピーカの非線形性による混変調ひずみと考えられる。単一スピーカ条件では，ターゲット成分が非ターゲット音と併せて同じスピーカから提示されていたため，ターゲット成分が加わることによってスピーカへの入力レベルが大きくなり，混変調ひずみが増加したと考えられる。混変調ひずみは可聴周波数帯域にも発生し，可聴帯域内の音質に変化が生じたのである。マルチスピーカ条件では，ターゲット成分はそれぞれ異なるスピーカユニットを通して提示されていたので，ターゲット成分が加わっても，それによって混変調ひずみが増えることはなかったのである。

すべての聴取者が単一スピーカ条件でのみ，超高周波成分の有無による違いを弁別できたことから，聴取者は超高周波成分そのものを聞いていたのではなく，可聴帯域に生じた音質の違いを聞き分けていたと考えられる。つまり，可聴帯域内の混変調ひずみが手がかりとなって弁別が可能になっていたのである。

実験結果から，超高周波成分の有無による音質の違いは，スピーカの非線形性による可聴帯域内のひずみとして聞き分けられる場合のあることが示された。また，スピーカの非線形性による可聴帯域内への影響が十分に小さい場合には，音圧が 85 dB に達していても 22 000 Hz 以上の超高周波音の影響を聞き分けるのが困難だということがわかる。

9.3.2 調波複合音における可聴周波数上限

9.3.1 項で紹介した実験では，22 000 Hz 以上の超高周波成分の有無が音質の違いとして検知できるかどうかに関するものであった。蘆原[23]は，調波複合音を聴取するとき，人がどのくらい高い周波数まで聞き分けられるのかについて実験を行っている。

蘆原の実験では，基本周波数 1 000 Hz の調波複合音が遮断周波数が 1 000 Hz ステップで変化するディジタルフィルタで高音部と低音部に分けられ，高音部の有無による音質の違いについて弁別実験が行われた。フィルタの遮断周波数を変化させることにより，音質差の弁別が可能な遮断周波数の上限が求められた。

刺激音の高音部は，フィルタの遮断周波数以上の 5 個の周波数成分から構成され，低音部はフィルタの遮断周波数未満の周波数成分から構成されるものである。9.3.1 項に紹介した Ashihara[20] の実験で明らかなように，高音部と低音部をミックスして同じスピーカから提示してしまうと，スピーカの非線形性によるひずみが生じる恐れがある。そこで，スピーカ 6 台を使用し，低音部はスピーカ A から提示し，高音部のそれぞれの周波数成分はスピーカ B～F のそれぞれから提示された。

刺激音の提示レベルによっても可聴周波数の上限は影響を受けると考えられる。そこで，聴取位置における刺激音の提示音圧を，成分あたり 30 dB から 5 dB ステップで 60 dB まで 7 段階に変化させて，そのそれぞれのレベルでの可聴周波数上限が調べられた。

聴取者は防音室内でヘッドレスト付きの椅子に座り，聴取者の頭部中心に相当する位置が聴取位置とされた。聴取者の正面前方，聴取位置から 150 cm の

9.3 複合音中の超高周波音

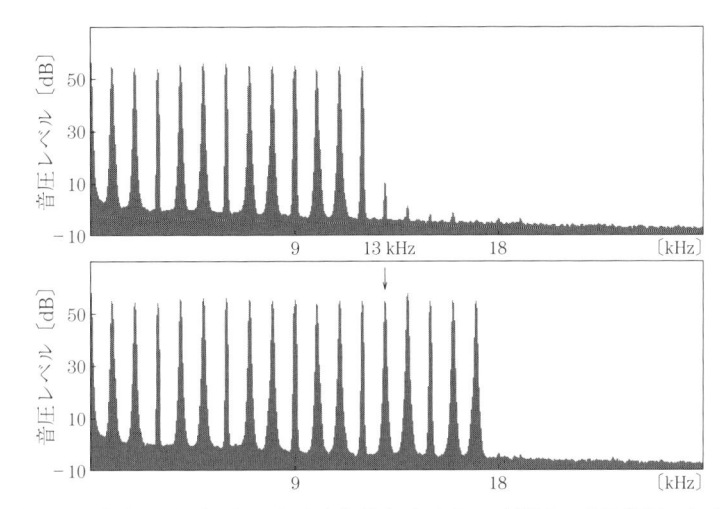

高音部を含まない場合（上図）と含む場合（下図）の刺激音の聴取位置におけるパワースペクトル。フィルタの遮断周波数が 13 000 Hz，各周波数成分の音圧が 55 dB のとき。

図 **9.19** 刺激音（遮断周波数 13 000 Hz）

高音部を含まない場合（上図）と含む場合（下図）の刺激音の聴取位置におけるパワースペクトル。フィルタの遮断周波数が 21 000 Hz，各周波数成分の音圧が 40 dB のとき。

図 **9.20** 刺激音（遮断周波数 21 000 Hz）

距離に6台のスピーカが設置された。図 **9.19** と図 **9.20** に聴取位置で観測された刺激音のパワースペクトル例を示す。図 9.19 は，成分ごとの提示音圧が 55 dB，遮断周波数が 13 000 Hz のとき。図 9.20 は，提示音圧 40 dB，遮断周波数が 21 000 Hz のときで，それぞれ，上図が低音部のみ，下図が高音部が加わったときのパワースペクトルである。

実験では，それぞれの提示音圧において，フィルタの遮断周波数がどのくらい高くなるまで，上図と下図に示す2種類の音の違いが聞き分けられるかが調べられた。フィルタの遮断周波数を適応的に上下させ，3区間2肢強制選択による 3 up 1 down の変形上下法で可聴周波数上限が算出された。具体的には，続けて提示される三つの刺激区間のうち，第1番目の区間では，低音部と高音部が含まれた参照刺激が提示される。第2番目と第3番目の区間では，比較刺激 A と比較刺激 B がそれぞれ提示されるが，どちらか片方の比較刺激だけが参照刺激と同じであり，他方は低音部しか含まない刺激である。

聴取者は，三つの刺激区間が提示されてから8秒以内に，参照刺激と同じだったのが比較刺激 A，比較刺激 B のどちらであったかを答える。不正解の場合，フィルタの遮断周波数は 1 000 Hz 低くなり，3回続けて正解だった場合のみフィルタの遮断周波数が 1 000 Hz 高くなる。このような手法は変形上下法[22]と呼ばれ，試行を続けていくと遮断周波数は上がったり下がったりしながら弁別閾値付近に収束する。弁別閾値付近での遮断周波数の上がり下がりの平均値が可聴周波数上限として算出された。

このため，遮断周波数は 1 000 Hz ステップで変化するが，平均値として算出される可聴周波数上限には端数が生じ，15 333 Hz や 13 750 Hz といった値も得られることになる。

健常な男性 11 人，女性 4 人が聴取者として実験に参加した。年齢は 19 歳〜27 歳であった。あらかじめ，2 000 Hz〜24 000 Hz までの純音聴覚閾値（MAF）が，聴取者全員について測定された。聴取位置での純音の音圧が 85 dB で聞こえなかった場合は測定不能とされた。これにより，純音に対する可聴周波数上限と，調波複合音聴取時の可聴周波数の上限を比較することができる。

9.3 複合音中の超高周波音

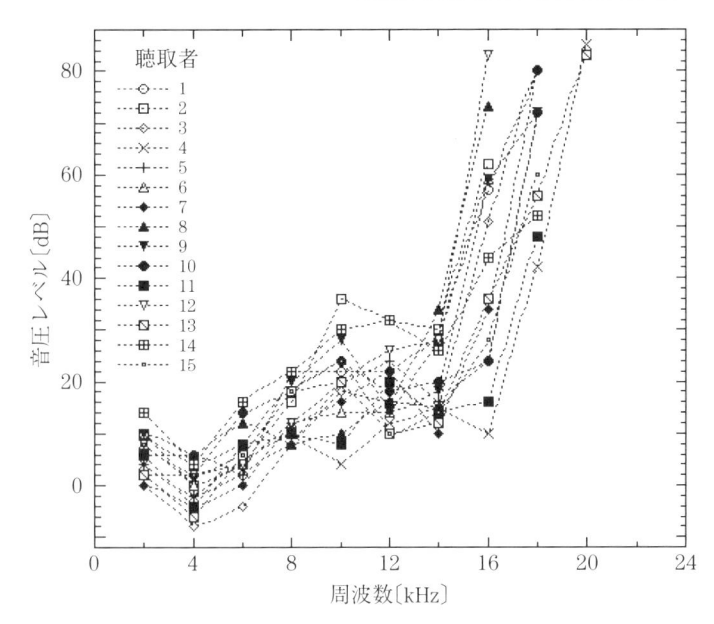

図9.21 聴取者ごとの純音聴覚閾値

純音の最小可聴野を周波数の関数として，聴取者ごとにプロットしたもの。15人の聴取者を聴取者1から15として表示している。

聴取者ごとの純音聴覚閾値の測定結果が図 9.21 である。4 000 Hz における閾値は 15 人全員が 10 dB 未満で，個人差も小さかったことがわかる。14 000 Hz を超えると閾値は急激に上昇し，22 000 Hz および 24 000 Hz では全員が測定不能であった。16 000 Hz では，閾値が最も低い聴取者と最も高い聴取者で，70 dB 以上の差があった。

図 9.22 に，聴取者ごとの可聴周波数上限と刺激音の提示音圧の関係を示す。聴取者 12 のように遮断周波数が 15 000 Hz で音質の違いが弁別できなかった聴取者もいるが，聴取者 4 のように，ほとんどの提示音圧において遮断周波数が 17 000 Hz でも弁別できる聴取者もいた。提示音圧が 30 dB～45 dB 付近までは，ほとんどの聴取者の可聴周波数上限が提示音圧の上昇に伴って高くなっている。しかし，提示音圧をさらに上げても，可聴周波数上限はほとんど上昇していない。

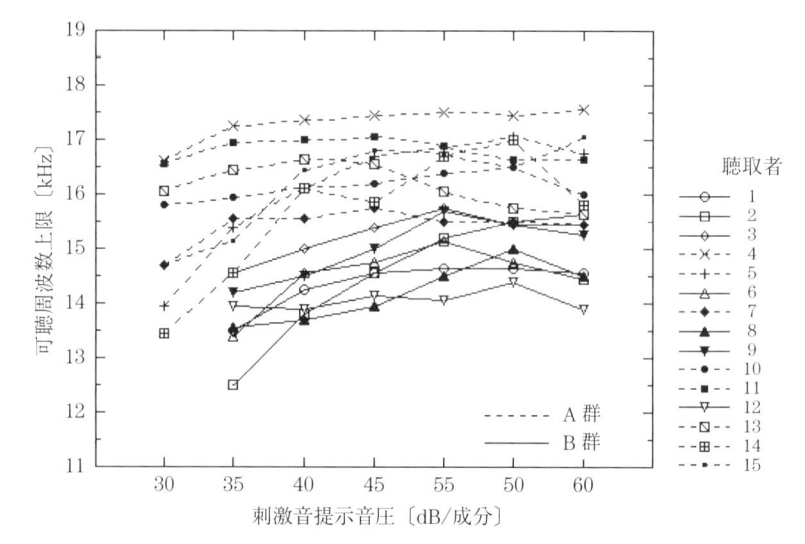

214   9. 聴覚からみたオーディオ周波数帯域

15人の聴取者の可聴周波数上限値と刺激音の提示音圧の関係を示す。横軸は成分あたりの提示音圧。縦軸は周波数である。

図 9.22 聴取者ごとの可聴周波数上限値

図 9.22 を見ると，35 dB～60 dB までのすべての提示音圧において，聴取者 4 の可聴周波数上限が聴取者中最も高く，35 dB でもすでに 17 000 Hz を超えていたことがわかる。しかし，可聴周波数上限が 18 000 Hz に達することはなかった。図 9.21 から，16 000 Hz と 18 000 Hz において，聴取者 4 の聴覚閾値が聴取者中最も小さかったことがわかる。16 000 Hz では 10 dB である。しかし，16 000 Hz～20 000 Hz にかけて急激に上昇し，20 000 Hz では音圧レベル 80 dB を超えていた。この聴取者には，30 dB 程度の音圧でも 16 000 Hz の音は十分に聞こえるが，音圧が 60 dB になっても 20 000 Hz の音は聞こえないと考えられる。聴取者 4 に関しては，調波複合音における可聴周波数上限が純音聴覚閾値からほぼ予想されるとおりだったといえる。

提示音圧 30 dB～50 dB の範囲で，聴取者 11 の可聴周波数上限は，聴取者 4 に次いで高かったが，この聴取者の 16 000 Hz と 18 000 Hz における純音聴覚閾値は聴取者 4 に次いで低かった。聴取者 12 の 16 000 Hz における純音聴

覚閾値は聴取者中最も大きかったが，この聴取者の可聴周波数上限は 50 dB から 60 dB にかけて，聴取者中最も低かった．

これらの観測結果は，いずれも複合音聴取時の可聴周波数上限が，純音聴覚閾値と強く結び付いていたことを示している．さらに，16 000 Hz における聴覚閾値が 50 dB 未満だった聴取者 8 人を A 群，残りの 7 人を B 群とすると，一部の例外を除き，図 9.22 において破線で示す A 群のほうが実線で示された B 群より可聴周波数上限が高かったことがわかる．つまり，16 000 Hz 付近でも純音を検知できる聴取者は，16 000 Hz 付近で純音が聞こえない聴取者に比べて，複合音中の高周波数成分を聞き分ける能力があるということである．

この実験の結果から，複合音聴取時の可聴周波数帯域が，おおむね純音聴覚閾値から予測されるとおりであると考えられる．20 000 Hz 以上の純音が聞こえなければ，複合音中の超高周波成分が知覚されることもないといえそうである．

しかし，実験で用いられた刺激音は複数の正弦波から合成された定常音であり，周波数の動的な変動や，波形エンベロープの急激な変化を含むものではない．これに対して，音楽信号の波形は時々刻々と変動しており，打楽器音など，急しゅんなレベルの変化などが含まれている．定常な調波複合音に対する可聴周波数帯域が音楽信号聴取時の可聴周波数帯域と同じかどうかは疑問として残されている．

9.3.3 音楽信号での実験

音楽信号を用いて実験を実施した Muraoka ら[24)]は，聴取者 176 人のうち，20 000 Hz 以上の信号の有無を弁別できたのはわずか数人であったと報告している．音大生や音楽家を聴取者とした Hamasaki ら[25)]の実験では，22 000 Hz の純音聴覚閾値が音圧レベル 90 dB を超える聴取者でも，音楽信号において 21 000 Hz 以上の成分の有無による音質差を弁別できた例が示されている．ただし，そのメカニズムについてはさらに詳細な研究を要すると述べるにとどめている．Nishiguchi らによる報告[26)]では，音の提示時間を長くした条件では，超高周波音の有無による音質差を弁別できたケースがあったものの，どのよう

なメカニズムで聞き分けられているのかは説明できないとしている。蘆原と桐生[27]は，音楽信号聴取時の可聴周波数上限と純音聴覚閾値との関係について調べている。

蘆原と桐生の実験では，サンプリング周波数 96 000 Hz のハイサンプリングオーディオパッケージメディアから選ばれた 4 曲が使用された。これらの曲はフィルタで高音部と低音部に分けられた。高音部の有無による音質の違いが弁別できるかどうか，以下に述べるスイッチングによる ABX 法で調べられた。

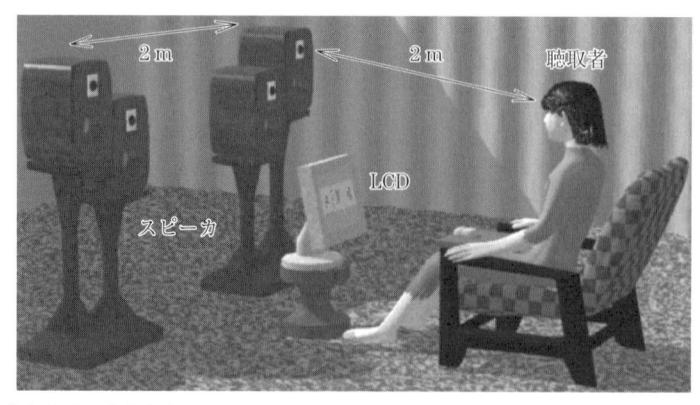

聴取者は防音室内のソファに座り，スピーカからステレオ再生される音楽を聴取した。曲の再生には低音用と高音用に 2 系統のステレオ再生システムが用いられた。2 台のステレオアンプはともに Lux L507s，4 台のスピーカは，SONY SS-AL5MkII であった。4 本のスピーカは，図 9.23 に示すように聴取位置から 2 m の距離に配置された。女性 10 人と男性 15 人が聴取者として実験に参加した。聴取位置での音楽の提示音圧レベルは，ピークがおよそ 95 dB であった。聴取者の前方に液晶ディスプレイが設置され，実験中の画面には，A，B，X という 3 個のボタンが表示された。

聴取者は，防音室内のソファに座り，聴取者の正面前方に液晶ディスプレイが配置された。スピーカは低音用 2 台と高音用 2 台が使用され，音楽信号がステレオ再生された。

図 9.23　聴取者とスピーカの配置

9.3 複合音中の超高周波音

音楽は，A，B，X という 3 種類のモードのいずれかで提示された。曲の再生中，聴取者はディスプレイ画面上の A，B，X のボタンをクリックすることにより何度でも自由にモードを切り替えることができた。また，現在どのモードが選択されているかも画面上に表示された。

3 種類のモードのうち，A が選択されているときには，低音部と高音部が提示され，B が選択されているときは低音部だけが提示された。X は A，B のいずれかと同じであった。したがって，曲の再生が始まると，低音部は最後まで連続再生され，高音部だけがモードによって ON，OFF されることになる。高音部の ON，OFF 時にクリックが生じないように電気的なスイッチングは用いられず，ディジタル処理で高音部が 100 ms の rise，decay を伴ってスムーズに ON，OFF された。X が，A，B のどちらと同じかは試行ごとにコンピュータによってランダムに決定された。

聴取者には，モード A が高音部を含む音，B が高音部を含まない音，X は A，B のどちらかと同じであることが教示された。1 曲聴き終わると，聴取者は X が A，B のどちらと同じであったか判断し，回答用紙に記入することが求められた。わからなかったときも必ずどちらかを選ぶこと，途中でわかった場合も最後まで聞くことが教示された。A か B という二肢の強制選択なのでチャンスレベルは 50% である。同じ曲について 9 回判断を行い，正答率が 75% を超えた場合，弁別できたものと見なされた。

フィルタの遮断周波数は，10 000 Hz あるいは 12 000 Hz から始められ，音質差が弁別できた場合，2 000 Hz ステップで上昇した。同一の条件で同じ曲について 9 試行中，正答が 7 回（正答率 77.8%）以上になった聴取者のみ，その曲について，より難易度の高い（遮断周波数の高い）条件に進むことができた。正答が 6 回（正答率 66.7%）以下の場合，それ以上難易度の高い条件には進まないものとされた。最後に 75% 以上の正答率が得られたときの遮断周波数がその聴取者のその曲における可聴周波数上限と見なされた。

スピーカが 4 台使用されたのは，低音部に高音部が加わることによるスピーカの混変調ひずみの増加をできるだけ抑えるためである。しかし，高音部用の

スピーカから可聴周波数帯域内に非線形ひずみが発生することを完全に防ぐことはできない。

女性 10 人と男性 15 人が聴取者として実験に参加した。弁別実験に先立って，全聴取者の純音聴覚閾値が 2 000 Hz ～ 20 000 Hz まで 2 000 Hz おきに測定された。その結果は，図 9.24 に示すとおりである。2 000 Hz ～ 6 000 Hz では，全員の閾値が音圧レベル 20 dB 以下であった。16 000 Hz では，全員の閾値が 25 dB を超えており，18 000 Hz で閾値が 60 dB 以下の聴取者はいなかった。聴取者 3 の 10 000 Hz，12 000 Hz，14 000 Hz における閾値はほかの聴取者に比べて著しく高かった。14 000 Hz や 16 000 Hz では個人差が非常に大きかったことがわかる。

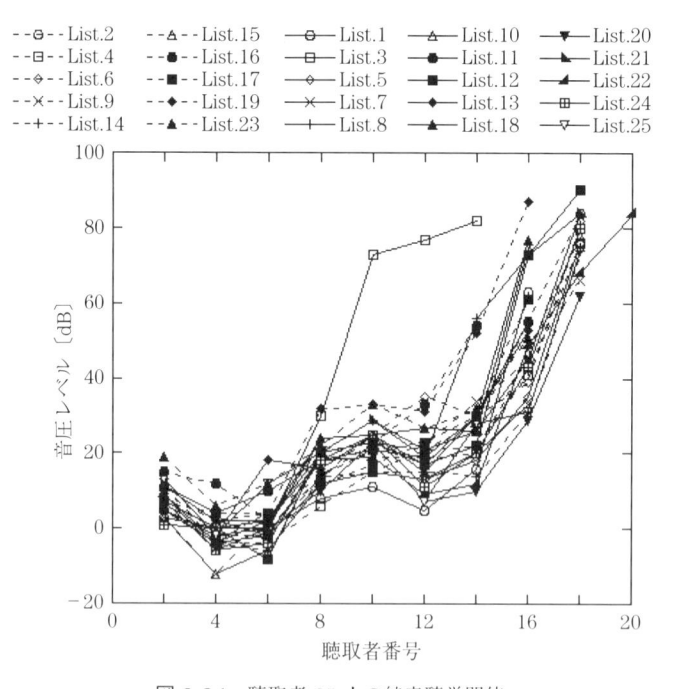

図 9.24　聴取者 25 人の純音聴覚閾値

図 9.25 に音楽聴取時の可聴周波数上限に関する実験結果を示す。横軸は聴取者，縦軸はフィルタの遮断周波数である。それぞれのバーはその聴取者が 75％ 以

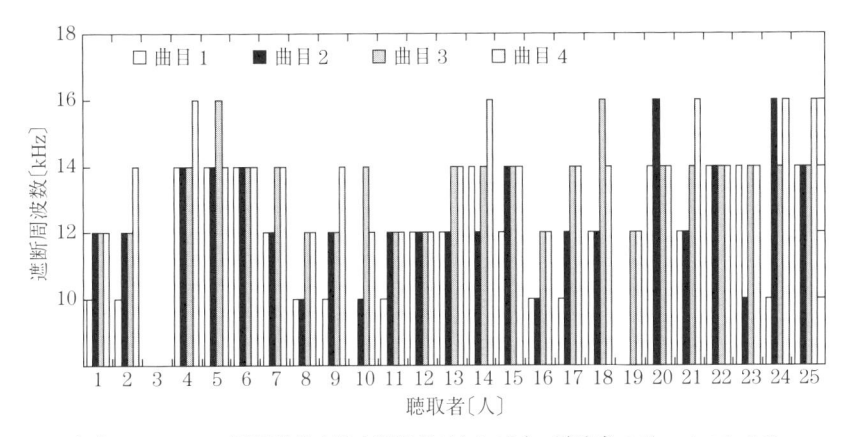

図 9.25 の棒グラフ：各曲についての可聴周波数上限を聴取者ごとに示す。聴取者 3 は，フィルタの遮断周波数が 10 000 Hz でもすべての曲について弁別ができなかった。曲目 1 に関しては，16 000 Hz まで聞き分けられた聴取者が 1 人もいなかった。ほかの 3 曲については，数名の聴取者が 16 000 Hz まで弁別することができた。

図 9.25 聴取者ごとの可聴周波数上限

上の正答率を最後に達成したときの遮断周波数を表している。例えば，聴取者 1 は，曲目 1 では遮断周波数が 10 000 Hz の条件でしか 75%以上の正答率を得られなかったが，ほかの 3 曲では遮断周波数 12 000 Hz でも 75%の正答率を達成し，14 000 Hz では 75%の正答率を得なかったことが示されている。したがって，聴取者 1 の曲目 1 に対する可聴周波数上限は 10 000 Hz，ほかの曲に対する可聴周波数上限は 12 000 Hz と見なされた。

曲目 1 に対しては，8 人の聴取者の可聴周波数上限が 14 000 Hz に達していたが，16 000 Hz に達することはなかった。聴取者 3, 10, 19 のように遮断周波数が 10 000 Hz でも弁別できなかったケースもある。これに対し，曲目 2，曲目 3 では 2 人，曲目 4 では 5 人の可聴周波数上限が 16 000 Hz に達していた。いずれの曲でも可聴周波数上限が 18 000 Hz に達した聴取者はいなかった。また，聴取者 3 は，いずれの曲でも遮断周波数 10 000 Hz の条件で 75%の正答率を得ることができなかった。

曲目 2 に対して，可聴周波数上限が 10 000 Hz 以下であった 6 人をグループ L，14 000 Hz あるいは 16 000 Hz であった 8 人をグループ H として，それぞ

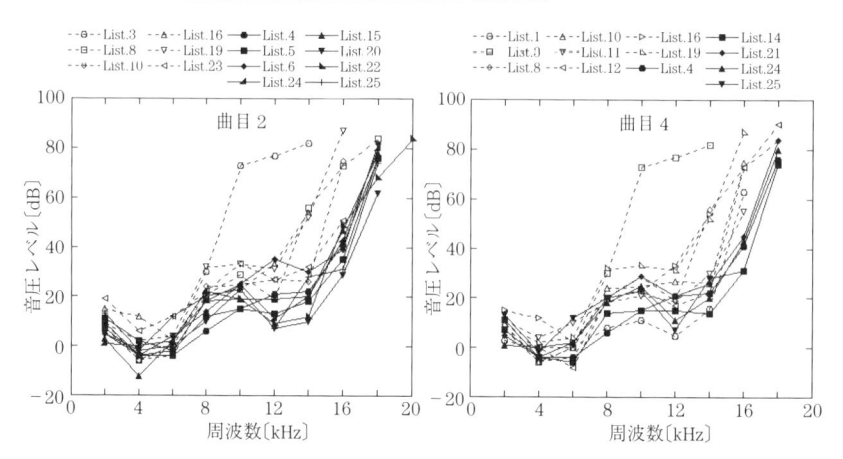

グループ L とグループ H の純音聴覚閾値を，それぞれ破線，実線で表示したもの．曲目 2（左）の場合，可聴周波数上限が 10 000 Hz だった 6 人をグループ L，14 000 Hz 以上だった 8 人をグループ H とした．曲目 4（右）の場合，可聴周波数上限が 12 000 Hz 以下だった 8 人をグループ L，16 000 Hz だった 5 人をグループ H とした．

図 9.26　聴取者グループごとの純音聴覚閾値

れのグループの純音聴覚閾値を，それぞれ破線，実線で示したのが図 9.26 の左図である．8 000 Hz 以下の聴覚閾値にグループ間の差は見られないが，12 000 Hz では，グループ H の聴取者の閾値がほとんど 20 dB 以下なのに対し，グループ L の聴取者の閾値はほとんどが音圧レベル 20 dB 以上であったことがわかる．14 000 Hz，16 000 Hz においてもグループ L の閾値のほうが全体的に高かった．

曲目 4 について，可聴周波数上限が 12 000 Hz 以下であった 8 人をグループ L，16 000 Hz であった 5 人をグループ H として，それぞれのグループの純音聴覚閾値を破線と実線で示したのが図 9.26 の右図である．16 000 Hz におけるグループ H の閾値はすべてが音圧レベル 50 dB 以下なのに対し，グループ L の閾値はすべてが 50 dB 以上であった．

図 9.26 における両グループの純音聴覚閾値の平均を示したのが図 9.27 である．10 000 Hz～16 000 Hz における純音聴覚閾値にグループ間の顕著な差が認められる．16 000 Hz および 18 000 Hz では，グループ L の数人は閾値がス

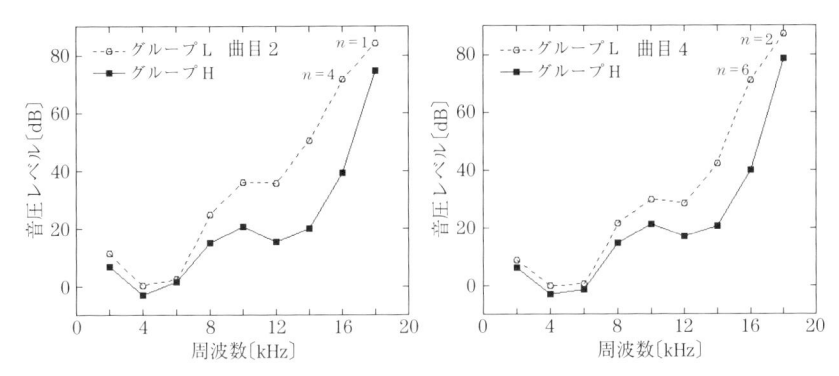

9.3 複合音中の超高周波音　221

グループ L とグループ H のグループごとの純音聴覚閾値の平均。グループ L，グループ H それぞれに含まれる聴取者数は，曲目 2 に関しては 6 人および 8 人，曲目 4 に関しては 8 人および 6 人である。ただし，16 000 Hz および 18 000 Hz ではグループ L における数名の純音聴覚閾値がスケールアウト（測定不能）であったためデータに含まれていない。このときのデータ数は n として図中に記されている。

図 9.27　聴取者グループごとの純音聴覚閾値の平均

ケールアウト（測定不能）であったため，図に示すデータには含まれていない。したがって，実際の差はさらに大きかったことになる。

　同様にして，曲目 1 における可聴周波数上限が 10 000 Hz 以下であった 10 人をグループ L，14 000 Hz であった 8 人をグループ H とし，グループごとの純音聴覚閾値の平均を示したのが図 9.28 の左図，曲目 3 における可聴周波数上限が 12 000 Hz 以下のグループと 14 000 Hz 以上のグループの純音聴覚閾値平均値を示したのが図 9.28 の右図である。いずれの図でも，6 000 Hz 以下の純音聴覚閾値にはグループ間に明確な差はないが，14 000 Hz や 16 000 Hz の閾値には差が認められる。

　この実験では，いずれの曲についても可聴周波数上限が 18 000 Hz に達する聴取者はいなかったことから，この実験で用いられた 4 曲に関しては，18 000 Hz 以上の周波数成分が音の主観的な印象にほとんど影響していなかったといえる。このことは 18 000 Hz での純音聴覚閾値が 60 dB 以下の聴取者がいなかったことと符合する。

　また，実験結果は，音楽聴取時の可聴周波数上限が 12 000 Hz〜16 000 Hz 付

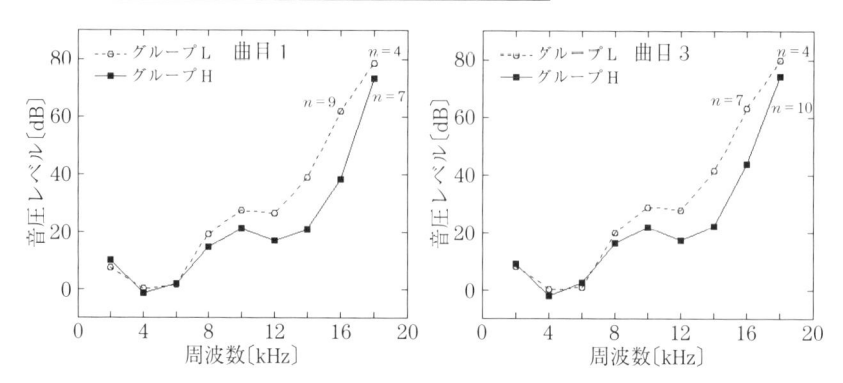

グループLとグループHのグループごとの純音聴覚閾値の平均。グループL，グループHそれぞれに含まれる聴取者数は，曲目1に関しては11人および8人，曲目3に関しては9人および16人である。
ただし，16 000 Hzおよび18 000 Hzでは，数名の純音聴覚閾値がスケールアウト（測定不能）であったためデータに含まれていない。このときのデータ数はnとして図中に記されている。

図 **9.28** 聴取者グループごとの純音聴覚閾値の平均

近の純音聴覚閾値と密接に関連していることを示している。すなわち，可聴周波数上限が高い聴取者は，そうでない聴取者に比べて相対的に12 000 Hz～16 000 Hz付近の純音閾値が小さかった。

純音聴覚閾値と音楽聴取時の可聴周波数上限に明確な整合性が認められたことから，過渡音が多く含まれる音楽信号に対する可聴域も定常的な純音に対する閾値からおおむね推定できるといえる。

音楽信号を用いた複数の実験から，音楽に含まれる超高周波音の有無を弁別できる聴取者はごく少ないと考えられる。また，弁別できたとしても，それが超高周波音そのものを聞いているのか，スピーカの非線形性によるひずみの増加を聞き分けているのかは疑問である。

9.4 ま と め

第3章で述べたとおり，周波数帯域の拡張には，利点もあるが不都合な点もある。したがって，ディジタルオーディオに必要とされる周波数帯域を論じ

には，人の可聴周波数帯域を定量的に測定することが不可欠である．

　本章で紹介した研究から，純音であろうが複合音であろうが，22 000 Hz を超える超高周波音を確実に聴取するには，音圧レベルが 80 dB 以上必要だと考えられる．複合音の場合には，高レベルの超高周波音が含まれていると，スピーカなどの非線形性により，可聴域の主観的な音質が変化する場合がある．

　音楽信号の場合も，大多数の聴取者にとっては，20 000 Hz を超える信号の有無を弁別することはきわめて難しく，音楽によっては，14 000 Hz 付近でも聞き分けにくい．ただし，ごくまれに 20 000 Hz 以上の成分の有無を弁別できる聴取者がいるようである．この場合も，超高周波成分を検知しているのか，スピーカなどから発する可聴周波数帯域内のひずみの違いを聞き分けているのかは，さらに詳しく調べる必要がある．

　聞こえるか聞こえないかという議論とは別に，楽音などに含まれる超高周波音が脳の活動やストレスに影響を及ぼすことが指摘されている[30]．例えば，超高周波成分が豊富に含まれる楽音を聞かせることにより脳波中の α 波が増加するという報告がある[28]〜[31]．山崎ら[32]は，可聴音に対する超高周波成分の相対的なレベルによって，超高周波音が人のストレスを減らすこともあれば増やすこともあるとしている．

　本書のテーマは計測技術である．本章でも，聴覚閾値や可聴周波数上限についての定量的な測定に主眼が置かれた研究を中心に紹介したが，超高周波音が人の脳活動にどのような影響を及ぼしているのかは，興味深い研究課題であり，今後の脳科学分野の研究に期待したい．

引用・参考文献

1) International Organization for Standardization, "Acoustics - Reference zero for the calibration of audiometric equipment - Part 7: Reference threshold of hearing under free field and diffused-field listening conditions, ISO 389-7," International Organization for Standardization, Geneva Switzerland (2005)
2) N. S. Yeowart, M. J. Evans, "Thresholds of audibility for very low-frequency

pure tones," J. Acoust. Soc. Am., **55**, 814-818 (1974)
3) 加銅鉄平, "上級に進むためのオーディオ再生技術," 誠文堂新光社 (2007)
4) M. Lydolf, H Møller, "Low-frequency test chamber with loudspeaker arrays for human exposure to simulated free-field conditions," Proceedings of the 10th International Meeting on Low Frequency Noise and Vibration and its Control, York, England (2002)
5) 平原達也, "ヘッドホンの陥穽," 日本音響学会誌, **55**, 370-376 (1999)
6) 平原達也, "聴覚実験に用いられるヘッドホンの物理特性," 日本音響学会誌, **53**, 798-806 (1997)
7) 蘆原 郁, "現場での低周波閾値測定," 騒音制御, **33**, 224-230 (2009)
8) W. A. Shaw, E. B. Newman, I. J. Hirsh, "The difference between monaural and binaural thresholds," J. Acoust. Soc. Am., **19**, 734-734 (1947)
9) W. Rudmose, "The case of the missing 6 dB," J. Acoust. Soc. Am., **71**, 650-659 (1982)
10) S. A. Fausti, R. H. Fray, D. A. Erickson, B. Z. Rappaport, E. J. Cleary, R. E. Brummett, "System for evaluating auditory function from 8,000-20,000 Hz," J. Acoust. Soc. Am., **66**, 1713-1718 (1979)
11) P. G. Stelmachowicz, K. A. Beauchain, A. Kalberer, W. Jesteadt, "Normative thresholds in the 8- to 20-kHz range as a function of age," J. Acoust. Soc. Am., **86**, 1384-1391 (1989)
12) H. Takeshima, Y. Suzuki, M. Kumagai, T. Sone, T. Fujimori, H. Miura, "Threshold of hearing for pure tone under free field listening conditions," J. Acoust. Soc. Jpn., **15**, 159-169 (1994)
13) K. Kurakata, K. Ashihara, K. Matsushita, H.Tamai, Y. Ihara, "Threshold of hearing in free field for high frequency tones from 1 to 20 kHz," Acoust. Sci. & Tech., **24**, 398-399 (2003)
14) K. R. Henry, G. A. Fast, "Ultrahigh-frequency auditory thresholds in young adults: Reliable responses up to 24 kHz with a quasi-free field technique," Audiology, **23**, 477-489 (1984)
15) D. M. Green, G. Kidd Jr., K. N. Stevens, "High-frequency audiometric assessment of a young adult population," J. Acoust. Soc. Am., **81**, 485-494 (1987)
16) K. Betke, "New hearing threshold measurements for pure tones under free field listening conditions," J. Acoust. Soc. Am., **89**, 2400-2403 (1991)

17) T. Poulsen L. A. Han, "The binaural free field hearing threshold for pure tones from 125 Hz to 16 kHz," Acustica, **86**, 333-337（2000）
18) M. Sakamoto, M. Sugawara, K. Kaga, T. Kamio, "Average thresholds in the 8 to 20 kHz range in young adults," Scand. Audiol., **27**, 169-172（1998）
19) K. Ashihara, "Audibility of complex tones above 20 kHz," Proceedings of the 29th international congress and exhibition on noise control engineering, IN2000/477（2000）
20) K. Ashihara, "Audibility of components above 22 kHz in a harmonic complex tone," Acta Acustica united with Acustica, **89**, 540-546（2003）
21) K. Ashihara, "Hearing thresholds for pure tones above16 kHz," J Acoust. Soc. Am., **122**, EL52（2007）
22) H. Levitt, "Transformed up-down methods in psychoacoustics," J. Acoust. Soc. Am., **49**, 467-477（1971）
23) 蘆原　郁, "純音および複合音聴取時の可聴域測定，" 信学技報, EA2000-31（2000）
24) T. Muraoka, M. Iwahara, Y. Yamada, "Examination of audio-bandwidth requirements for optimum sound signal transmission," Journal of the Audio Engineering Society, **29**, 2-9（1981）
25) K. Hamasaki, T. Nishiguchi, K. Ono and A. Ando, "Perceptual discrimination of very high frequency components in musical sound recorded with a newly developed wide frequency range microphone," 117th AES Convention Preprint, #6298（2004）
26) T. Nishiguchi, K. Hamasaki, K. Ono, M. Iwaki, and A. Ando, "Perceptual discrimination of very high frequency components in wide frequency range musical sound," Applied Acoustics, **70**, 921-934（2009）
27) 蘆原　郁, 桐生昭吾 "鈍音の聴覚閾値と音楽聴取時の可聴域，" 聴覚研究会資料, H-2004-67（2004）
28) T. Oohashi, E. Nishina, M. Honda, Y. Yonekura, Y. Fuwamoto, N. Kawai, T. Maekawa, S. Nakamura, H. Fukuyama and H. Shibasaki, "Inaudible highfrequency sounds affect brain activity: Hypersonic effect," J. Neurophysiology, **83**, 3548-3558（2000）
29) T. Oohashi, N. Kawai, E. Nishina, M. Honda, R. Yagi, S. Nakamura, M. Morimoto, T. Maekawa, Y. Yonekura, and H. Shibasaki, "The role of biological system other ahtan auditory air-conduction in the emergence of the

hypersonic effect," Brain Res., 1073, 339-347 (2006)
30) 仁科ユミ, "ハイパーソニックエフェクトの発生メカニズムに関する研究の進展," 日本音響学会誌, **65**, 40-45 (2009)
31) 小川通範, 崔 鐘仁, 堀田健治, 山崎 憲, "超音波領域の音を含む波の再生音が人間の生理・心理に及ぼす影響," AES 東京コンベンション 2003 予稿集, 90-93 (2003)
32) 山崎 憲, 堀田健治, 齊藤光秋, 小川通範, "渓流の音に含まれる超音波が人間の生理に与える影響について," 日本音響学会誌, **64**, 545-550 (2008)

10 主観評価実験を行うには

　オーディオの評価においては，各種オーディオ機器の物理特性の良し悪しが大きな比重を占めるのはもちろんだが，最終的には聴取者が聞いてよい音と感じるかどうかが最も肝心である。したがって，機器の物理特性の評価に加えて聴取実験による評価が不可欠といえる。人を対象とした主観評価実験なしにオーディオを語るわけにはいかない。工学的な計測と主観評価は，オーディオ技術を牽引する車の両輪だといえる。

　主観評価はいわば，人を計測機器として音質を測定するということである。しかし，機械に比べると人の感覚には曖昧さがあり，再現性も低くなる。後述するとおり，認知的なバイアスが大きな影響を及ぼすことも少なくない。工学系の実験や計測は比較的再現性が高いため，データの捏造や改ざんといった不正は起こりにくいと考えられるが，追試自体が難しかったり，結果を再現するのが困難な化学系や心理学，生理学の実験では，作為的な操作が介入しやすく，不正が起きる可能性も高くなる。主として心理学的な手法が用いられる主観評価では，信頼できる実験を実施するというのは非常に難しい。

　聴取実験を実施するうえでの注意事項については繰り返し論じられている[1]〜[4]が，本章では，音響機器を扱って主観評価実験を行う際に注意すべきことがらに加えて，認知的なバイアスの影響を低減するための実験方法，さらには，データの捏造や改ざんといった不正が生じるのを防ぐための対策についても触れる。

10.1　出力信号をチェックする

10.1.1　信号の劣化

　聴取実験では，被験者に提示する刺激音を用意しなくてはならない。パソコンとサウンド編集ソフトがあれば純音や白色雑音はもちろん，TSP信号やピンクノイズ，さらには周波数変調音や振幅変調音といった特殊な信号も簡単に作成可能である。しかし，これはディジタル信号上で数値を羅列した信号が得られるということであり，それがそのまま刺激音として提示されるわけではない。

　ディジタル信号を刺激音として提示するには，少なくともD-A変換，増幅，電気-音響変換という過程を経なくてはならない。これらのすべての過程で多かれ少なかれ信号の劣化が生じる。信号の劣化は具体的にはD-A変換器，アンプ，スピーカやヘッドホンにおけるノイズの混入や線形ひずみ，非線形ひずみである。研究者は使用する個々の機材の特性，あるいはシステムを通して最終的に出力される信号がどのようなものになるのか把握し，その実験に要求される性能がどのようなものなのか，そして使用している機材がその性能を満たしているかどうか検討すべきである。

　例えば，サンプリング周波数の違いによる音質変化について調べるのであれば，十分に広い周波数帯域をもつアンプとスピーカが必要である。タイムジッタによるひずみの検知域を調べるのであれば，スピーカの非線形ひずみは十分に小さくなくてはならない。実験目的によって要求される性能も異なってくる。発生するひずみのなかには比較的簡単な信号処理で補正可能なものもあるので，場合によっては補正することも必要である。

10.1.2　レベル校正

　システムに要求される性能は実験によってさまざまだが，ほとんどの聴取実験において刺激音のレベル校正は必須である。一般的にレベル校正が必要でない聴取実験というのは考えにくい。

レベル校正はあくまでも出力される音響信号に対して行うべきである。それにはマイクロホンあるいはサウンドレベルメータが使用される。注意すべき点の一つは，どの位置で校正するかである。被験者の外耳道内で校正するのか，スピーカの軸上，一定の距離で校正するのか，あるいは実験室内の特定の位置で校正するのかを決めなくてはならない。サウンドレベルメータを使用するなら，音圧レベルを測定するのか騒音レベルを測定するのかによってF特性を用いるのかA特性を用いるのかを選択しなくてはならない。また，信号波形の振幅のピーク値を校正するのか実効値を校正するのかなど，考慮すべき点は多岐にわたる。

マイクロホンを使用する場合，マイクロホンを含めた収音系の性能を把握しておく必要がある。近年，SONY, ZOOM, ROLAND, OLYMPUSなど複数のメーカーから片手で持ち運べるような小型PCMレコーダが発売されている。例えば，SONY PCM-D1という機種はUSB経由でパソコンとファイルの送受信ができ，ステレオマイクロホン内蔵，録音時のサンプリング周波数は最大96 000 Hzというたいへん便利な録音機である。これ1台で超音波帯域まで含めたハイサンプリング録音ができそうである。しかし，図5.1に示したとおり，PCM-D1に内蔵されているマイクロホンは超音波帯域まで特性が伸びているわけではない。30 000 Hz付近には大きなディップがある。このような特性を十分に把握して使用しないと，いいかげんなハイサンプリング録音になってしまう。

刺激音の校正には特性が既知な信頼できるマイクロホンを使用するべきである。

10.1.3 信号レベル

刺激音のレベル校正が不可欠であることは，10.1.2項ですでに述べたが，使用するすべての機材に関して，信号レベルを適正に保つよう注意する必要がある。再生においても録音においても信号のレベルがその機材で扱えるレベルに収まっていないと，狙いどおりの信号を得られない。特に，ダイナミックレン

ジが 100 dB を超えるようなオーディオ信号を扱う場合，すべての機材の入力レベルが適正でなければ，小さいレベルでは量子化雑音，大きいレベルではクリッピングなどの問題が生じる．

10.2　暗騒音，機材の動作確認など

マイクロホンを用いて刺激音をチェックする際には，暗騒音も測定しておくよう習慣づけるのが望ましい．ノイズフロアを調べるのはもちろんだが，暗騒音を測定することで，無視できないレベルのハムノイズや特定の周波数での発振が見つかることもある．

刺激音や暗騒音をチェックする場合，オクターブバンド分析する場合でも，生の録音データと音圧校正信号の録音データを取っておくよう心がけるべきである．測定時に詳しい記録を取ったつもりでも，現場の緊張や忙しさのなかで大切な情報が抜けてしまうこともある．そうなると，例えば，分析値が全帯域の騒音レベルだったのか，特定の $\frac{1}{3}$ オクターブバンドのレベルだったのか，思い出せなくなる．生の録音データと校正信号があれば，後からでも分析できる．

刺激音のチェックはできるだけ頻繁に行うべきである．毎回の主観評価実験の前後で機材の動作確認も兼ねて刺激音のチェックをするのが望ましい．実験に用いる各種装置はいつ故障するかわからない．そのような場合に備えて，可能なら代用品を準備しておく．事前のチェックは実験直前ではなく，例えば 1 時間前など，十分な余裕をもって行う．動作不良が見つかっても 1 時間あれば対応処置が講じられるからである．

10.3　追試可能な実験計画を立てる

哲学者 Karl Popper は，実験や観察によって反証される可能性があること，すなわち**反証可能性**（**falsifiability**）を科学的言説の必要条件としている．間違いであることを証明する手だてのない仮説は，科学的と見なされないのであ

る[5),6)]。科学論文を執筆する場合，主張する仮説や理論に反証可能性が備わっているか否か吟味する必要がある。

反証可能性を備えた仮説や理論は，実験や観測によって検証（あるいは反証）を試みられるだろう。このとき，実験や観測は他者による追試が可能なものでなくてはならない。これは音響研究に限らずあらゆる研究分野に共通のことである。それには入手困難な装置などをできるだけ使わないこと，やむを得ず特殊な装置を使用する場合は，他者がそれと同等のものを用意できるよう，その装置の特性あるいは条件を開示することが必要となる。実験結果を論文などで発表するときには，実験方法を正確に，わかりやすく記載しなくてはならない。

従来の常識を覆すような理論を証明する実験結果を発表した場合，複数の研究者によって追試され，実験結果が繰り返し確認されることでその理論は受け入れられるのである。追試によって確認されなければ，興味深い学説の一つでしかない。

不正確な記述や曖昧な表現があると追試が正確に行えない。追試の結果，最初の実験と矛盾する結果が得られた場合，矛盾が生じた原因を解明するには，両実験の方法を詳細に比較する必要がある。研究者は，追試者も含めて実験の方法をできるだけ詳しく記録しておかなければならない。また論文の査読者も，追試が可能な記述になっているかどうか注意すべきである。

10.4 ラボノート

研究者はラボノート（研究ノートや実験ノートと呼んでもよい）に研究の記録を残すよう習慣づける必要がある。ラボノートは，知的財産（特許など）の発明者を明確にする必要性から重視されるようになったものだが，近年は研究における不正行為を防止する目的でも重要性が注目されており，薬学などの研究でラボノートの記載は必須である。

純粋物理学系の計測においては，よほど特殊な装置や試料が必要な場合を除け

ば，同じ実験を再現するのは難しくない．容易に再現できる実験においてデータの捏造や改ざんといった不正が行われる危険は少ない．追試によって簡単に不正が発覚してしまうからである．一方，試料の培養，分析，観測に膨大な時間や労力を要することも少なくない化学系では，追試自体が容易でなく，また，わずかな条件の違いによって，大きく結果が左右されることも珍しくないため，物理測定のように再現性は高くない．追試が困難な実験や再現性の乏しい計測において，データ捏造や改ざんといった不正が起こりやすくなる．

多数の被験者を使う心理学的な実験の場合も，例えば1年後にまったく同じ被験者をそろえて実験結果を再現するというのは困難である．被験者をそろえることができたとしても，被験者の感覚特性や判断基準が1年前と同じである可能性は高くないだろう．この種の実験のデータが捏造あるいは改ざんされたものであっても，それを証明するのは非常に難しい．

不正が疑われたとき，適切に記載および保管されたラボノートが強力な証拠能力を持つことになる．ラボノートが保管されていなかったり，ラボノートの記載自体が不明瞭であったりすると，疑惑を払拭することは困難になる．

ラボノートの書き方にはルールがあり，詳細は，例えば文献7) などを参考にしてほしい．ここでは，特に重要と思われる項目を列挙しておく．

- 糸綴じ製本され，ページ番号が付いたノートを使う．
- 記載にはボールペンや万年筆を使う（鉛筆書きは不可）．
- 作業（実験や計測）を行った日に記入する．
- 当然ながらページ順に記入する．
- ページごとに日付を記し，記載者本人と証人が署名する．
- 修正液は使わない．
- 誤字等の修正は，誤字の上から線を引き，署名と修正日を記入する．
- 以前の記述を後日に直接修正しない．
- 後日訂正が必要になった場合は，もとのページではなく，訂正する日のページに，訂正箇所，訂正日，訂正内容，訂正理由を記入する．
- 余白を残さない．ページの余った部分は×などで埋めて（クロスアウト

して) から証人に署名してもらう。余白を残さないのは，後から追記できなくするためである。

これらのルールを厳守するのは容易ではない。特に証人は，記載内容を理解できる者であり，かつ研究の一員でない者とするべきなので，適格者を見つけるのは困難であろう。しかし，記載者本人の署名だけでは証拠にはならない。重要な記載のあるページには証人の署名を付記することを心がけるべきである。

10.5　認知的バイアス

査読を経て権威ある科学雑誌に掲載された論文でも，その内容が正しいという保証はない。科学に誤りはつきものであり，研究者が不正を行っていなくても，結論が誤っている場合がある。科学における誤りの原因は，実験者の不注意や不手際といったヒューマンファクタ以外にも，計測の不確かさ，統計上の過誤，**認知的バイアス**など多岐にわたる。

統計による検定においては，一定の確率で誤りが起こるのを避けられない。このことを理解したうえで考察する必要がある。統計にまつわる問題は，10.6節で取り扱う。ここでは，認知的バイアスとその対策となる**盲検法**について述べる。

音の印象を評価するような実験では，被験者の思い入れ，先入観や暗示といった認知的な要因が結果に影響を及ぼすため，公正な評価結果を得るのは困難である。多数の設問にA，Bの二者択一で回答するような試験で，Aの回答ばかりが何度も続くと，そろそろBと答えたほうがよいのでは，と不安に感じないだろうか。また，自分はAだと思っていても，信頼している友人たちがBだと言っているのを耳にしたら，自信が揺らがないだろうか。もしあなたが認知的バイアスに左右されない機械であったなら，このような不安を感じることはない。人の判断は，つねにさまざまなバイアスに影響されているのである。

刺激の提示順序によって結果が影響を受ける順序効果や，試行を反復する間に成績がよくなる訓練効果，被験者の疲労によって成績が低下するのも認知的

バイアスだが，これらは実験手続きと結果を見れば比較的容易に見つけることができる。ここでは，もう少し厄介な現象を取り上げる。

10.5.1 ハロー効果，確証バイアス，プラシーボ効果

ある対象について評価を行うとき，特定の評価項目の評価結果に引っ張られてほかの評価項目についての評価がゆがめられることがある。例えば，ある会社の特定の商品は優れているという認識を持つ人はその会社のほかの商品についてもよい方向に評価しがちになる。これは**ハロー効果（halo effect）**と呼ばれるものである。この場合のhaloとは，後光が差すというときの後光を意味する。

また，ひとたび相手の言うことを信用すると，矛盾や疑問が生じても，自分に都合のいい情報だけを頼りに，相手が正しいという自分の判断を正当化しようとすることがある。これは，社会心理学で**確証バイアス（confirmation bias）**と呼ばれるものである[8]。一度判断を下すと，その判断を擁護する方向にバイアスが働くのである。第一印象を悪くすると，あとあとまで信頼回復が難しくなるものである。

医学分野では，薬効成分が含まれない**偽薬（placebo）**であっても患者によく効く薬だと信じさせて投与すると効果が現れることがあり，**プラシーボ効果**と呼ばれている[9]。

10.5.2 盲検法，二重盲検法，三重盲検法

新薬の薬効を検証する場合，プラシーボ効果があると本来の薬効を正しく評価できない。そこで，その薬と見分けることのできない偽薬を用意し，患者にはどちらが投与されたか知らせずに検査を行う。これを**盲検法（blind experiment）**あるいは単純盲検法という。

プラシーボ効果は治療する側にも起こりうる現象であると考えられている。例えば，医師が効果があるはずだと信じることで本人にその意図がなくても，より積極的に治療に取り組むため結果に差が生じてしまうなどである。真の薬

効を評価するには，このような実験者側のバイアスも除去する必要がある。そこで，薬を投与する側にも本物の薬と偽薬を区別できないようにして効果を観察するのが**二重盲検法**である。

被験者に何らかの課題を与える実験では，実験者が被験者に教示を与えることになるが，この教示の内容や伝え方一つでも偏った判断を招く可能性がある。特に単純盲検法の場合，この問題は無視できない。このため，科学論文の査読では，教示の具体的内容を明示することが求められることもある。

音の評価においても，高級なオーディオ機器だと信じさせることで被験者の印象はよくなる可能性があるので，少なくとも単純盲検法を用いるのが常識だが，単純盲検法では，上記のとおり，実験者側の先入観や思い入れが教示の与え方に影響する危険がある。科学的な実験では実験者側のバイアスも排除するため，二重盲検法を用いるべきである。コンピュータで制御された実験なら条件をコンピュータに毎回ランダムに設定させることが可能なので二重盲検法を実施するのは難しくない。

しかし，再生システムの配線や聴取環境を変えて音質差を評価する実験をコンピュータで制御するのは難しい。このような場合，二重盲検法を確実に実施するには，最低 1 人の中立な協力者が必要になる。

二重盲検法で正しく行われた実験でも，その結果を整理，分析する段階で観察者のバイアスが影響を及ぼす可能性がある。薬効の指標が体温や血圧値といった数値データであってもそれを測る観察者に，効果があるはずだという思い込みがあれば測り方や目盛の読みに無意識に差が出かねない。そこで，二重盲検法で得られたデータを分析する際に，本物の薬が投与されたデータか偽薬によるデータかを分析者にも伏せて分析させるのが**三重盲検法**である。厳密な三重盲検法では，情報を伏せるだけでなく，薬効の有無による利害と無関係な第三者に分析させるべきである。

10.5.3　実験者効果とヒツジ-ヤギ効果

テレパシーや念力など，いわゆる超能力を研究する超心理学の分野では，実

験者効果（experimenter effect）やヒツジ-ヤギ効果（sheep-goat effect）がしばしば問題となる。

心理学で実験者効果とは，実験者が発するさまざまな手がかりが被験者の成績に及ぼす影響全般を意味し，よく効く薬だという医師の思い込みが患者にも影響を及ぼす場合のプラシーボ効果も実験者効果の一つといえる。

超心理学においては，特定の実験者が実施したときにだけ被験者の超能力が引き出されたり，超能力の存在を疑う懐疑派の人が現場に立ち会うと超能力が現れなかったりする現象である[10]。また，超能力の存在を信じている被験者（ヒツジ群）と信じていない被験者（ヤギ群）に透視課題を行わせたところ，ヒツジ群の成績は偶然を上回り，ヤギ群の成績は偶然を下回るという結果が得られたことから，被験者の超能力に対する態度が結果に影響を及ぼすことをヒツジ-ヤギ効果と呼ぶ。

超能力懐疑派は，超能力が観測されたとされる実験では，実験者が表情やしぐさによって，意識的あるいは無意識に被験者に手がかりを与えていることが実験者効果を生み，肯定派の被験者ほどその手がかりを積極的に利用することがヒツジ-ヤギ効果を生む，つまりカンニングしているものと解釈する。さらに，懐疑派の人が立ち会うと実験者効果が消えるというのも，懐疑派の人が目を光らせている場面ではカンニングしにくくなるためだと説明する。

超能力肯定派の解釈はまったく異なる。特定の実験者によって超能力が観察されるのは，その実験者にテレパシー能力がある証拠であり，懐疑派の人がいる場面で超能力が観察されにくいのは，被験者がテレパシーによって懐疑派の存在を感知し，無意識に能力を隠してしまうためである。また潜在的に能力を持っていても，本人が超能力に懐疑的だと，無意識に能力を抑えてしまうためにヒツジ-ヤギ効果が生まれる。超能力肯定派は，このように説明する。

実験者効果，ヒツジ-ヤギ効果に対する解釈は超能力肯定派と懐疑派で異なるが，本来，実験者の技術的な未熟さ（経験不足など）の影響を除けば，誰がやっても同じ結果が再現できるものでないと自然科学としては認められない。ある仮説に対して実験者や被験者が肯定派か懐疑派かで結果が左右されるような実

験プロトコルには問題がある．実験者や被験者にテレパシー能力のような超自然的な力がない限り，綿密に統制された二重盲検法を採用することで，多くのバイアスは排除できるはずである．

　健康や生命に直接かかわる医学や薬学の分野では，二重盲検法は必須とされる．これに比べると心理学や生理学の文献では盲検法が軽んじられている．特にオーディオの世界では二重盲検法はおろか，単純盲検法ですらない主観評価がまかりとおるケースが少なくない．

　主観評価がハロー効果やプラシーボ効果に影響されていると，ネームバリューの大きい高級ブランドの商品だけが高い評価を受けることになり，いくら音質が優れていても，知名度の低いブランドでは，太刀打ちできなくなり，オーディオ業界の活性化につながらないだろう．

10.6　有意差検定の注意点

　統計的な手法は，研究の場面でも広く利用されている．音響刺激に対する心理・生理学的反応の分析においても頻繁に**有意差検定**が用いられている．有意差検定は確かに研究者にとって魅力的な道具であるが，統計には，設問の立て方，サンプリング（標本抽出）の方法，有意水準，カテゴリーの分け方，データの取捨の判断，はずれ値の扱いなど，人為的な操作が介入する要素が多いため，慎重に扱う必要がある．また，市販の表計算ソフトや統計ソフトを使う場合にも注意すべき点がある．

　まず忘れてならないのは，有意差を検定する場合，2種類の誤りがあるということである．**第1種の誤り**（**type I error**）とは，差が有意ではないにもかかわらず，有意であると判定してしまうことであり，**第2種の誤り**（**type II error**）とは，差が有意であるにもかかわらず，有意ではないと判定してしまうことである[11]．有意水準5％や1％で帰無仮説が棄却された，あるいは棄却されなかったからといって，差がある，あるいは差がないと断定はできないのである．つねに検定結果が誤っている可能性があることを忘れてはならない．

統計の手法については膨大な専門書が著されているので，ここでは詳しい手法については触れないが，統計手法を用いるときにやってはならないことのいくつかについて，以下に例をあげて説明する．内容は音を扱う実験に限ったものではないが，重要なことがらなので，ここで取り上げるものである．なお，ここに例示する実験データは，いずれも架空のものである．

10.6.1 例1：t検定の繰返し

大学4年生のA君は，被験者に音楽を聞かせながらある作業を行わせ，作業の能率が聞かせる音楽によって影響を受けるかどうか調べている．被験者8人に作業を行わせ，その成績を100点を満点とする点数にしたところ，**表 10.1** に示す結果が得られたとする．

表 10.1 音楽別作業得点

被験者	音楽 1	音楽 2	音楽 3
1	51	73	58
2	61	61	43
3	59	55	43
4	49	43	45
5	61	44	55
6	60	66	58
7	72	47	58
8	63	44	50
平均	59.5	54.1	51.3
分散	50.9	132.1	46.8

聞かせた音楽ごとに8人の作業得点の平均値と標準偏差をグラフ化したのが**図 10.1** である．8人の作業得点の平均値に，聞かせた音楽により有意な差が生じていたかどうか，A君はt検定（**Student's t-test**）によって調べた．

「聞かせた音楽によって作業能率に差は生じない」を帰無仮説とし，8人の作業得点の平均値について，音楽1を聞かせたときと音楽2を聞かせたとき，音楽2を聞かせたときと音楽3を聞かせたとき，音楽3を聞かせたときと音楽1を聞かせたときの3種類の組合せについて，それぞれ有意水準5%で両側検定を行った結果，音楽1と2，音楽2と3については，p値がそれぞれ0.35，0.513

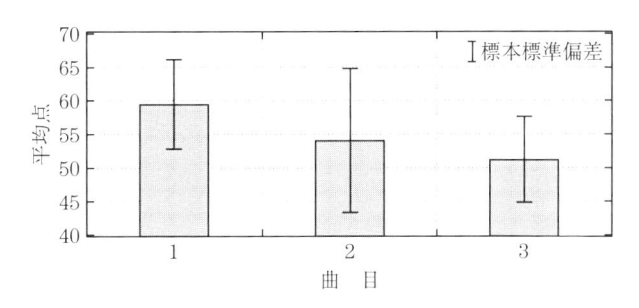

図 10.1　音楽ごとの作業成績の平均値と標準偏差

となり，帰無仮説は棄却されなかった。しかし，音楽 3 と音楽 1 については，p 値が 0.029 となり，帰無仮説が棄却された。検定結果から A 君は，聞かせる音楽によって，作業能率に有意な差が生じることが証明されたと報告した。

上記の A 君の結論は明らかに誤りである。有意水準とは，第 1 種の誤りを犯す確率 α である[11),12)]。1 回の検定における有意水準を 5% とし，3 種類の条件間の平均値の比較を行う場合，3 回の検定のうち，第 1 種の誤りが少なくとも 1 回生起する確率は

$$\alpha = 1 - (1 - 0.05)^3 = 0.14 \tag{10.1}$$

となる[12)]。ここで，$(1 - 0.05)$ は，第 1 種の誤りを犯さない確率であり，3 回とも第 1 種の誤りを犯さない確率は，その 3 乗となる。これを 1 から引くことにより，3 回のうち 1 回でも第 1 種の誤りが生起する確率となる。つまり，有意水準 5% の t 検定を独立に 3 回行えば，そのうち少なくとも 1 回，差が有意でないのに有意であると誤った判断をする確率は，5% ではなく，14% なのである。したがって，上記の検定結果から 5% の有意水準で，音楽の違いによる作業能率への影響が有意であったと判定するのは誤りなのである。

同じように，イヤホン 2 機種について，複数の被験者に音質を評価させる実験において，被験者に，音の迫力，明りょうさ，自然さ，広がりなど複数の項目ごとに 2 機種のイヤホンの点数をつけさせたとする。この場合も，項目ごとに t 検定を行って 2 機種のイヤホンの主観的な音質評価の差が有意かどうか検

定するのは問題である．項目ごとに検定を行い，そのうち例えば「音の広がり」に関して，有意水準5%で帰無仮説（2機種のイヤホンの音質に主観的な差はない）が棄却されたとしても，それをもって2機種のイヤホンの主観的な音質に5%の有意水準で有意な差があったというのは間違いである．t検定を複数回行うと，第1種の誤りが生じる確率が高くなる，すなわち差が有意ではないにもかかわらず，有意であると判定してしまう危険が増えるのである．

このように比較する条件が3種類以上ある場合，t検定ではなく，**分散分析**（**analysis of variance**）を用いるのが一般的である．

前者の実験（聞かせた音楽と作業能率の例）なら，対応のある（被験者内）1要因3水準の分散分析が適用できる．分散分析では，「すべての水準の母平均は等しい」が帰無仮説となる[12]．したがって，音楽1～3のうち，どれかの母平均がほかと等しいと言えなければ，帰無仮説は棄却できるのである．ただし，分散分析を適用できるのは，扱うデータが正規分布していると仮定してよい場合である．

データが正規分布する場合とそうでない場合では，平均値や標準偏差の意味合いも変わってくる．自分が扱っているデータにおいて，平均値や標準偏差にどんな意味があるのかについても意識しておく必要がある．

t検定は，繰り返すたびに第1種の誤りが生じやすくなるが，分散分析では，最初から水準数，要因数を指定したうえで有意水準を決めることになる．検定手法を決めるうえで，この違いは理解しておく必要がある．

10.6.2 例2: 尺度の混同

携帯オーディオプレーヤの開発を行っている社員B氏は，8人の被験者に新型機種と旧型機種の音質評価を行わせた．評価は，それぞれの機種について，その音質を，とてもよい，ややよい，どちらでもない，やや悪い，とても悪い，の5段階尺度のいずれかに判定するというものであった．結果は，**表10.2**のとおりであった．

10.6 有意差検定の注意点

表 10.2 音質評価結果

機種	とてもよい (人数)	ややよい (人数)	どちらでもない (人数)	やや悪い (人数)	とても悪い (人数)	計
旧型機	1	0	4	3	0	8
新型機	1	5	1	0	1	8
計	2	5	5	3	1	16

B氏は，それぞれの機種の評価値の平均点を求めるため，「とてもよい」を5点，「ややよい」を4点，以下，3点，2点，1点として合計点を求めた。その結果が**表 10.3** である。

表 10.3 評価結果の合計，平均，分散

	旧型機	新型機
合計点	23	29
平均	2.9	3.6
不偏分散	0.86	1.23

これらの平均点に有意差があるかどうか，有意水準5%の両側のt検定を行ったところ，p値は0.048となり，帰無仮説（機種間に主観的な音質差はない）は棄却された。B氏は，新型機と旧型機の主観的音質の評価値に有意差があったと報告した。

上記のB氏の検定には問題がある。t検定が行えるのはデータが間隔尺度あるいは比率尺度の場合である。B氏は5段階尺度のカテゴリーに便宜的に1～5の数値を当てはめたが，この数値は順序尺度である。つまり順序には意味があるが，大きさ，あるいは間隔が明確ではない。被験者が「とてもよい」と「ふつう」の距離を「ややよい」と「ふつう」の距離の2倍であると判断していたかどうかがわからないのである。このように便宜的にあてられた数値を算術的に加算したり平均してはいけない。

この種のデータを間隔尺度と見なすには，尺度構成法などを用いて，被験者がカテゴリー間の距離を等しく判断していたことを示す必要がある。

10.6.3 例3: 手法，尺度の変更

B氏の同僚であるC嬢は，B氏の行った5段階の評価尺度が順序尺度であることから，**Wilcoxonの符号検定**を試すことにした。「旧型機と新型機の音質評価結果に差はない」を帰無仮説とし，有意水準5%の両側検定を行ったところ，p値は0.114であり，帰無仮説は棄却されなかった。

新型機と旧型機の音質に聴感上の差があることを主張したいB氏は，5段階の尺度のうち，「とてもよい」と「ややよい」をまとめて「よい」とし，「やや悪い」と「とても悪い」をまとめて「悪い」とすることにより，データを，よい，どちらでもない，悪い，の3段階にソートし直してWilcoxonの符号検定をやってみてほしいとC嬢に頼んだ。

つまり，カテゴリーを変更することにより，表10.2を**表10.4**に変えたのである。有意水準5%の両側検定を行ったところ，p値は0.034となり，帰無仮説は棄却された。B氏とC嬢は，新型機と旧型機の音質評価結果に有意差があると報告した。

表 10.4 カテゴリー変更後の音質評価結果

機種	よい (人数)	どちらでもない (人数)	悪い (人数)	計
旧型機	1	4	3	8
新型機	6	1	1	8
計	7	5	4	16

ここで，B氏とC嬢は大きな過ちを犯している。どのような尺度で評価実験を行い，どのような手法を用いて検定するか，何を帰無仮説とするか，片側検定か両側検定か，有意水準をいくつにするか，といったことは，実験を行う前に決めるのが統計の原則である。一度検定を行った後で，別の検定方法に変えてはいけない。

B氏は，音質を「やや悪い」と評価した被験者数と「とても悪い」と評価した被験者数を合わせて「悪い」という一つのカテゴリーにしている。しかし，最初から3段階の尺度が与えられていたら，やや悪いと判定した被験者の何人か

は，「どちらでもない」を選んでいた可能性がある．このことからも，恣意的な尺度の統合が理論的にも誤りであることがわかる．ただし，場合によってはカテゴリーの統合が許されることもあるので注意が必要である．

本来，科学は真実を探求することを目的とするものである．しかし，上記のB氏やC嬢の場合，統計的な有意差を得ることを目的にしてしまっている．これでは，有意差が得られるまで，検定方法やカテゴリーを操作していくことになる．まず，何が知りたいのかを明確にすること，そして，それにはどのような実験がふさわしく，どのような検定手法が適しているかを決めてから実験を行うのが原則である．実験を行う以上は，検定により帰無仮説が棄却されても棄却されなくても，その結果を潔く認める覚悟が必要である．

10.6.4 例4: データの作為的な選別

例1の大学生A君は，指導教官からt検定を繰り返してはいけないことを教わり，表10.1のデータについて，被験者内1要因の分散分析を行った．「聞かせる音楽による作業成績への影響はない」を帰無仮説とし，自由度2，有意水準5%の検定の結果，音楽による効果は，p値が0.186であり，帰無仮説を棄却できなかった．

ここでA君は，被験者1について，実験時に「寝不足で気分がよくない」と言っていたことを思い出した．被験者1の成績は当てにならないのではないかと考え，これを除く7人の作業成績について改めて分散分析を行ったところ，音楽による効果のp値が0.033となり，有意水準5%で帰無仮説が棄却された．

そこで，A君は，被験者1は実験時に体調がよくなかったこと，さらにそれが最初の被験者であったことから，被験者1のデータは予備実験であったと見なすことにし，これを除く被験者7人の結果から，聞かせる音楽により作業能率に有意な差が生じたと卒業論文に記載することにした．

ここで，A君はデータの改ざんという不正を働いている．適切な手続きで得られたデータから，自分にとって都合の悪いデータを適当な理由をつけて除外するという行為は，科学者が絶対にやってはいけないものである．しかし，現

実には遺伝の法則を見出した J. G. Mendel の論文や電子の荷電量を測定した Robert A. Millikan の研究（ミリカンの油滴実験）など，著名な研究者もデータの人為的な操作を行っていたとされており[13]，この種のデータ改ざんに対する研究者の認識は，必ずしも十分ではないようである。

　被験者 1 にだけ再実験をさせることや，被験者 1 のかわりにもう 1 人別の被験者を募って実験を繰り返すのもルール違反である。実験者にとって都合のよい検定結果が得られるまで被験者を変えたり，再実験を繰り返せば，どんな仮説でも実証できてしまうであろう。これらの行為は前述の t 検定の繰返し同様に，差が有意ではないのに有意であると判定してしまう確率を高くするものである。

　実験データには，ほかの測定値とは著しく異なる値が観察されることがある。また，そのようなデータがはずれ値として分析対象から外される場合があり，**スミルノフ・グラブス棄却検定（Smirnov-Grubbs test）** など，そのデータがはずれ値かどうかを検定する手法もある。しかし，あるデータを統計分析の対象から除外するかどうか判断するには，まず，そのデータが，ほかと著しく異なった原因を明らかにする必要がある。

　その標本だけが本当は対象とする母集団の構成員ではないことが事後に判明した，あるいは，そのデータが明らかな記述ミスによる間違った値であったなど，明確な理由がある場合にはそのデータを分析対象から除外すべきである。数学的にはずれ値だからというのは理由にはならない。**棄却検定（rejection test）** は，その名称から誤用される懸念があるが，ある値が数学的に異質であるかどうかを判定するものであり，分析から除外すべきかどうかを判定するものではない。

　表 10.1 中の被験者 1 の成績に関していうと，数学的にもはずれ値でないことは明らかである。A 君が行ったような作為的な操作が行われると，もはや統計とは言えない。ラボノートを適切に利用することがこの種の不正行為を未然に防ぐのに有効である。

10.6.5 例5: 統計量の誤用

A君の妹のD子さんは，お兄さんの卒業研究を手伝いながら，パソコンの使い方と統計の初歩を学習している．表10.1に示されたデータから市販の表計算ソフトを使って，自分でも平均や分散を求めてみた．AVERAGEという関数を使って平均を求めると，音楽1，音楽2，音楽3とも，表に示されているとおりの値が得られた．つぎに，VARPという関数を用いて分散を求めたところ，音楽1～音楽3の分散は，それぞれ44.5，115.6，40.9となり，表に示す値が得られなかった．

市販されているソフトが間違うわけがないと思ったD子さんはA君に，表の値が間違っているのではないかと訴えたが，A君は，電卓を使って慎重に計算したのだから，間違っているはずはないと相手にしてくれなかった．

D子さんは何を間違えたのだろうか，あるいはA君が間違っているのだろうか．ここで，A君が計算して表に記した値は，不偏分散である．D子さんが用いた表計算ソフトが，例えばMicrosoft Excelだったなら，VARPは，標本分散を求める関数であり，不偏分散を求めるには，VAR関数を使わなくてはならない．

統計的な手法で間隔尺度や比率尺度のデータを扱うとき，平均値や標準偏差，分散といった統計量を求めることになるが，分散と言ったとき，標本分散なのか不偏分散なのかを理解しておかなければならない．さらに紛らわしい用語に標準誤差がある．

相関係数を求めるには標準偏差が必要である．t検定で用いるt統計量を求めるときには分散が必要となる．このようなとき，必要なのが標本標準偏差なのか母標準偏差なのか，標本分散なのか不偏分散なのかを理解しておくことが肝要である．既製のソフトを用いる場合，用意されている関数が何を求めているのかについて，確認を怠ってはいけない．

前述のとおり，Microsoft Excelでは，分散を求めるのに，VARあるいはVARPという関数が用意されている．VARは不偏分散，VARPは標本分散を求める関数なのだが，日本語の説明は非常に紛らわしい．どちらも「分散」だ

からといって，これらを混同してはいけない。有意差検定の結果にも影響を及ぼすことがある。同様に STDEV は母標準偏差の推定値，STDEVP は標本標準偏差を求める関数である。

扱う標本数が多くなると，分散を求めるのもたいへんな作業になる。自分で計算プログラムを組めばよいが，いまは，そのようなことをしなくても，市販の表計算ソフトで簡単に統計処理が可能である。便利である反面，よく似た関数がいくつもあるので，注意が必要である。また，ソフトにはバグが付き物である。既製の表計算ソフトを信用しすぎるのは禁物である。

市販の表計算ソフトや統計処理ソフト以外に，無償の統計解析プログラミング言語（例えば，R）が普及しており，これらを利用すれば，提供されている関数に変数を入れるだけで，統計に関する専門知識がなくても簡単に，しかも無料で統計処理が行える。統計は正しく利用すればたいへん有効であり，便利である。しかし，科学の目的は真実の探求であり，そのための道具の一つが統計だということを忘れてはならない。統計は，数字を操って有意差を出すための道具ではない。

有意差検定の間違った使い方について五つの例をあげたが，これ以外にも，被験者から偏った回答を導くような教示や設問，偏ったサンプリング，片側検定と両側検定の問題など，恣意的な操作が介入する危険が非常に多いのが統計手法である。ここでは，それらすべてについて言及はしないが，以下に，標本の抽出に関する問題と有意水準について述べる。

10.6.6 標本の抽出

ある集団において，二つの異なる刺激が異なる反応を引き出すか否かを調べるとき，その集団を構成する個体数が少なければ，十分に統制された条件のもとですべての個体に二つの刺激を与えて反応を観察すればよい。これを全数調査という。しかし，対象とする集団が日本人大学生や健常な成人などといった膨大な数の個体から構成されるものの場合，全数調査を行うことはできない。そこで，母集団のなかから有限個の個体を無作為に抽出し，抽出された個体に

対して実験が行われる。得られた結果から統計的な手法を用いて母集団の特性を推測するのである。

　ここでは，無作為抽出というのが大原則だが，実際には地理的な制約や時間的な制約などさまざまな制約によって完全に無作為に標本を抽出するのは困難である。重要なのは実験結果を一般化させるうえでその制約が妨げになるかどうかだが，その判断も容易ではない。そのような場合，標本抽出の方法を明確にしておくべきである。実験結果が学術的な論争の的になったとき，標本抽出方法について説明できることが重要である。統計解析のほとんどが標本の無作為抽出を前提としていることからも，統計学において標本の抽出という作業がいかに重要なプロセスであるかがわかる。厳格には，標本抽出方法の記述がなければ研究自体が信用できないと見なされても仕方ないのである。

　統計的な手法を用いるには，標本を無作為抽出することが重要だが，研究の目的によっては，無作為に抽出された不特定多数の被験者を対象とするのが適切といえない場合もある。

　例えば，A，Bという二つのD-A変換器について，無作為に抽出された30人の被験者に評価させ，有意差検定を行った結果，評価値の差が有意だとは認められなかったとする。このときA，Bの音質が主観的に同等であったと結論するのは明らかに間違いである。30人のうち，20人にはA，Bの違いがまったく区別できていなかったかもしれないが，残りの10人は確実に違いを聞き分けていたかもしれない。ただ，そのうち5人はAのほうがよいと評価し，別の5人はBのほうがよいと評価していたため，平均の評価値に差がなかったということもありうる。この10人にとっては二つの機種の音は明らかに違っていたが，音の良し悪しに関する評価が分かれたということである。二つの音に主観的な違いがあるかどうかということと，一方が他方に比べてよい音かどうかというのはまったく別の話であり，区別しなくてはならない。

　また，30人の被験者に，12ビットで量子化された音楽と16ビットで量子化された音楽を評価させたところ，評価値の差が有意であると判定されたが，同じく30人の被験者に16ビットと20ビットの評価をさせた結果，評価値の差は

有意だといえなかったとする。結果から，12 ビットから 16 ビットに拡張するのは効果があるが，16 ビットから 20 ビットに拡張するのは効果がないといえるだろうか。そのような判断も誤りである。

　30 人の中には，ごくわずか（例えば 1 人か 2 人）だが，16 ビットよりも 20 ビットのほうが確実によいと評価していた被験者がいたかもしれない。このような場合，まずは弁別実験を行うべきである。それによって不特定多数の被験者のなかに違いを弁別できる人がどのくらいいるかがわかる。つぎに違いを確実に弁別できた被験者だけを対象にして音の印象評価を行えばよい。それにより，彼らが何をどのように聞き分けていたのかが見えてくるだろう。このとき違いを弁別できなかった被験者を含めたままで印象評価を行っていたのでは，統計上のノイズが増えるだけであり，かえって本質が見えなくなってしまう。

　無作為抽出された標本を対象にするのがいつも正しいわけではないのである。また，複数の標本からなる群に対して実験を行うという決まりもない。重要なのは研究の目的が何なのかを明確にしたうえで，それに応じた実験計画を立てることである。場合によっては 1 人だけを対象とする実験で科学的に重要な成果を得ることもありうる。

　オーディオ機器は，消費者の大多数にとって，はっきり違いを聞き分けられるものばかりではない。なかには，ごくひと握りの人たちにしか違いがわからない商品もある。しかし，たとえ 10 人に 1 人，あるいは 100 人に 1 人であっても確実に弁別できる人がいるなら，その差は決して無意味ではない。

10.6.7　有意水準について

　二つの統計量の差が有意かどうか検定する場合，5% の有意水準や 1% の有意水準が頻繁に用いられ，差はないとする帰無仮説が 5% の有意水準で棄却されれば差は有意であると判定されることが多い。しかし，5% という数値に科学的な根拠があるわけではない。差はないとする帰無仮説が有意水準 5% で棄却できればその差は科学的に重要であり，棄却できなければ科学的に重要だと認められないなどということではない。

例えば，難病の治療薬に薬効があるかどうか調べた結果，薬効はないという帰無仮説は，有意水準10％では棄却されたが5％では棄却されなかったとする。また，その薬の副作用があるかどうか調べると，副作用がないという帰無仮説は有意水準5％で棄却された。この場合，医学的にみて，その薬には治療薬としての価値がないといえるだろうか。もちろんそのようなことはいえない。特定の体質を持つ患者には薬効があり副作用はないかもしれない。つまり，統計的に帰無仮説を棄却できるということと，その差に現実的な意味があるということは別なのである。

実際には副作用の内容や程度，治療にかかるコストなど，さまざまな要因について総合的に評価されることはいうまでもない。5％という数字に過度にこだわると本質を見誤る恐れがある。統計的に差が有意であるということと，その差が科学的に重要であるということとは，まったく別なのである。

10.7 おわりに

オーディオの音質に関する議論において，「音質」の定義が当事者間で食い違っているために話がかみ合わないといった状況を見かける。1.4.2項でも述べたが，本書では，第1章を除き，原則として原音と再生音の物理的な違いの程度を音質とし，聴取者による主観的な弁別を話題にする場合や価値判断が加わる場合には，主観的音質，聴感上の音質などと表記した。

Edisonによるフォノグラフの発明以来，技術者，研究者の不断の努力により，オーディオ技術はたゆまずに発展してきた。その一方で，科学的根拠を伴わない俗説や信仰に近い迷信が生まれてきたのもオーディオの特徴といえる。とりわけ，音質へのこだわり，評価は，聞く人の主観にかかわるものであるため，すべてを客観的に扱うのは難しい。

しかし，信頼できる主観評価ができなければ，スペック上の数値が意味もなく一人歩きすることになる。本章で述べてきたように，音質に関する主観評価実験を行うのは決して容易ではないが，科学的に妥当であり，信頼できる研究

でなければ，俗説や迷信といわれかねない。

　計測，標準は，三角定規や温度計，ヘルスメータといった身近な計測機器から自動車，航空機，船舶，医療機器，ロボット，宇宙ロケットやミサイルまで，あらゆる産業において不可欠な基盤技術である。音の分野も例外ではない。

　音を物理的に計測する技術に加えて，人の感性を客観的に測る手法も研究されている。本書では触れないが，脳科学分野の技術により，音の評価方法も変わっていくのかもしれない。

　日本のオーディオ技術は，世界に誇れる優れたものである。そこには，膨大な数の先人たちの知恵や経験が注がれてきた。日本のオーディオ技術をさらに飛躍させていくためには，それらの知恵や経験をきちんと引き継ぐことが不可欠である。

　商品化を急ぐあまりに，計測，標準の整備を怠っていたのでは，本当に優れた製品は生まれてこないのではないだろうか。本書を通して，そのようなことを感じていただけたら幸いである。

引用・参考文献

1) 蘆原　郁, "信頼できる音質評価実験のあり方," 音講論集, 445-448（2000.3）
2) 力丸　裕, "聴覚実験で陥り易い罠," 日本音響学会誌, **60**, 614-619（2004）
3) 平原達也, "はじめての聴覚実験," 日本音響学会誌, **65**, 81-86（2009）
4) 平原達也, "続・はじめての聴覚実験 - ディジタルな世界に棲む人々に伝えたい, 音を鳴らし，測り，聴き比べるときのお約束 -," 聴覚研資, H-2010-115,（2010）
5) 池内　了, "疑似科学入門," 岩波書店（2008）
6) 戸田山和久, "科学哲学の冒険," 日本放送出版協会（2005）
7) 岡崎康司, 隅藏康一, "理系なら知っておきたいラボノートの書き方," 羊土社（2007）
8) 村松　秀, "論文捏造," 中央公論新社（2006）
9) ロバート・アーリック（著），垂水雄二，阪本芳久（訳），"怪しい科学の見抜きかた," 草思社（2007）
10) 伊勢田哲治, "疑似科学と科学の哲学," 名古屋大学出版会（2003）

11) 永田　靖, "統計的方法のしくみ," 日科技連（1996）
12) 中村知靖, 松井　仁, 前田忠彦, "心理統計法への招待," サイエンス社（2006）
13) ブロード，ウェイド著，牧野賢治訳, "背信の科学者たち 論文捏造, データ改ざんはなぜ繰り返されるのか，" 講談社（2006）

索引

【あ】

アジマス　　　　　　15, 16
アンチエリアシングフィルタ
　　28, 29, 43, 59, 182, 200
安定度　　　　　　　89, 90

【い】

イコライザ　　　4, 15, 66, 67
インサイドフォース　　7, 14
インタフェースジッタ
　　　145–147, 171, 173
インパルス応答
　　　　　101–104, 160
インパルス積分法　96, 99,
　　　101, 104

【え】

エリアシング　　　　27, 28
エリアシングひずみ
　　　　　　　27, 59, 60

【お】

オーバーサンプリング
　　　　29, 32, 33, 123
オーバーサンプリング率　36
折返しひずみ　　　　　27
音圧感度　　　　　75–79
音圧感度校正　　　　79, 80
音圧相互相反校正法　　75
音響中心　　　　　　　80
音場感度　　　　　　78, 79
音場感度校正　　　　　79

【か】

解析信号　150–152, 154, 157,
　　　186
回折効果　　　87, 88, 90, 91
確証バイアス　　　　　234
可聴域　　13, 19, 22, 28, 59,
　　　77, 81, 189, 222, 223
可聴周波数　28, 40, 42, 114,
　　　205, 210, 211
可聴周波数上限　　148, 210,
　　　211, 213–223
可聴周波数帯域　40, 41, 67,
　　　77, 78, 189, 190, 201, 202,
　　　209, 215, 217, 222, 223
カプラ校正法　　75, 78, 79

【き】

機械式録音　　　　　　1
棄却検定　　　　　　244
偽薬　　　　　　　234, 235
吸音率　　　　97, 107, 110
吸音力　　　　　　97, 105
共振周波数　86, 87, 90, 106
強制選択法　　　　　186

【く】

空気吸収　97, 105, 107, 110
グラモフォン　　　　3, 4
クロススペクトル法
　　　　　96, 101, 104
群遅延時間　　　122, 124

【け】

計測用マイクロホン
　　74, 77, 79, 85, 87, 91, 92,
　　112, 195

【こ】

コインシデンス効果　　111
光学式録音　　　　1, 14, 15
高調波ひずみ　31, 119, 121,
　　　127, 129, 131, 132, 141,
　　　193, 196, 197, 201, 202
固有振動　　　108–110, 114
コンター効果　　　　16, 17
コンプレッション　　66–69
混変調ひずみ　52, 60, 127,
　　　129, 131, 132, 189, 207,
　　　209, 217
混変調ひずみ率　　124, 129

【さ】

最小可聴音圧　　　　190
最小可聴音場　　　　190
最小可聴値　　　　64, 190
最適残響時間　　　　97
サウンドトラック　8, 9, 14
残響時間　96–99, 101, 102,
　　　104, 105, 107, 110
三重盲検法　　　　　235
サンプリング　　18, 25–
　　　27, 29, 32, 34, 36, 38, 39,
　　　42, 55, 145, 147, 152, 158,
　　　159, 169, 175, 237, 246

サンプリングジッタ　145,
　　147–151, 171–173
サンプリング周期 25, 39, 159
サンプリング周波数　　18,
　　20, 21, 25, 26, 28, 29, 34,
　　36–41, 43, 50, 52, 54–57,
　　70, 73, 84, 102, 104, 109,
　　126, 127, 148, 152, 153,
　　157, 159–161, 170, 179,
　　180, 183, 200, 201, 216,
　　228, 229
サンプリング定理 38, 40, 41

【し】

磁気式録音　　1, 10, 15, 16
実験者効果　　　　　　236
ジッタ　　　　145, 147–150,
　　152–154, 156–158, 161–
　　164, 166, 168–170, 172–
　　177, 185, 186
質量則　　　　　　　　111
自由音場型計測用
　　マイクロホン　　91, 92
自由音場感度　　　　78, 79
自由音場相互校正法
　　　　　　　　79, 82, 83
周波数帯域　　　4, 11, 12,
　　17–19, 21, 22, 24, 38, 39,
　　41–44, 46, 50, 52, 57, 60,
　　70, 73, 74, 81, 83–88, 93,
　　110, 112, 114, 115, 118,
　　121, 126, 133, 143, 189,
　　200, 222, 228
周波数特性　　　17, 35, 46,
　　51, 73, 74, 77, 82, 83, 85,
　　87, 91–93, 103, 108, 109,
　　112, 115, 119, 122, 123,
　　132, 134, 183, 193
純音聴覚閾値 200, 203, 205,
　　211, 214–216, 218–222
信号対雑音比　　　　　　4,
　　32, 78, 82, 83, 85, 89, 90,
　　104, 119, 122, 125, 137,
　　138, 140, 166

【す】

スーパーオーディオ CD　22,
　　37, 41, 42, 50–52, 57, 58,
　　69, 70, 84, 125
スチフネス　　　　86, 89, 90
スミルノフ・グラブス
　　棄却検定　　　　　　244

【せ】

絶対校正　　　　　　　　75
絶対校正法　　　　　　　79
線形ひずみ　　67, 118, 119,
　　122–124, 126, 228
全高調波ひずみ
　　　　　　65, 120, 138, 141
全高調波ひずみ率計 120, 121

【そ】

騒音レベル　　56, 111–113,
　　229, 230
相反定理　　　　　　　　75

【た】

ダイナミックレンジ 4, 11, 12,
　　14–19, 21, 22, 24, 32, 50,
　　62–69, 73, 118, 120, 122,
　　125, 141, 230
タイムジッタ 47, 48, 56, 60,
　　145, 177–185, 189, 228
第 1 種の誤り　237, 239, 240
第 2 種の誤り　　　　　237

【ち】

聴覚閾値 190, 191, 196, 200,
　　201, 214, 215, 220, 223
聴感補正 119, 120, 122, 125
超広帯域マイクロホン
　　　　　　85, 90–92, 115
調整法　　　　　　181, 186
超低周波音　　77, 190, 205

【て】

ディザ　30, 31, 34, 43, 50,
　　64, 65, 70
ディジタルインタフェース
　　ジッタ　　　　　　147
低調波ひずみ 127, 131, 132,
　　201, 202
データ転送レート　　　　21
テレグラフォン　　　　　11

【と】

等価雑音レベル　　　85, 92
等価スチフネス　　86, 87, 89
頭部伝達関数　　　　　198
等ラウドネス曲線　　　125
トーキー　　　　　　　　8
ドップラひずみ　　127, 143

【な】

ナイキスト周波数　26–29,
　　38–40, 57, 124, 182, 183,
　　200

【に】

二区間二肢強制選択　　203
二重盲検法　　　　235, 237
2 進接頭辞　　　　　　　20
入出力直線性　　　　　123
認知的バイアス　　　　233

【の】

ノイズシェーピング　32, 33,
　　35, 41, 50
ノイズ断続法　　96, 99, 101

【は】

波高率　　　　　　　　　69
ハロー効果　　　　234, 237
反証可能性　　　　230, 231

【ひ】

比較校正　　　　　　74, 75

非線形ひずみ　　　　　　44,
　46, 56, 67, 118, 119, 122,
　126, 127, 131, 132, 134,
　137, 140, 153, 217, 228
ヒツジ-ヤギ効果　　　　236
ビットレート　　　　　　21
標準マイクロホン　74–79, 83
標本化　　　　　　　38, 148
ヒルベルト変換　　　　　151

【ふ】

フォノグラフ　　1–3, 5, 249
プラシーボ効果
　　　　　　234, 236, 237
分散分析　　　　　240, 243

【へ】

平均吸音率　　　　　　　97

【ほ】

ヘッドルーム　　　　65–69
変形上下法　　203, 207, 211

【ほ】

飽和磁化　　　　　　　　15

【ま】

マグネトフォン　　　　　11

【も】

盲検法　　　　233, 234, 237

【ゆ】

有意差検定　　237, 246, 247

【り】

離散コサイン変換　　　160
リニア PCM　29, 30, 32, 41,
　50, 62, 69–71, 73, 178
リミッタ　　　　　　66–69
量子化　　　12, 18, 25, 29, 30,
　32–34, 37, 42, 50, 64, 71,
　126, 147, 153, 247
量子化誤差　　　　　　　32
量子化雑音　　29–36, 41, 43,
　50–52, 57, 58, 60, 62–65 ,
　67–71, 120, 122, 125, 130,
　153, 178, 179, 230
両耳加算　　　　　　　198
量子化ビット数　　18, 20, 21,
　29–31, 41, 43, 50, 52, 63,
　64, 69, 70, 122, 127, 180,
　189, 201

【れ】

レーザピストンホン　　　78

【A】

A 特性重み関数　　　　111
ABX 法　　　　　　184, 216
AES/EBU　　　　　145, 147
aliasing　　　　　　　　27
analysis of variance　　240

【B】

Bell Alexander G.　　　　4
Berliner, E.　　　　　　2, 3
blind experiment　　　234

【C】

CAV 方式　　　　　　　19
CLV 方式　　　　　　　19
confirmation bias　　　234
constant angular velocity 19
constant linear velocity　19
crest factor　　　　　　69
cross-spectrum method　96

【D】

DAT
　　　19, 21, 22, 41, 179, 180
DCC　　　　　　　　19, 22
DCT　　　　　　　160, 161
digital audio tape
　　　　　　　　19, 41, 179
digital compact cassette　19
digital versatile disc　　41
direct stream digital
　　　　　　　　41, 50, 69
Disney, W. E.　　　　　8, 9
dither　　　　　　　　30
Dr 値　　　　　　　　111
DSD　　　　　41, 50, 69, 71
DVD　　8, 41, 52, 54, 109,
　162, 179–181
DVD オーディオ　22, 28, 41,
　42, 50, 52, 55, 57, 58, 69,
　84, 164, 169, 179, 181

【E】

Edison, Thomas A. 1–5, 249
EP レコード　　　　　　5
equalizer　　　　　　　66
experimenter effect　　236

【F】

falsifiability　　　　　230

【G】

grammophone　　　　　3

【H】

halo effect　　　　　　234
harmonic distortion　　31
HATS　　139, 194, 195, 198
HDMI　　　　　　　146
head and torso simulator
　　　　　　　　　　194
head-related transfer
　function　　　　　198

索引 255

high-definition multimedia interface 146
HRTF 198

【I】

impulse response 101
infrasound 190
integrated impulse response method 96
intermodulation distortion 52
interrupted noise method 96
ITSP 103

【J】

J-test 信号 171–174

【L】

laboratory standard 74
least significant bit 30
LP レコード 5, 6, 13
LS マイクロホン 74
LSB 30, 43, 63, 171, 178
Lumière 8

【M】

MAF 190–194, 197–199, 211
MAP 190, 194, 195, 197–199
MD 19, 22
Mendel, J. G. 244
Millikan, Robert A. 244
MiniDisc 19
minimum audible field 190
minimum audible pressure 190

【N】

National Television System Committee 18
NC 曲線 56, 64, 112–114
NC 値 56, 64, 112–114
noise shaping 32
NTSC 18
Nyquist frequency 26

【O】

oversampling 29

【P】

phase-locked loop 147
phonograph 1
pink-TSP 104
placebo 234
PLL 147
Poulsen, V. 11

【Q】

quantization 25
quantization error 29

【R】

rejection test 244
reverberation time 96

【S】

sampling 25
sampling rate 25
sampling theorem 38
sheep-goat effect 236
SI 接頭辞 20, 21
signal to noise ratio 119
Smirnov-Grubbs test 244

SN 比 4, 32, 119
sound absorption 97
SP レコード 5
Student's t-test 238
S/PDIF 145, 168, 172

【T】

t 検定 238–241, 243–245
talkie 8
telegraphone 11
THD+N 120–122, 125, 138–140
threshold of hearing 190
time jitter 47
time-stretched pulse 74
total harmonic distortion + noise 120
transformed up-down method 203
TSP 74, 103, 104, 228
TSP 法 96, 104
type I error 237
type II error 237

【V】

VL 方式 5, 6

【W】

Wilcoxon の符号検定 242
working standard 74
WS マイクロホン 74, 82, 83

【数字・ギリシャ文字】

45-45 方式 5, 6
$\Delta\Sigma$ 変調 32, 33, 36, 37, 50, 69–71

―― 編著者・著者略歴 ――

蘆原　郁（あしはら　かおる）
1986 年　筑波大学第二学群人間学類卒業
1991 年　筑波大学大学院心身障害学研究科
　　　　博士課程修了（心身障害学専攻）
　　　　学術博士
1992 年　工業技術院電子技術総合研究所勤務
2001 年　独立行政法人産業技術総合研究所勤務
　　　　現在に至る

小野　一穂（おの　かずほ）
1991 年　東京大学大学院工学系研究科修士課
　　　　程修了（計数工学専攻）
1991 年　日本放送協会に入局
　　　　以来放送技術研究所にて，スピーカー
　　　　アレーを用いた立体音響再生技術，音
　　　　響トランスデューサーの研究に従事。
　　　　現在，放送技術研究所テレビ方式研
　　　　究部主任研究員

西村　明（にしむら　あきら）
1990 年　九州芸術工科大学音響設計学科卒業
1996 年　九州芸術工科大学大学院芸術工学研
　　　　究科博士後期課程単位取得満期退学
　　　　（情報伝達専攻）
1996 年　東京情報大学助手
2006 年　東京情報大学助教授
2007 年　東京情報大学准教授
　　　　現在に至る
2011 年　博士（芸術工学）九州大学

大久保　洋幸（おおくぼ　ひろゆき）
1992 年　明治大学大学院工学研究科修士課程
　　　　修了（電気工学専攻）
1992 年　日本放送協会に入局
　　　　以来放送技術研究所にて，室内音響
　　　　計測，音場シミュレーション，三次元
　　　　音響再生技術の研究等に従事。現在，
　　　　放送技術研究所テレビ方式研究部副
　　　　部長

桐生　昭吾（きりゅう　しょうご）
1983 年　東京都立大学電気工学科卒業
1988 年　東京都立大学大学院工学研究科博士
　　　　課程修了（電気工学専攻）
　　　　工学博士
1988 年　工業技術院電子技術総合研究所勤務
2001 年　独立行政法人産業技術総合研究所勤務
2005 年　武蔵工業大学教授
2009 年　東京都市大学教授（校名変更）
　　　　現在に至る

超広帯域オーディオの計測
Measurement of super wide range audio   ⓒ Ashihara Kaoru 2011

2011 年 8 月 5 日 初版第 1 刷発行

検印省略	編 著 者	蘆 原　　　郁
	発 行 者	株式会社　コロナ社
	代 表 者	牛 来 真 也
	印 刷 所	三美印刷株式会社

112-0011　東京都文京区千石 4-46-10
発行所　株式会社　コロナ社
CORONA PUBLISHING CO., LTD.
Tokyo Japan
振替 00140-8-14844・電話(03)3941-3131(代)
ホームページ http://www.coronasha.co.jp

ISBN 978-4-339-00811-4　（新宅）　（製本：愛千製本所）
Printed in Japan

本書のコピー，スキャン，デジタル化等の無断複製・転載は著作権法上での例外を除き禁じられております。購入者以外の第三者による本書の電子データ化及び電子書籍化は，いかなる場合も認めておりません。

落丁・乱丁本はお取替えいたします

音響入門シリーズ

(各巻A5判, CD-ROM付)

■(社)日本音響学会編

	配本順		著者	頁	定価
A-1	(4回)	音響学入門	鈴木・赤木・伊藤・佐藤・苣木・中村 共著	256	3360円
A-2	(3回)	音の物理	東山 三樹夫 著	208	2940円
A		音と人間	宮原榮一・坂原郁也・蘆平達賢・小澤賢司 共著		
A		音とコンピュータ	誉田雅彰・足立整治・小林哲則 共著		
B-1	(1回)	ディジタルフーリエ解析(I) ―基礎編―	城戸 健一 著	240	3570円
B-2	(2回)	ディジタルフーリエ解析(II) ―上級編―	城戸 健一 著	220	3360円
B-3		電気の回路と音の回路	大賀寿郎・梶川嘉延 共著	近刊	
B		音の測定と分析	矢野博夫・飯田一博 共著		
B		音の体験学習	三井田惇郎 編著		

(注:Aは音響学にかかわる分野・事象解説の内容,Bは音響学的な方法にかかわる内容です)

音響工学講座

(各巻A5判, 欠番は品切です)

■(社)日本音響学会編

	配本順		著者	頁	定価
1.	(7回)	基礎音響工学	城戸 健一 編著	300	4410円
3.	(6回)	建築音響	永田 穂 編著	290	4200円
4.	(2回)	騒音・振動(上)	子安 勝 編	290	4620円
5.	(5回)	騒音・振動(下)	子安 勝 編著	250	3990円
6.	(3回)	聴覚と音響心理	境 久雄 編著	326	4830円
8.	(9回)	超音波	中村 僖良 編	218	3465円

定価は本体価格+税5%です。
定価は変更されることがありますのでご了承下さい。

◆図書目録進呈◆